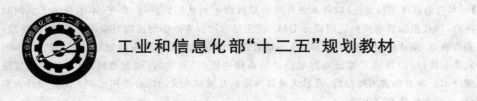

工业和信息化部"十二五"规划教材

MIANXIANG DUIXIANG SIWEI SHEJI YU XIANGMU SHIJIAN

面向对象思维、设计与项目实践

主编　马春燕

编者　马春燕　张　涛

　　　王少熙　陆　伟

西北工业大学出版社

【内容简介】 本书为软件工程专业《软件系统开发指导教程系列丛书》之一。首先,本书介绍了面向对象的基本概念和特点,以及根据需求规格说明设计 UML 类图的方法。重点围绕面向对象的封装性、继承性、多态性和关联关系等特点,阐述应用 Java 语言和 C++ 语言进行面向对象编程实现的核心技术。其次,本书还详细介绍了抽象类与接口、设计模式等面向对象设计的高级主题,以及输入/输出编程、界面编程等高级 Java 和 C++ 编程技术。本书内容编排独特,通过大量具体示例及贯穿全文的综合应用案例来阐述设计方案和理论知识,具有较强的工程性和应用性。

本书可作为高等学校软件学院或计算机学院软件工程专业具备 C 语言基础的本科生及工程硕士研究生的软件工程教育核心教材,也可作为计算机及其他相关专业的教材,并可供软件设计和开发人员参考。

图书在版编目(CIP)数据

面向对象思维、设计与项目实践/马春燕主编. —西安:西北工业大学出版社,2015.4
工业和信息化部"十二五"规划教材
ISBN 978-7-5612-4373-2

Ⅰ.①面… Ⅱ.①马… Ⅲ.①C 语言—程序设计—高等学校—教材②JAVA 语言—程序设计—高等学校—教材 Ⅳ.①TP312

中国版本图书馆 CIP 数据核字(2015)第 074739 号

出版发行:西北工业大学出版社
通信地址:西安市友谊西路 127 号　　邮编:710072
电　　话:(029)88493844　88491757
网　　址:www.nwpup.com
印 刷 者:陕西宝石兰印务有限责任公司
开　　本:787 mm×1 092 mm　　1/16
印　　张:24.625
字　　数:602 千字
版　　次:2015 年 8 月第 1 版　　2015 年 8 月第 1 次印刷
定　　价:65.00 元

前　言

为了满足我国软件产业发展需要,培养高层次软件人才,国家教育部先后在全国设立了35所国家示范性软件学院。笔者所在软件学院以培养国际化、工程型、复合型软件人才为目标,积极引进国外先进的课程体系。在多年的教学实践过程中,笔者积极探索对国外先进课程体系的吸收和改进,编写了本书。

本书的主要指导思想是:①培养学生用面向对象的思想进行设计的能力;②培养学生应用面向对象机制进行规范化编程的能力;③培养学生运用Java语言、C++语言和专业工具进行面向对象软件开发的能力。

本书具有国际先进教学内容和教材设计的理念,内容组织方式以迭代式"需求分析—设计—分点实现"为线索。国内软件工程这一领域的图书,要么只是单纯介绍面向对象设计理论的书籍,要么只是Java语言或C++语言的参考书,而本书将面向对象设计与编程进行了完美的结合。虽然Java语言和C++语言被视作为辅助面向对象设计的编程语言,但是通过本书对它们清晰的讲解,读者能够更加理解Java语言和C++语言面向对象编程的精髓。

本书共11章,针对面向对象软件设计和编程,以"任务"驱动和"工程项目"导向的方式阐释教材内容,讲解了UML技术、面向对象设计模式、Java面向对象编程技术和C++面向对象编程技术等软件设计和开发的实用技术。在讲解面向对象基础理论、Java语言和C++语言基础知识之上,提供丰富的大型案例和应用示例,详细讲解知识的应用方法,强化和培养学生对知识的灵活应用能力和软件开发能力。同时,为提升读者用面向对象编程语言进行编程的能力和熟练程度,本书将Java与C++的面向对象编程机制进行对比分析。书中还讲解了Eclipse开发工具、Java Doc技术和Java编码规范,强调对学生规范化软件开发和职业素质的培养,并且以企业实际项目进行案例分析,重视学生职业实战能力和工程素质的培养。为了便于读者使用,笔者为本书制作了电子课件,需要的读者可登录西北工业大学出版社网站(www.nwpup.com)下载。

本书适合作为全国示范性软件学院软件工程专业以及计算机相关学科本科教材,也可作为工程硕士相关专业研究生教材,推荐教学时数为60学时(第一单元14学时,第二单元26学时,第三单元10学时,第四单元10学时),配套实验课时72学时(若课内实验机时安排不足,可安排课内机时和课外机时各36学时)。

本书由马春燕担任主编并负责统稿。第3章由马春燕和王少熙编写,第8章和第 9 章由张涛编写,第 11 章由马春燕和陆伟编写,其他章节由马春燕编写。在编写过程中,笔者参阅了国内外有关的文献资料,在此向各位作者深致谢忱。

由于水平所限,书中难免有不妥之处,敬请各位读者批评指正。

编　者
2015 年 2 月

目 录

第一单元 面向对象基础和类图设计

第1章 面向对象 ··· 3
1.1 面向对象 ··· 3
1.2 面向对象与面向过程编程的比较 ································· 8

第2章 UML类图及其设计 ·· 12
2.1 UML类图 ··· 12
2.2 设计中的典型类结构及其应用举例 ································· 18
2.3 类图的设计 ··· 25

第二单元 Java面向对象编程机制

第3章 封装性 ··· 57
3.1 Java类与对象 ··· 57
3.2 Java访问权限限制 ··· 79
3.3 Java API应用举例 ··· 86
3.4 Java异常处理机制 ··· 93
3.5 Javadoc编写规范 ··· 105
3.6 UML设计类图的部分实现 ·· 109
3.7 Java开发工具包（JDK） ·· 114

第4章 继承关系 ··· 130
4.1 继承关系的实现 ··· 130
4.2 方法的覆写 ··· 139
4.3 UML设计类图的部分实现 ·· 146

第5章 多态性 ··· 148
5.1 变量的多态性 ··· 148

— I —

5.2 方法的多态性 151
5.3 类图中采用继承还是关联的讨论 154

第6章 泛型和关联关系 156
6.1 泛型 156
6.2 关联关系的Java编程实现 160
6.3 UML设计类图的部分实现 172

第7章 抽象类和接口 186
7.1 抽象类 186
7.2 接口 192
7.3 接口、抽象类、一般类的比较 200
7.4 应用案例分析 201

第8章 输入/输出(I/O)编程 203
8.1 Java I/O 概述 203
8.2 Java 字节流 206
8.3 Java 字符流 215
8.4 Java I/O 编程 222

第9章 界面编程 232
9.1 组件与容器 232
9.2 对话框和菜单 259
9.3 布局管理器 267
9.4 事件处理机制 275
9.5 设计类图相关的界面编程实现 281

第三单元 C++面向对象编程机制与Java的比较

第10章 C++面向对象编程机制 291
10.1 封装性 291
10.2 继承性和多态性 311
10.3 模板和关联关系的编程实现 320
10.4 标准输入/输出和文件的读/写 327
10.5 运算符重载 335

10.6　综合应用——设计类图的编程实现……………………………………………… 343

第四单元　面向对象设计的进阶——设计模式

第 11 章　设计模式 ………………………………………………………………… 355

11.1　单一实例模式…………………………………………………………………… 355
11.2　策略设计模式的应用…………………………………………………………… 359
11.3　简单工厂设计模式的应用……………………………………………………… 375
11.4　观察者设计模式的应用………………………………………………………… 379

参考文献……………………………………………………………………………… 386

第一单元
面向对象基础和类图设计

第1章 面向对象基础

1.1 面向对象

在学习软件中面向对象的概念之前,可以先来看看现实世界中对象的概念。现实世界中任何有属性的单个实体或概念,都可看作对象。对象可以是有形的,例如:学生"张三"、顾客"李四"、教授"王五"和"402教室"等。对象也可以是无形的(即概念对象),例如:"一个银行账户""一个客户订单""一门课程""张三的硕士学位"等。

现实中的对象一般都拥有属性,描述了对象的静态特征,例如,学生"张三"具有属性:姓名、学号、成绩等;顾客"李四"具有属性:姓名、账户等;"一个银行账户"具有属性:用户名、余额等;"一个客户订单"具有属性:货品名、单价、数量等。

在现实世界中,往往要对对象实体的属性进行操作,实现相应的功能。例如:打印学生"张三"的姓名、学号和成绩等,查询顾客"李四"的账户余额等,查看"一个订单"的价格等。对对象属性的操作,描述了施加在对象上的动态行为。

在用面向对象技术搭建软件的过程中,可以将现实世界描述的问题域中的对象(或软件需求中描述的对象)抽象为具体的软件对象,通过一系列软件对象以及它们之间的互操作,来完成用户要求的功能。如图1.1所示,一个软件对象是一个软件的数据结构,它封装了一组属性和对属性进行的一组操作,它是对用户需求中描述的对象实体的一个抽象。因此,软件对象,就是现实世界中对象模型的自然延伸。这里将软件对象简称为对象,本书以后章节中所指的对象,都是指的软件对象。

图1.1 对象的概念

面向对象(Object-oriented)是一种软件开发方法,包括利用对象进行抽象、封装、通过消息进行通信、对象生命周期、类层次结构和多态等技术。对象是核心概念,它是真实世界中实体或概念的软件模型,在面向对象的程序执行过程中,对象被创建,对象之间通过消息进行互操作,以完成相应的功能。

面向对象的技术可以较容易地实现一个真实世界中问题域的抽象模型。例如,以银行业务员为顾客提供存款和取款的服务操作为例。为了实现顾客存款和取款的操作,银行业务员需要查询顾客的用户名、密码和账户余额等顾客账户详细信息,以便确定顾客是否有支取一定金额的权利。

在使用面向对象技术建立软件模型时,对于问题域中的顾客和账户,都可以建模为对象,"顾客"对象的属性包括"用户名""身份证号"和"密码"等;"账户"对象的属性包括"卡号""账户余额"等。从需求描述中抽取的对象模型如图 1.2 所示,"顾客"对象和"账户"对象通过消息进行通信,银行业务员可以很方便地通过顾客对象访问其账户信息,以便完成顾客存款和取款等操作。

图 1.2 访问顾客账户信息的面向对象技术

面向对象技术是以对象为中心、以消息为驱动的软件建模技术,它将需求域中出现的实体或概念以及它们之间的关系抽象为对象及消息,对象之间通过消息进行通信,来完成相应的操作。面向对象软件机理示意图如图 1.3 所示。

图 1.3 面向对象软件机理示意图

1.1.1 类与对象

几乎所有现实世界中的事物,都可以在软件设计中建模为对象。例如:可以将一台电视机建模为一个对象;在更抽象的环境中,可以将一个二维"点"建模为一个对象;或者更一般地,需求中描述的所有拥有属性的实体或概念,都可以建模为一个对象,每个对象都有一组和它相关联的属性(又称为数据或状态)。如:电视机的属性包括"型号""频道"和"指示开关的状态"等;二维"点"的属性包括"x"坐标(或横坐标)和"y"坐标(或纵坐标)等。

在面向对象软件中,对象除了拥有属性之外,还拥有建立在属性之上的方法(又称为行为、操作或服务)。提供访问或修改属性的方法是对象的职责。电视机需要提供访问其"型号""频道"和"指示开关的状态"的方法,以及修改其"频道"和"指示开关的状态"的方法。二维"点"需要提供访问其"x"坐标和"y"坐标的方法。图 1.4 给出了 3 个二维点对象,例如,第一个二维点对象 PointOne 的属性 x 是 100,属性 y 是 20,方法 getX() 可以获得属性 x 的值,方法 getY() 可以获得属性 y 的值,其他两个二维点对象 PointTwo 和 PointThree 的属性值都不同于对象 PointOne,但是它们和 PointOne 有相同的方法 getX() 和 getY()。

```
对象 PointOne              对象 PointTwo              对象 PointThree
属性：                     属性：                     属性：
    x:100                      x:300                      x:70
    y:20                       y:500                      y:60
方法：                     方法：                     方法：
    getX():返回 x 坐标的值     getX():返回 x 坐标的值     getX():返回 x 坐标的值
    getY():返回 y 坐标的值     getY():返回 y 坐标的值     getY():返回 y 坐标的值
```

图 1.4　二维点对象举例

对象包含属性（又称为数据或状态）和用于处理属性的方法（又称为行为、操作或服务）。对象的属性也可以是对象，即任何对象都可包含其他对象，称为子对象，这些子对象又可包含其他子对象，直到问题域中最基本的对象被揭示出来。例如，"一辆汽车"可被看成一个对象，它包含"发动机"等许多组件。"发动机"拥有自己的属性，它也可以被看成一个对象，这样，发动机就是一辆汽车的子对象，发动机也可能包含其他子对象。至于对象要细化到哪一级，则取决于真实世界中系统的需求。

划分类别是我们认识事物的基本手段，在现实世界中，任何实体都可归属于某某类事物，任何对象都是某一类事物的实例。例如，无论是大学生"张三"，还是大学生"李四"，都可以把他们划分为大学生，对于"大学生"这种类别而言，"张三"和"李四"都是"大学生"这种类别的不同实例；无论顾客"王五"，还是顾客"赵六"，都可以把他们划分为"顾客"，对于"顾客"这种类别而言，"王五"和"赵六"都是"顾客"这种类别的不同实例。划分类别也是面向对象编程的基本手段，在面向对象编程中，将所有二维"点"对象的共性抽取出来，形成类 Point2D，类 Point2D 的定义如图 1.5 所示。类 Point2D 是对所有二维"点"对象特征的描述或定义，即所有的二维点都有 x 坐标和 y 坐标的属性，以及建立在该属性之上的方法 getX() 和 getY()（在面向对象编程中，所有的属性都有相应的数据类型，这里假设 x,y 的数据类型为浮点型 float）。

```
类 Point2D
属性：
    x:float
    y:float
方法：
    getX():返回 x 坐标的值
    getY():返回 y 坐标的值
```

图 1.5　类 Point2D 的定义

在面向对象编程中，类就是一个创建对象的空模板（即属性没有具体的值），它定义了通用于一个特定种类的所有对象的属性和方法；对象是类的实例，给类中的属性赋予确定的取值，便得到该类的一个对象，所以对象为类模板中的属性提供了具体的值。例如对象 PointOne，PointTwo 和 PointThree 都是类 Point2D 的实例。

在面向对象系统中，每个对象都属于一个类。属于某个特定类的对象称为该类的实例。因此，常常把对象和实例当作同义词（本书后续内容将对对象和实例不加区分）。

从程序设计的角度看，类是面向对象编程中最基本的程序单元。就像 C 语言的数据类型

(例如整型(int)、结构类型(struct))一样,类定义也是一种数据类型,这种数据类型是对象类型。例如,上述类 Point2D 就是一种对象类型,可以像 C 语言的数据类型一样,使用该种数据类型来声明变量。例如,可以用类 Point2D 来声明变量 PointOne,PointTwo 和 PointThree,通过类声明的变量也称之为对象变量。

在编写面向对象程序时,程序员首先要编写类,以及通过类生成对象的方式,当程序在内存中运行时,对象才真正被创建并存在,对象及对象之间的互操作完成功能。在某一时刻,一个类可能只有一个对象存在,也可能有任意多个对象存在。

上面通过例子,阐释了如何去认识软件建模中的类和对象。下面给出对象和类的概念[1]。

对象(Object):面向对象的基本单位。对象是一个拥有属性、行为和标示符的实体。对象是类的实例,对象的属性和行为在类定义中定义。

类(Class):类是一组对象的描述,这一组对象有共同的属性和行为。

在概念上,类与非面向对象程序设计语言中的抽象数据类型比较相似,但是由于类同时包括数据结构和行为,所以更为全面。类的定义描述了这个类的所有对象的属性,也描述了实现该类对象的行为——类的方法。

基于上述类和对象的例子,可以帮助读者理解类和对象的概念及其区别。

1.1.2 属性

属性(attribute)用于保持对象的状态信息,可以简单到只是一个布尔型变量或其他基本数据类型,例如,对于图 1.5 中的类 Point,它包含两个浮点型的属性,都是简单的基本数据类型。属性可以是一个复杂的结构体,也可以是一个对象类型的变量。例如,图 1.6 中的类 Triangle,它包含 5 个属性,前 3 个属性 PointOne,PointTwo 和 PointThree 是对象类型(即 Point 类型),后 2 个属性 perimeter 和 area 是浮点型(即简单的基本数据类型)。

```
类 Triangle
属性:
    pointOne:Point2D
    pointTwo:Point2D
    pointThree:Point2D
    perimeter:Float
    area:Float
方法:
    getPerimeter():返回三角形周长
    getArea():返回三角形面积
```

图 1.6　类 Triangle 图示

对于类的定义而言,属性(或者称之为状态和数据)用来刻画从该类诞生的所有对象的状态特征。在具体的软件运行环境中,对象的属性有其确切的取值,属于同一个类的不同对象可能有不同的属性值。例如 1.1.1 节中提到,用来表示二维点对象的 PointOne,PointTwo 和 PointThree,它们都具有 x 坐标和 y 坐标两个属性,这 3 个点的"x,y"的取值分别为"100,20" "300,500"和"70,60"。

在面向对象的编程语言里,这一组从属于某类对象的属性,是用变量来表示的,这些变量称为类的成员变量。

1.1.3 方法/操作/服务/行为

类内部所定义的属性,仅仅是类定义的一部分,类还需要定义一些建立在这些属性之上的操作(或方法),用来实现对象的行为。方法可以用来访问、改变对象的属性,或者用来接收来自其他对象的信息以及向其他对象发送消息,因而这些方法通常作为类的一部分进行定义。

方法是一个对象允许其他对象与之交互的方式,在使用一个类时,更多关注的是它能够提供什么样的方法,如果知道了一个类提供的具体方法,就可以通过该类的对象调用相应方法完成所需的功能,以满足应用需求。例如对于使用 Point2D 对象的 Triangle 而言,关心的是 Point2D 提供了哪些方法,然后通过构成三角形的 3 个点对象,分别调用其 getX() 方法和 getY() 实现计算三角形面积的功能。

方法是建立在属性之上的操作的实现,属性有了具体的值,方法的调用才有意义,才能实现功能,所以类(例如:Point2D)中的方法仅仅是定义,方法的调用(例如,getX() 和 getY()) 必须通过对象(例如,PointOne, PointTwo 或 PointThree 对象) 进行激活,方法才能通过访问该对象的属性值来实现其功能(例如,如果通过 PointOne 激活方法 getX(),则 getX() 返回对象 pointOne 的属性 x 在内存中的值);方法实现的功能有多种类型,它包括给属性赋值的方法、访问属性值的方法,以及以某种方式处理属性并返回一个计算结果的方法等。在具体的软件运行环境中,由于对象的属性有其确切的取值,属于同一个类的不同对象可能有不同的属性值,所以通过同一个类的不同对象激活同样的方法,其返回值可能不一样。

在一些描述面向对象开发技术的著作中,也将方法(Method)称为行为(Behavior)、操作(Operation)、服务(Service)、函数(Function)等。但是在面向对象的 UML 建模的一些著作中,通常行为、操作和方法是有区别的:行为是外界可见的对象活动,它包括对象如何通过改变内部状态,或向其他对象返回状态信息来响应消息;操作是类的特征,用来定义如何激活该类对象的行为(服务和操作只是名称上的区别);方法是操作的实现,用来实现对象的行为。在不影响读者理解的情况下,本书对行为、操作、服务和函数不作严格区分。

一个类提供哪些方法,要依据具体的系统需求而定。通常类都提供了访问和修改其属性的方法,使用者可以访问和修改该类所诞生对象的状态。一个类定义和它诞生的对象被使用时,主要关心的是该类提供了哪些操作。

1.1.4 消息(Message)机制

为了能完成任务,对象需要与其他对象进行互操作。互操作可能发生在同一个类的不同对象之间,或是不同类的对象之间。通过发送消息给其他对象,实现对象之间的互操作(在 Java 中,发消息是通过调用一个对象的方法完成的;在 C++ 中,发消息是通过调用一个对象的方法或调用一个对象的重载运算符完成的)。消息激活对象已公布的方法,用来改变对象的状态或请求该对象完成一个动作。在对象的操作中,当一个消息发送给某个对象时,消息包含接收对象去执行某种操作的信息。发送一条消息至少要包括说明接收消息的对象名、发送给该对象的消息名(即方法名)。一般还要对参数(即方法的实际参数)加以说明,参数可以是认识该消息的对象所知道的变量名,或者是所有对象都知道的全局变量名。例如,对象 PointOne 提供一个方法 getX(),Triangle 对象可以发送消息 PointOne.getX() 来获取对象 PointOne 的 x 坐标,其中,PointOne 是对象,getX 是消息名,该消息没有对应参数。

从面向对象的角度来思考问题时,会说一个对象向另一个对象传递了一个消息。Java 程序中的消息,实际上是对对象的一些方法的调用,方法通过返回值来响应消息。虽然可以说是在调用对象方法,但最好是从消息传递的角度来思考,表达成 A 类的对象传递了一个消息给 B 类的对象。从具体的程序设计角度来讲,发送消息,是通过调用某个对象的方法实现的;收到消息是通过其他对象调用本对象的方法实现的。

1.2 面向对象与面向过程编程的比较

面向对象程序的主要特点是封装性(Encapsulation)、继承性(Inheritance)和多态性(Polymorphism),本书第二单元和第三单元将结合 Java 编程语言和 C++ 编程语言对面向对象程序的这 3 个特点进行深入的讲解,本节仅对这些特点进行概括性的阐述。

1.2.1 封装性

在结构化程序设计中,例如 C 程序设计,C 程序被划分为多个函数,每个函数都有明确的功能定义。随着程序规模的变大,大量的函数聚集到一起成为一个模块,模块可以是一个文件(.c),或几个有包含关系的文件(.c,.h),根据执行的操作构思一个包含多个函数的程序是面向过程编程的思想。对于一个 C 程序而言,函数能够不受限制地访问全局性数据(即变量),而且 C 程序函数和全局性数据之间缺乏联系。如果大量的函数对全局变量进行访问,如图 1.7 所示,C 程序的这种特征(全局性数据的不受限制的访问,以及函数和全局性数据之间缺乏必然的联系)会导致程序结构不清晰、难以维护和修改。如果在程序投入使用后需要修改数据结构,通常会在整个应用中引起显著的连锁效应,例如 Y2k 危机,发生于 20 世纪 90 年代,当时计算器内存非常宝贵,编程人员一直使用"月月/日日/年年"或"日日/月月/年年"的方式显示年份,当公元 2000 年的 1 月 1 日时,系统无法自动辨识 00/01/01 代表 1900 年的 1 月 1 日,还是 2000 年的 1 月 1 日,所有的软硬件都可能因为日期的混淆而产生资料流失、系统死机、程序紊乱、控制失灵等问题。软件在使用一段时间后,总是需要成长和改变的,否则软件就会"死亡"。成长和改变必然需要付出代价,但是,我们希望付出的代价小一些。

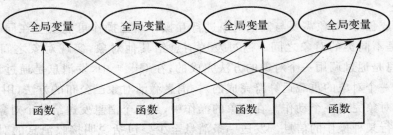

图 1.7 结构化程序设计

对于日期,当存储年、月、日等的形式发生变化时,如何不影响使用日期的代码?如果不影响使用日期的相关软件模块,将不会导致使用日期的相关代码因为年、月、日的存储形式发生变化导致软件故障。如果我们把存储年、月、日、小时、分钟、秒的数据信息和访问、修改这些信息的操作封装在一起,形成"日期类"(见图1.8),使用日期的客户端仅需要通过"日期类"创建"日期对象",并通过访问"日期对象"的操作,实现与时间相关的操作,那么,日期对象的年、月、日存储格式发生任何变化,仅影响日期对象内修改和访问这些信息的操作,如果"日期类"中操作的访问接口不变,使用"日期对象"的客户端代码就无须改变!年、月、日等数据和对这些数据的操作被封装在"日期对象"内部,因此存储年、月、日等的数据结构只需要被这些数据所属的"日期对象""理解",使用"日期对象"的客户端程序无须"理解"存储年、月、日等的数据结构。

图1.8 日期类

面向对象程序设计将数据及对数据的操作封装在一起,形成一个相互依存、不可分离的整体——对象。对系统的其他部分来说,属性和操作的内部实现被隐藏起来了,这就是面向对象的封装性。对象是支持封装的手段,是封装的基本单位。面向对象的思想始于"封装"这个基本概念,即现实世界可以被描绘成一系列完全自治、封装的对象,这些对象通过一个受保护的公共接口访问其他对象。由于对象的封装性,如果应用程序投入使用后,对象内部的数据结构必须改变,将不会产生连锁效应,只有受影响的对象的内部逻辑必须修改,使用对象的客户端代码无须改变。

Java语言是"纯面向对象"的编程语言,它的封装性较强,没有游离于类之外的全程变量和全局函数。在Java中,绝大部分成员是对象,只有简单的数字类型、字符类型和布尔类型除外。而对于这些简单的基本数据类型,Java也提供了相应的对象类型以便与其他对象交互操作。而C++语言不是"纯面向对象"的编程语言,它支持面向过程的编程和面向对象的编程,在面向过程的编程上,C++语言的库包括了C语言的库。

在面向对象的思想中,每个类越独立越好。每个类都尽量不要对它的任何内部属性提供直接的访问。例如,在Java,C++程序设计中,一般将属性的访问权限设为私有的,即只有对象内部的方法可以访问该对象的私有属性。类应该向外界提供能实现其职责的最少数目的公共方法。而且,向外界提供的公共方法的特征,应该尽量少地受到类内部设计变化、存储结构变化等的影响,将所有类的封装最大化。

因此,面向对象的封装性保证了对象内部的数据信息细节被隐藏起来,对象以外的部分不能随意访问和修改对象的内部数据(属性),每个对象的状态只能通过定义良好的公共消息才能改变,从而有效地避免了外部错误对它的影响,使软件错误能够局部化,大大降低了查错和排错的难度。

1.2.2 继承性

继承性是面向对象的特征之二,它是基于现实生活中的语义进行说明的,表现了"is - a"("是一个")的关系(详见2.1.2节中继承关系的举例)。如果两个类有继承关系,一个类自动继承另一个类的所有数据和操作,那么被继承的类称为基类、父类或超类,继承了父类所有数据和操作的类称为子类。

在面向对象的技术中,继承是子类自动地共享父类中定义的数据和方法的机制,继承性使得用户在开发新的应用系统时不必完全从零开始,可以继承原有的相似系统的功能或者从类库中选取需要的类,再派生出新的类以实现所需要的功能,因此,继承性使得相似的对象可以共享程序代码和数据结构,从而大大减少了程序中的冗余信息,并支持程序的复用和保持接口的一致性。采用继承的方式来组织设计系统中的类,具有如下特点:

1)一类对象(子类对象)拥有另外一类对象(父类对象)的所有属性与方法,在编程语言中,子类使用关键字可轻易复用父类的功能。

2)系统可以任意扩展新的子类,代价较小,使得开发人员能够集中精力于他们要解决的问题。

1.2.3 多态性

在面向对象的软件技术中,多态性是继承关系引出的特点,分为变量的多态性和方法的多态性。变量的多态性通过"子类对象可以当作父类对象来使用"进行体现,如果声明一个父类型的变量,该变量的取值可以是父类型的对象,也可以是其任意子类型的对象,父类型变量的取值呈现的多态性,即是指变量的多态性。如图1.9所示,有一个父类A,它有3个子类分别为B,C,D,通过A,B,C,D,分别创建了4个对象a,b,c,d,如果变量x的数据类型是父类A,那么x可以赋值为4个对象a,b,c,d中的任何一个对象,即可以为x赋值为自身类型的对象a,也可以为其赋值为它的任何一个子类对象b,c或d。

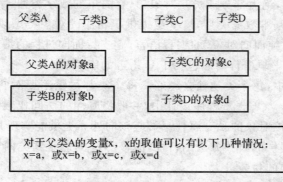

图1.9 变量的多态性

同样的消息(或方法调用)既可以发送给基类对象也可以发送给子类对象,在类继承关系的不同层次中,基类和子类可以共享(公用)一个行为(方法)的名字,然而不同层次中的每个类却各自按自己的需要来实现这个行为。当父类型变量接收到发送给它的消息时,根据该父类型变量的取值(具体的对象类型)动态选用基类或子类中定义的实现算法,以体现面向对象中方法的多态性。如图 1.10 所示,父类 A 有一个方法 g(),子类 B,C,D 都覆写了该方法 g(),即子类 B,C,D 按自己的需要分别实现了方法 g(),那么类 A,B,C,D 的方法 g()有共同的方法声明,有不同的方法体。对于上述父类型的变量 x,方法调用 x.g()会根据 x 具体指向的对象,调用相应类的方法体,例如,如果 x=a,x.g()调用类 A 中的方法 g(),如果 x=b,x.g()调用类 B 中的方法 g(),以此类推。

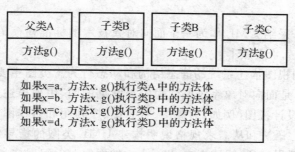

图 1.10　方法的多态性

多态现象总是和继承以及从基类得到子类一起发生。它是通过将对象与恰当的方法进行动态绑定来实现的。

面向对象的多态性有以下优势:

1)使程序员所写的大部分程序代码都只操作基类的变量(例如访问上述变量 x),不需要知道和子类对象类型息息相关的信息,只要处理整个族系的共同表达方式即可。

2)可以使程序员轻易扩增新类,而大部分程序代码都不会被影响,并且使得编写的程序便于阅读和维护。

3)具备多态性质的程序,不仅能够在原本的项目开发过程中逐渐成长,也能藉由增加新功能较容易地扩充规模。

第 2 章　UML 类图及其设计

面向对象是一种思维方式,需要用一种语言表达和交流。UML(统一建模语言,Unified Modeling Language)就是表达面向对象需求分析、设计的首选标准建模语言。UML 是面向对象开发系统的产品进行说明、可视化和编制文档的手段,它是软件界第一个统一的标准建模语言。要在团队中开展面向对象软件的设计和开发,掌握 UML 进行可视化建模是必不可少的。

自 1997 年,OMG 采纳 UML 作为基于面向对象技术的标准建模语言,经过多年的发展,UML 已发展到 UML 2.4.1 版本。

UML 提供了不同视图描述系统的静态结构和动态行为。类图主要用在面向对象软件开发的分析和设计阶段,是面向对象系统的建模中最常见的图,用来描述系统的静态设计视图。它也是构建其他动态设计视图(例如,对象图、状态图、序列图和协作图等)的基础。本书主要讲解 UML 类图的核心语法和从需求规格说明构建 UML 类图的指导性经验及案例分析,然后围绕 UML 类图的编程实现,阐述 Java 和 C++的面向对象编程技术。

2.1　UML 类图

类图主要用在面向对象软件开发的分析和设计阶段,描述系统的静态结构。类图图示了所构建系统的所有实体、实体的内部结构以及实体之间的关系。即,类图中包含从用户的客观世界模型中抽象出来的类、类的内部结构和类与类之间的关系。它是构建其他设计模型的基础,没有类图,就没有对象图、状态图、协作图等其他 UML 动态模型图,也就无法表示系统的动态行为。类图也是面向对象编程的起点和依据。

2.1.1　类

在类图中,类用长方形表示。长方形分成上、中、下 3 个区域,上面的区域内标示类的名字,类名字的第一个字母一般大写,其后每个单词的第一个字母大写(例如:CatalogItem 类),中间区域内标示类的属性列表,最下面的区域标示类的操作列表,如图 2.1 所示。

类的属性列表中的每个属性信息占据一行,每行属性信息的格式如下:

　　访问权限控制　属性名:属性类型

例如:图 2.2 所示的类 CatalogItem 中的属性 code 信息如下:

　　— code：String

其中"—"表示私有的访问权限,访问权限控制见表 2.1;code 是属性名,属性名一般第一个字母小写,其后每个单词的第一个字母大写,这样易读性和易理解性强,String(即字符串类型)是属性 code 的数据类型。

类的操作列表中,每个操作的信息也单独占据一行,每行操作信息的格式如下:

　　访问权限控制　操作名(参数列表):返回值的类型

例如:图 2.2 所示的类 CatalogItem 中操作 getCode()的格式如下:

　　+getCode():String

其中"+"表示公有的访问权限,访问权限控制见表 2.1;getCode 是操作名,该操作的参数为空,该操作返回值的数据类型是 String,操作名一般第一个字母小写,其后每个单词的第一个字母大写。

操作的参数列表中每个参数的格式与属性信息类似,但没有访问权限,参数之间以逗号分隔,参数列表的格式如下:

　　参数名 1:参数类型,参数名 2:参数类型,…

例如,方法 setAvailable(value:boolean)有一个参数 value,其数据类型为 boolean(即布尔型)。

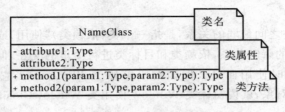

图 2.1　UML 类的图示

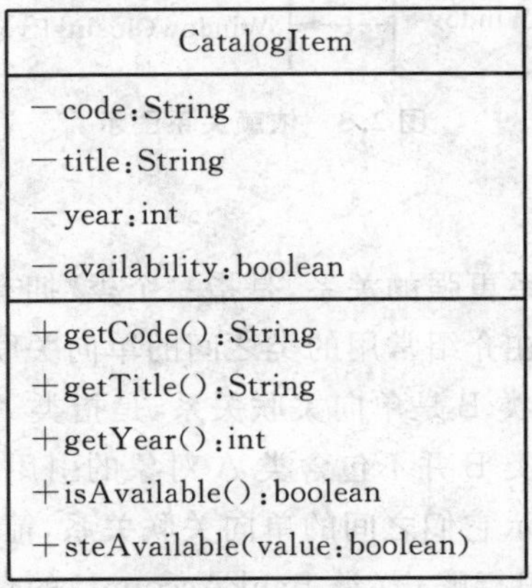

```
           CatalogItem
-code:String
-title:String
-year:int
-availability:boolean
+getCode():String
+getTitle():String
+getYear():int
+isAvailable():boolean
+steAvailable(value:boolean)
```

图 2.2　类 CatalogItem

类属性和操作的访问权限控制的可见性表示见表 2.1。"+"代表访问权限是公有的,如果类 A 的一个属性或操作的访问权限是"+",表示该属性或操作可以被类 A 或之外的类进行公开访问;"♯"代表访问权限是保护的,如果类 A 的一个属性或操作的访问权限是"♯",表示该属性或操作可以被类 A 的子类访问,也可以被与类 A 在一个包内的类访问(Java 包的概念见 3.2.1 节);"-"代表访问权限是私有的,如果类 A 的一个属性或操作的访问权限是"-",表示该属性或操作的访问权限限制在类 A 内部的成员;"~"代表访问权限是友好的,如果类 A 的一个属性或操作的访问权限是"~",表示该属性或操作仅允许被与类 A 在一同个包内的类访问,其访问权限限制在包内。

表 2.1 类属性和操作的访问权限控制的可见性表示

+	代表 public
#	代表 protected
-	代表 private
~	代表 package，即 friendly

2.1.2 类之间关系

类之间关系是面向对象软件系统设计的关键。面向对象中定义的类与类之间关系包括依赖关系、关联关系、聚合关系、继承关系和组合关系。其中关联关系和继承关系是最重要和最常用的，设计的类图都要体现类之间的关联关系和继承关系。

(1) 依赖关系

依赖关系是类与类之间最弱的关系，是指一个类(依赖类)"使用"或"知道"另外一个类(目标类)。它是一个典型的瞬时关系，依赖类和目标类进行简单的交互，但是，依赖类并不维护目标类的对象，仅仅是临时使用而已。例如对于窗体类 Window，当它关闭时会发送一个类 WindowClosingEvent 对象，就说窗体类 Window 使用类 WindowClosingEvent，它们之间的依赖的表示如图 2.3 所示。

图 2.3 依赖关系图示

(2) 关联关系

关联关系是一种比依赖关系更强的关系，是指一个类"拥有"另一个类，表示类之间的一种持续一段时间的合作关系。现在介绍常用的类之间的单向关联关系和双向关联关系。

1) 单向关联关系。类 A 与类 B 是单向关联关系，是指类 A 包含类 B 对象的引用(即指向或存储类 B 对象的变量)，但是类 B 并不包含类 A 对象的引用。在类图中通过从类 A 画一条带箭头的单向矢线到类 B 来表示它们之间的单向关联关系，箭头的方向指向类 B。

例如客户(类 Client)拥有银行账户(类 BankAccount)的信息，银行账户并不拥有客户的信息，那么客户(类 Client)和银行账户(类 BankAccount)就是单向关联关系，如图 2.4 所示。类 Client 除了拥有属性 name 外，还拥有一个类 BankAccount 类型的引用，即，类 Client 拥有两个属性信息，一个是姓名的信息，一个是银行账户信息。

图 2.4 中仅指示类 Client 包含类 BankAccount 对象的引用，并没有表明包含的引用个数，也没有包含引用的"标示"，也许该图的含义是指一个客户(类 Client)拥有一个银行账户(类 BankAccount)的信息，也许是指一个客户(类 Client)拥有多个银行账户(类 BankAccount)的信息。在类图编程实现时，需要明确类 Client 包含类 BankAccount 引用的数量。因此，在类图中，还应该进一步表示出类之间关联引用的数量，即和类 A 的一个对象关联的类 B 对象的数量。同时在关联数量的旁边，需要写出引用的"标示"，如图 2.5 所示，它表示

和类 Client 的一个实例关联的类 BankAccount 对象的数量是 1 个,关联的引用(或称为关联的属性,因为它将作为类 Client 的一个属性)标示为"account",即,类 Client 拥有两个属性信息,一个是自身具备的属性 name,一个是与类 BankAccount 关联的属性 account,其中,name 的数据类型是 String,account 的数据类型是 BankAccount。

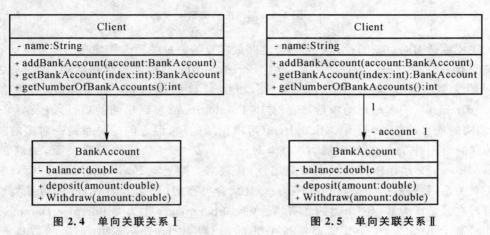

图 2.4　单向关联关系 Ⅰ　　　　　图 2.5　单向关联关系 Ⅱ

在编程实现时,关联的属性转化为类的私有属性。例如,针对图 2.5 的类图,用 Java 语言编程实现时,引用 account 将作为类 Client 的私有属性。即有

```
class Client {
    private String name;
    private BankAccount account;
    ...
}
```

综上所述,类 Client 包含类 BankAccount 的一个引用,引用名为 account,其数据类型是 BankAccount。

类与类之间常用的关联数量表示及其含义有以下几种:①具体数字:比如上述表示的 1。②＊或 0..＊:表示 0 到任意多个。③0..1:表示 0 个或 1 个。④1..＊:表示 1 到任意多个。

2)双向关联关系。类 A 与类 B 如果彼此包含对方的引用,则称类 A 与类 B 是双向关联关系。例如,在一个需求描述中,一个学生(Student)可以拥有其选修的 6 门课程的信息,一门课程(Course)可以包含选修该门课程的任意多个学生的信息。在面向对象的软件建模中,将需求中的学生和课程分别建模为类,并通过类图表明学生和课程这两个类之间有双向关联关系,它们彼此包含对方的引用。在类图中,用一条直线连接两个类,表示它们之间的双向关联关系,并在类图中表示出学生类和课程类关联的数量及关联的引用的标示,如图 2.6 所示。该图表示和类 Course 的一个实例关联的类 Student 对象的数量为 0 个或任意多个,即用"＊"表示,关联的引用标示为"students"(这里引用为复数,表示关联的数量为多个);和类 Student 的一个实例关联的类 Course 对象的数量为 6 个,关联的引用标示为"courses"。即,类 Student 拥有一个属性信息是 courses,类 Course 拥有一个属性信息是 students,其中,courses 是一个包含 6 个元素的集合(courses 的数据类型可以是数组),每个元素的数据类型是 Course, students 是一个包含任意个元素的集合（students 的数据类型可以是数组），每个元素的数据类型是 Student。

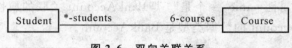

图 2.6 双向关联关系

关联关系是面向对象的设计中类与类之间最常见的一种关系。例如在图 2.7 所示的图书馆系统的类图中，类 Borrower（借阅者）与类 BorrowedItems（借阅者借出的项目列表）之间是一对一的关联关系。类 BorrowerDatabase（借阅者数据库）与类 Borrower（借阅者）、类 BorrowedItems（借阅者借出的项目列表）与类 CatalogItem（可以借阅的项目）以及类 Catalog（可以借阅的项目的目录）与类 CatalogItem（可以借阅的项目）之间的关系是一对多的关联关系。关联的引用作为类的私有属性实现，对于图 2.7 中一对一的关联关系，关联的引用 borrowedItems 作为类 Borrower 的私有属性，其数据类型是类 BorrowedItems。而对于一对多的关联关系，关联的引用（例如 borrowers）是集合类型的（例如 borrowers 的数据类型可以是数组），它也是作为其中一个类的私有属性（例如 borrowers 作为类 BorrowerDatabase 的私有属性），集合中元素的数据类型是被关联的类（例如 borrowers 中元素的数据类型是 Borrower）。

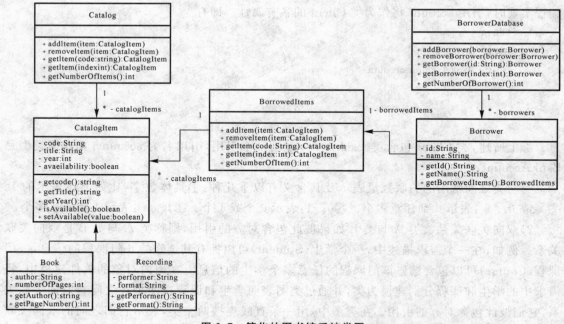

图 2.7 简化的图书馆系统类图

在类图中，关联关系的绘制应该注意以下几个问题：①关联的方向性。②关联的数量。③关联的引用。一般，关联的数量为 1 个，引用命名为单数（除非其对应的数据类型——类命名为复数，例如，borrowedItems），关联的数量为多个，引用命名为复数（例如，Students，Courses）。

(3) 聚合关系

聚合关系是一种特殊形式的关联关系,代表两个类之间的"整体-部分"的关系,整体在概念上处于比部分更高的一个级别,而关联暗示两个类在概念上位于相同的级别。图 2.8 表示"整体"类 Car 和"部分"类 Wheel 的聚合关系,从"整体"画一条末端带空心菱形的线指向"部分",也可以像关联一样,在线的两端,分别标记"整体"包含"部分"的数量,例如在 Car 类的这一端标记 1,在 Wheel 类的这一端标记 4,表示一个 Car 可以包含 4 个 Wheel 对象的引用。用面向对象的语言编程实现时,与关联关系的编程实现一致,如果一个 Car 包含一个 Wheel 对象的引用,则整体类 Car 包含一个局部类 Wheel 类型的属性变量;如果一个 Car 包含 4 个 Wheel 对象的引用,则整体类 Car 包含一个集合变量,集合中的每个元素的数据类型为局部类 Wheel。另外,部分类对象可以独立于整体类对象而存在,例如,一辆汽车被组装之前,轮胎可以提前数周制造并存于仓库,即轮胎对象(部分)可以独立于汽车对象(整体)存在。

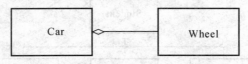

图 2.8　聚合关系图示

关联关系和聚合关系的区别纯粹是概念上的,严格反映在面向对象设计的语义上,聚合暗示着类图中不存在有聚合关系的回路(即不存在自包含关系的类和关系环类,自包含关系的类结构和关系环模型详见 2.2.2 节和 2.2.3 节,例如,类 A 包含类 B,类 B 包含类 C,类 C 又包含类 A,那么类 A 就是自包含的类,类 A,B 和 C 形成了关系环模型),只能是一种单向关系。

在进行面向对象设计时,如果两个类之间的整体和部分关系语义不明显,直观感觉两个类之间的关系建模为关联可以,建模为聚合也可以,就将它们之间的关系建模为关联关系即可。

(4) 组合关系

组合关系用于表示强的"整体-部分"的关系,在任何时间内,"部分"只能包含在一个"整体"中。二者的生存周期总是相连的,部分的生存周期依赖于整体的生存周期,如果整体被销毁了,部分也就没有存在的意义了。例如账户 BankAccount 和交易 Transaction 被建模为两个类,那么账户 BankAccount 对象存在之前,存钱交易和取钱交易都不可能发生,即 Transaction 类对象的创建依赖于 BankAccount 类对象,如果 BankAccount 对象被销毁,Transaction 对象也自动销毁。图 2.9 体现了 BankAccount 和 Transaction 的组合关系,从"整体"画一条末端带实心菱形的线指向"部分",也可以像关联一样,在线的两端,分别标记"整体"包含"部分"的数量,例如在 BankAccount 类的这一端标记 1,在 Transaction 类的这一端标记 4,表示一个 BankAccount 可以包含 4 个 Transaction 对象的引用(代表不同类型的交易)。用面向对象的语言编程实现时,与关联关系的编程实现一致,如果一个 BankAccount 包含一个 Transaction 对象的引用,则整体类 BankAccount 包含一个局部类 Transaction 类型的属性变量;如果一个 BankAccount 包含 4 个 Transaction 对象的引用,则整体类 BankAccount 包含一个集合变量,集合中的每个元素的数据类型为局部类 Transaction。

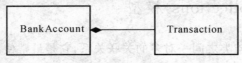

图 2.9　组合关系

(5)继承关系

由于现实世界中很多实体都有继承的含义,所以在软件建模中,将含有继承含义的两个实体,建模为有继承关系的两个类。

在 UML 类图中,为了建模类之间的继承关系,从子类画一条实线引向基类,在线的末端,画一个带空心的三角形指向基类。例如,若把学生(Student)看成一个实体,小学生(Elementary)、中学生(Middle)和大学生(University)等都具有学生的特性,此外,它们又有自己的特性,小学生(Elementary)、中学生(Middle)和大学生(University)可以看成子实体,学生是它们的"父亲",而这些子实体则是学生的"孩子",在面向对象的设计中,可以创建如下 4 个类:Student,Elementary,Middle 和 University。其中 Elementary,Middle 和 University 分别继承 Student,如图 2.10 所示。

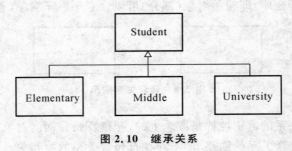

图 2.10 继承关系

继承是面向对象设计中很重要的一个概念,表现了"is_a(是一个)"的关系。由于图 2.10 中的 Elementary,Middle 和 University 分别继承 Student,它们就具备了 Student 所拥有的属性和方法,在面向对象的环境中,Elementary,Middle 和 University 相应的对象分别可以当作 Student 对象进行使用,即一个 Elementary 对象也"是一个"Student 对象,一个 Middle 对象也"是一个"Student 对象,一个 University 对象也"是一个"Student 对象。

在继承关系中,被继承的类称为基类(或父类,或超类),继承的类称为子类,子类对象都可以当作父类对象,一个子类对象也"是一个"父类对象。

2.2 设计中的典型类结构及其应用举例

通常,类与类之间的关系要依据具体的软件需求而定。但是,有一些类结构在面向对象设计中经常被用到,例如,集合(Collections)模型、自包含类(Self-Containing Classes)和关系环(Relationship Loops)模型,这些典型的类结构被认为是基本的构建块,用以构建更复杂的应用系统。本节结合案例对这些典型类结构进行分析讲解,以期让读者积累更多面向对象建模的经验。

2.2.1 集合(Collections)模型

一个集合模型代表类与类之间一对多的关联关系,它是最常使用的类与类之间关系之一。

例如,在一个应用系统中,客户(Client)和银行账户(BankAccount)分别建模为一个类,如果在需求描述中,一个客户可以拥有多个银行账户(BankAccount),那么这两个类之间的关系就是一对多的关联关系,如图 2.11 所示,关联的引用 accounts 是集合类型的,集合中元素的数据类型是 BankAccount,accounts 将作为类 Client 的私有属性,这种类结构就称之为集合模型,将 Client 称之为集合类。在集合模型中,集合类(例如 Client)通过一个集合类型的变量(例如 accounts)管理和维护了另一个类(例如 BankAccount)的许多对象。在 Java 和 C++的编程实现中,accounts 通常声明为 Vector、List 等容器类型,以管理和维护另一个类对象的集合。

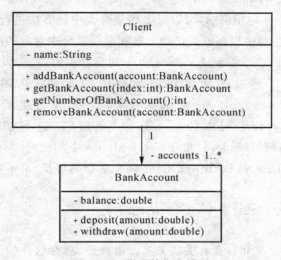

图 2.11 常用的集合模型

通常,在设计类图中,由于集合类维护了另外一个类对象的集合,为了便于操作集合中的对象元素,集合类应提供以下常用公开方法,对集合中的对象进行操作,这里假设集合中元素的数据类型是 XObject。

1)将对象 newObject 添加进集合中。
addXObject(newObject:XObject):void
2)将某一对象 xObject 从集合中删除。
removeXObject(xObject:XObject):void
3)根据集合中的索引(即 index)或唯一标示对象的属性值(即键值 key,其数据类型假设为 YObject)访问集合中某一对象。
getXObject(index:int):XObject
或 getXObject(key:YObject):XObject
4)获取集合中对象的总数。
getNumberOfXObject():int

根据具体集合类维护的对象类型不同,XObject 可以用相应的类名替换,例如图 2.11 所示的集合类 Client,相应的方法名分别用 BankAccount 替换了 XObject。即 Client 分别提供了以下 4 个公开的方法,这些方法的功能都是通过访问属性 accounts 实现的。

1)将对象 account 添加进集合中。

addBankAccount(account:BankAccount):void

2)将某一对象 account 从集合中删除。

removeBankAccount(account:BankAccount):void

3)根据集合中的索引(即 index)访问集合中某一对象。

getBankAccount(index:int):BankAccount

4)获取集合中对象的总数。

getNumberOfBankAccount():int

当然,根据具体的业务应用需求,可以对上述集合类中的方法进行增加和修改,例如访问集合中的某个元素,上述3)中根据索引访问元素和根据集合中对象的唯一标示进行访问的两个方法也可以同时提供。在学习到 Java 和 C++ 的容器类时,就会发现,集合类还可以提供返回迭代器的方法,以通过迭代器访问集合中的元素。在图 2.7 中,类 Catalog、BorrowerDatabase 和 BorrowedItems 都是集合类,其中,集合类 Catalog 的方法 getItem (code:String)是根据集合中对象的唯一标示"条形码"进行访问的,即根据目录项(CatalogItem)唯一的条形码(code)对集合 CatalogItems 中的元素(即 CatalogItem 对象)进行访问的。BorrowerDatabase 和 BorrowedItems 两个集合类与 Catalog 类似。

2.2.2 自包含(Self-Containing)类

自包含关系是指一个类和自身有关联关系。也就是说,在这样的类中有一个具有这个类本身类型的私有属性。例如,一个人(Person)有父亲(Father)和母亲(Mother),同时父亲和母亲也是 Person 类型的,父亲和母亲自己也有各自的父亲和母亲。这种关联关系可以用图2.12所示的结构表示,表示一个或多个孩子(即 Person 对象)有一个父亲(即 father,father 的数据类型是 Person)和一个母亲(即 mother,mother 的数据类型是 Person)。

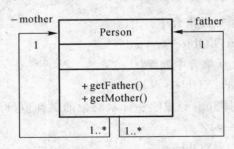

图 2.12 自包含类示例

自包含类的应用范畴十分广泛,例如对于类似员工贡献价值查询系统的应用需求,可以用自包含关系的类对其进行建模。

员工贡献价值查询系统需求说明

一个公司有基层员工、各部门的经理以及执行总裁等员工。经理可以管理多个基层员工和其下属部门的经理,同时一个经理也是一个员工,会被上层部门的经理和执行总裁管理。公司的每个员工都有薪水,现要求开发一个员工贡献价值查询系统,可以随时查询员工对公司的贡献价值。

员工对公司的贡献价值定义为他的薪水和他所管理的所有下属员工的薪水总和。即：

1）基层员工对公司的贡献仅包含他自己的薪水；

2）部门经理和执行总裁对公司的贡献是他的薪水和他所管理的所有下属员工的薪水总和。

在上述需求描述中，由于基层员工、经理和执行总裁都是"员工"，同时，如果员工是一个部门经理或执行总裁，那么他可以管理一个或更多个其他"员工"；如果员工是一个基层员工，没有承担任何管理职务，那么他不管理任何员工。在面向对象的设计中，为了获取员工对公司的贡献价值，可以设计如图 2.13 所示的自包含关系的类 Employee，即认为公司的所有人员都是"员工（Employee）"，一个员工可以管理任意多个（包括 0 个）其他员工。

在图 2.13 所示的类图中，类 Employee 与其自身是一对多的关联关系，由于是一对多的关联关系，因此，关联的属性 subordinates 是一个集合，其存储的是 Employee 对象的集合；而且属性 subordinates 作为类 Employee 的私有属性，因此 Employee 拥有 name，salary 和 subordinates 三个私有属性，其中 name 的数据类型是 String（字符串类型）；salary 的数据类型是 Double（即浮点数）；subordinates 的数据类型是集合类型（即可以是数组类型），集合中元素的数据类型是 Employee。类 Employee 建立在这 3 个属性之上，可以提供的操作及其功能实现描述如下：

1）getName()：返回 Employee 对象的 name 属性值。

2）getSalary()：返回 Employee 对象的 salary 属性值。

3）addEmployee()，removeEmployee()，getEmployee()，getNumberOfEmployee() 是 Employee 提供的对属性 subordinates 中元素的操作（含义详见 2.2.1 节对集合类公共接口的描述），这些操作的功能都是建立在对属性 subordinates 进行访问的基础上实现的。

4）getCost()：可以设计一个类似于 C 语言的 for 循环，getNumberOfEmployee() 的返回值作为 for 循环终止的条件，通过方法 getEmployee() 的返回值获取集合 subordinates 中的每个 Employee 对象，即返回的每个对象就是当前对象（即调用 getCost() 的对象）所管理的各下属员工，然后通过返回的每个 Employee 对象激活方法 getSalary()，获取各下属员工的薪水进行累加，以计算当前员工的贡献价值。getCost() 方法的代码见示例 2.1。

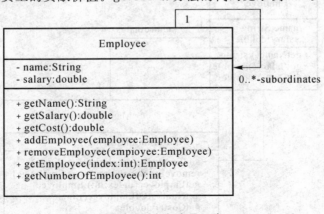

图 2.13　自包含员工类

示例 2.1 getCost()方法代码示例

```
getCost() {
        double total=0.0;
            For (i=0, i< getNumberOfEmployee(),i++) {
                Employee   employee = getEmployee( i)
                total+=employee.getSalary();
            }
            return total;
}
```

2.2.3 关系环(Relationship Loops)模型

2.2.2节中的员工贡献价值查询系统的设计方案是可行的,该方案可以实现查询各员工对公司的贡献价值(由getCost()方法实现),本节通过关系环模型,给出另外一种设计方案。由于每个部门经理(包含执行总裁)除了有name和salary信息之外,还具有所管辖员工的信息,而基层员工仅有name和salary信息,其管理的下属员工信息为空;因此,从这个角度来看,员工贡献价值查询系统也可以被设计为图2.14所示的类图。在这种设计方案中,设计了Manager和Employee两个类,Manager代表部门经理(包含执行总裁),Manager有name、salary和subordinates三个属性;Employee代表基层员工,Employee有name和salary两个属性;类Manager和类Employee有以下两层关系:

1)关联关系:类Manager和类Employee是一对多的关联关系,即Manager维护一个集合subordinates,集合中元素的数据类型是Employee。

2)继承关系:类Manager继承类Employee,因此Manager对象可以看作Employee的对象来使用,即类Manager的对象也可以存入subordinates集合中。所以,Manager的属性subordinates中存储的元素可以是Employee类型的对象,也可以是Manager类型的对象(因为它可以当作Employee对象来用)。

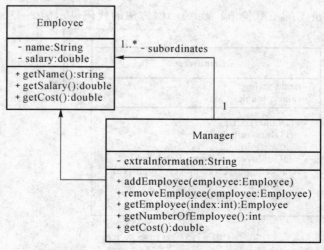

图 2.14 员工管理系统新的设计方案图

为了分析该设计方案是否可行,可以考察该设计方案是否可以实现查询各员工对公司的贡献价值,如果可以实现该功能,该设计方案就是可行的,否则不可行。如果员工是一个基层员工(即 Empoyee 对象),没有承担任何管理职务,那么他不管理任何员工,所以他的薪水就是他对公司的贡献价值,这可以通过调用他的 getSalary()方法实现。如果员工是一个部门经理或执行总裁,每个员工可以管理一个或更多个其他"员工",这可以通过调用他的 getCost()方法实现,该方法是通过遍历其维护的集合 subordinates,获取其管理的各下属员工(即集合 subordinates 的元素)的薪水进行计算的,该方法的实现原理与第一种设计方案中的 getCost()方法的实现原理一致,很容易实现查询部门经理或执行总裁对公司的贡献价值的功能。由于 Manager 是集合类,所以建立在属性 subordinates 之上,还提供了 addEmployee()、removeEmployee()、getEmployee() 和 getNumberOfEmployee()等 4 个操作。因此,通过员工贡献价值查询系统的两个设计方案可以看出,针对同一个需求,设计方案可以有很多种,关键看是否可以实现用户要求的功能。

图 2.14 所示的设计方案就是一种关系环模型,类 Manager 通过类 Employee 和自身关联,所以类 Manager 也是自包含的,这里的自包含涉及了两个类,将这种设计方案称为关系环。

为了熟悉常用的关系环模型,下面给出文件系统的需求,进一步分析关系环模型的案例,同时也有助于对常用的关联关系和继承关系的进一步加深认识。

文件系统需求说明

一个文件系统有文件夹(Folder),文件夹可以包含文件(File)或/和更多的文件夹,每个文件或文件夹都有名字、创建日期和文件的大小,另外,每个文件都有扩展名。给出该文件系统的设计方案,在该文件系统的设计方案中,用户可以实现访问或打印文件和文件夹的相关信息。

根据需求的描述,涉及文件和文件夹,可以设计两个类,即 File 和 Folder,File 代表文件,Fold 代表文件夹,设计的类图如图 2.15 所示。其中 File 拥有 4 个属性:name,date,size 和 extension,拥有返回该 4 个属性的相应的操作:getName(),getDate(),getSize() 和 getExtension();Folder 类拥有 5 个属性:name,date,size,folds(和 Fold 类自身关联的一对多属性)和 files(和 File 类关联的一对多属性),拥有返回该前 3 个属性的相应的操作:getName(),getDate(),getSize(),以及包含 folds 和 files 两个集合所提供的 8 个操作(即,4 个对文件集合的操作:addFile(),removeFile(),getFile() 和 getNumberOfFile();4 个对文件夹集合的操作:addFolder(),removeFolder(),getFolder() 和 getNumberOfFolder())。请读者试着分析通过该设计方案,是如何实现访问或打印文件和文件夹的相关信息等功能的,分析原理与员工贡献价值查询系统的设计方案的分析原理一致。

在图 2.15 所示的设计方案中,两个类 Folder 和 File 之间存在相同的属性 name,date,size 和操作 getName(),getDate(),getSize(),而且 Folder 类包含 folds 和 files 两个集合,因此,它提供了操作这两个集合常用的 8 个操作,这必将导致 Folder 类的代码量急剧膨胀。

为了便于代码的重用,以及表述这两个类之间的共性,可以再设计一个存放共性代码的类 FolderItem(拥有属性 name,date,size 和操作 getName(),getDate(),getSize()),让类 File 和类 Folder 继承类 FolderItem,这样,它们就自动继承了类 FolderItem 的所有属性和操作,而且,Folder 类仅需维护一个集合 folderItems,集合中元素的数据类型为 FolderItem,由于子类对象可以当作父类对象来使用，无论是 Folder 对象还是 File 对象都可以存入集合 folderItems，即，只要是文件夹包含的内容都可以存入集合 folderItems。新的设计方案如图 2.16 所示，由于 Folder 类通过其基类 FoldItem 和自身关联，因而该设计方案也被称作关系环模型。

图 2.15 和图 2.16 所示的两种设计方案都可以满足需求中要实现的功能，在第 9 章，讲到多态时，会对这两种设计方案再进一步进行讨论，分析哪种设计方案更优。

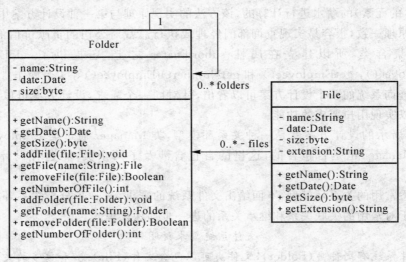

图 2.15 文件系统的设计方案 I

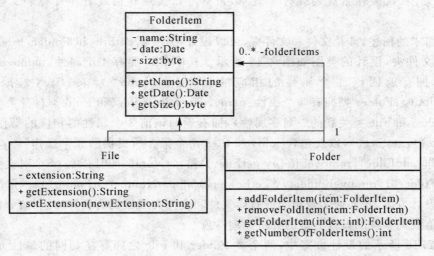

图 2.16 文件系统的设计方案 II

在面向对象的设计中，如果发现类 B 和类 C 存在同样的代码，可以设计一个类 A，用于存放通用的代码，使得类 B 和类 C 继承类 A，通过继承，类 B 和类 C 可以重用类 A 的代码。

在面向对象的程序设计中，采用继承的方式来组织设计系统中的类，可以提高程序的抽象程度，更接近人的思维方式，使程序结构更清晰，并降低编码和维护的工作量。

2.3 类图的设计

通过对用户需求的分析,在面向对象软件开发的分析和设计阶段,通过建立类图描述软件系统的对象类型以及它们之间的关系,为软件的编码实现提供足够的信息。同时,类图的设计也是面向对象分析和设计阶段的第一个最关键的步骤,系统动态行为的建模都以此为基础。开发、维护、测试人员通过类图,也可以查看编码的详细信息,包括软件系统的实现由哪些类构成,每个类有哪些属性和方法,以及类之间的源码依赖关系。

2.3.1 类图设计的方法

面向对象设计(Object-oriented Design)是指为一个系统设计一个类图(即对象模型),它要求系统中的相关事物对应一个类,或者某个类的属性;相关事件对应某个类的操作,指明该类的对象可以执行的动作。

系统类图模型的设计信息来源于针对用户的需求所编写的需求描述,基于需求规格说明设计类图的一般步骤如下:

1) 定义类;
2) 识别类之间的关系,如关联、继承等;
3) 识别类的属性;
4) 识别类建立在属性之上提供的操作;
5) 使用 UML 语法和绘图工具,绘制设计的类图。

应用系统的类图设计完成后,开发人员可以运用 UML 建模工具绘制相应的类图,应用较广泛的 UML 建模工具有 Rational Rose、Microsoft Office Visio、Enterprise Architect、PowerDesigner 和 Eclipse UML 等。

2.3.2~2.3.4 节将通过对雇员管理系统、公共交通信息查询系统和接口自动机系统的 3 个案例分析,详细阐述从需求规格说明设计类图的方法和步骤,为面向对象设计的初学者提供一个入门和经验积累的机会。

2.3.2 公司雇员管理系统的建模

1. 公司雇员管理系统需求描述

公司雇员管理系统

公司雇员管理系统主要用于管理公司雇员的信息。雇员的基本信息包括身份证号、姓名、出生日期和电话,每个雇员的身份证号是唯一的;公司雇员分为普通雇员和工时雇员,普通雇员包括佣金雇员和非佣金雇员。其中:

1) 工时雇员有固定的小时薪水(即每小时支付的费用),其薪水在每周五按照其每周的工作记录进行计算,每个工作记录包括一个工作日期和工作的小时数,如果在某工作日期,其工作时间超过 8 个小时,超过的每小时按照小时薪水的 1.5 倍来计算。系统需要保存工时雇员每周的所有工作记录。

2) 非佣金雇员每月的薪水仅包含固定的月薪,其薪水在每月的最后一个工作日期进行计算,系统需要记录非佣金雇员固定的月薪和每月的工作记录,每个工作记录包括一个工作日期和工作的小时数。

3) 佣金雇员每月的薪水除了包含固定的月薪之外,还包含按照其每月的销售额获得的佣金。其佣金计算方式为:销售额超过10万元部分,提取超额部分的10%作为其佣金;超过20万元部分,提取超额部分的15%作为佣金。对于每个佣金雇员,系统需要保存其固定的月薪、每月的工作记录(每个工作记录包括一个工作日期和工作的小时数)以及每月的销售记录,销售记录中的每一销售项包括已售的产品名称、单价、数量及其销售日期。

在该应用系统中,用户可以:

1) 查询雇员的基本信息;
2) 根据指定的日期,查询雇员的周工作记录或月工作记录;
3) 根据指定的日期,查询雇员周或月的薪水信息;
4) 根据指定的日期,查询佣金雇员某个月的销售记录。

2. 类的定义

作为对象模型设计过程中的第一步,类的识别工作尤为重要。该过程是将现实世界问题域中的实体或抽象概念用软件对象的方法进行描述的过程,即从需求规格说明中提取软件系统应用到的所有类。

类的识别通常使用列举名词并逐步筛选的方法得到初步结果。以公司雇员管理系统需求描述为例,类的识别步骤如下:

步骤1:标出需求规格说明中出现的所有名词和名词短语。

该步骤将确定系统中可能涉及的所有候选类,作为类的识别过程的基础步骤,在后续步骤中将会对候选类作进一步筛选。

例如,对公司雇员管理系统的需求描述,依次标记出以下名词和名词短语(用黑体部分表示):

公司雇员管理系统主要用于管理**公司雇员**的**信息**。**雇员**的**基本信息**包括**身份证号**、**姓名**、**出生日期**和**电话**,每个雇员的身份证号是唯一的;公司雇员分为**普通雇员**和**工时雇员**,普通雇员包括**佣金雇员**和**非佣金雇员**。其中:

1) **工时雇员**有固定的**小时薪水**(即每小时支付的**费用**),其**薪水**在**每周五**按照其**每周**的**工作记录**进行计算,每个**工作记录**包括一个**工作日期**和**工作的小时数**,如果在某工作日期,其工作时间超过8个小时,超过的每**小时**按照小时薪水的1.5倍来计算。**系统需要保存工时雇员每周的所有工作记录**。

2) 非佣金雇员每月的薪水仅包含**固定的月薪**,其薪水在**每月**的最后一个工作日期进行计算,系统需要记录非佣金雇员固定的月薪和每月的工作记录,每个工作记录包括一个工作日期和工作的小时数。

3) 佣金雇员每月的薪水除了包含固定的月薪之外,还包含按照其每月的**销售额**获得的**佣金**。其佣金计算方式为:销售额超过10万元部分,提取**超额部分**的10%作为其佣金;超过20万元部分,提取超额部分的15%作为佣金。对于每个佣金雇员,系统需要保存其固定的月薪、每月的工作记录(每个工作记录包括一个工作日期和工作的小时数)以及每月的**销售记录**,销售记录中的每一**销售项**包括已售的**产品名称**、**单价**、**数量**及其销售日期。

将该步骤标记的名词罗列在 Excel 表格中,见表 2.2。

表 2.2 公司雇员管理系统名词列表

1	公司雇员管理系统	19	工作记录(工作雇员、非佣金雇员、佣金雇员)
2	公司雇员	20	工作日期(工时雇员,非佣金雇员、佣金雇员)
3	信息	21	工作的小时数
4	雇员	22	工作时间
5	基本信息	23	小时
6	身份证号	24	系统
7	姓名	25	固定的月薪(非佣金雇员、佣金雇员)
8	出生日期	26	每月(非佣金雇员、佣金雇员)
9	电话	27	销售额
10	普通雇员	28	佣金
11	工时雇员	29	超额部分
12	佣金雇员	30	销售记录
13	非佣金雇员	31	销售项
14	小时薪水(工时雇员)	32	产品名称
15	费用	33	单价
16	薪水(工时雇员、非佣金雇员、佣金雇员)	34	数量
17	每周五	35	销售日期
18	每周		

步骤 2:对步骤 1 标记出来的所有名词进行筛选。

筛选过程可以根据需求描述的内容将部分名词删除或更改,一般遵循以下原则:

1)将同义词进行归类形成同义词组。

例如,根据雇员管理系统的描述,"雇员"和"公司雇员"是同义词,"公司雇员管理系统"和"系统"是同义词,"小时薪水"和"费用"是同义词,"工作的小时数"和"工作的时间"是同义词,将表 2.2 中的名词列表进行同义词归类后,见表 2.3。

表 2.3 公司雇员管理系统同义名词归类列表

1	公司雇员管理系统,系统	17	工作记录(工作雇员、非佣金雇员、佣金雇员)
2	公司雇员,雇员	18	工作日期(工时雇员、非佣金雇员、佣金雇员)
3	信息	19	工作的小时数,工作时间
4	基本信息	20	小时
5	身份证号	21	固定的月薪(非佣金雇员、佣金雇员)
6	姓名	22	每月(非佣金雇员、佣金雇员)
7	出生日期	23	销售额
8	电话	24	佣金
9	普通雇员	25	超额部分
10	工时雇员	26	销售记录
11	佣金雇员	27	销售项
12	非佣金雇员	28	产品名称
13	小时薪水(工时雇员),费用	29	产品名称
14	薪水(工时雇员、非佣金雇员、佣金雇员)	30	数量
15	每周五	31	销售日期
16	每周		

2）删除指代某个特定对象的名词（例如：张三），用泛指某一类别事物的名次代替（根据不同的应用情景，可以将张三用客户、学生等泛指类别的名次替代）。

在公司雇员管理系统中，"每周五"是"工作日期"的特例，所以可以将表2.3列表中的名词"每周五"删除，保留"工作日期"，见表2.4。

表2.4 删除代表具体对象的名词的列表

1	公司雇员管理系统，系统	
2	公司雇员，雇员	
3	信息	
4	基本信息	
5	身份证号	
6	姓名	
7	出生日期	
8	电话	
9	普通雇员	
10	工时雇员	
11	佣金雇员	
12	非佣金雇员	
13	小时薪水（工时雇员），费用	
14	薪水（工时雇员、非佣金雇员、佣金雇员）	
15	~~每周五~~	是"工作日期"的特例
16	每周	
17	工作记录（工时雇员、非佣金雇员、佣金雇员）	
18	工作日期（工时雇员、非佣金雇员、佣金雇员）	
19	工作的小时数，工作时间	
20	小时	
21	固定的月薪（非佣金雇员、佣金雇员）	
22	每月（非佣金雇员、佣金雇员）	
23	销售额	
24	佣金	
25	超额部分	
26	销售记录	
27	销售项	
28	产品名称	
29	单价	
30	数量	
31	销售日期	

3）删除仅仅作为某个类属性的名词，如果该名词虽然作为某个类的属性，但是它还拥有自己的属性，那么该名词就不予删除，即如果名词表达的实体或抽象概念具有自己的属性，将不予删除。

例如，在公司雇员管理系统中，"销售记录"作为"每月（对于佣金雇员而言）"的属性，其自身又拥有属性"销售项"，因此，要保留该名词；在公司雇员管理系统中，将删除以下仅作为类属性信息出现的名词，见表2.5。

- "身份证号""姓名""出生日期"以及"电话"（仅作为"雇员"的属性信息）。
- "小时薪水"（仅作为"工时雇员"的属性）。
- "工作日期"和"工作的小时数"（仅作为"工作记录"的属性）。

- "固定的月薪"(仅作为"非佣金雇员"和"佣金雇员"的属性)。
- "销售额"(仅作为"销售记录"的属性)。
- "产品名称""单价""数量"及"销售日期"(仅作为"销售项"的属性)。

4) 删除其值可以由其他属性值进行计算的名词。

例如,在公司雇员管理系统中,将删除以下其值可以有其他属性值进行计算的名词,见表2.5。

- 工时雇员的"薪水"可以由"小时薪水"和每周的"工作记录"进行计算;非佣金雇员的"薪水"可以由"固定的月薪"进行计算;佣金雇员的薪水可以用"固定的月薪"和"销售记录"进行计算。
- "销售额"、"佣金"和"超额部分"可以由"销售记录"进行计算。

表2.5 删除仅作为类属性以及其值可以由其他属性值计算的名词

1	公司雇员管理系统,系统	
2	公司雇员、雇员	
3	信息	
4	基本信息	
5	身份证号	"雇员"的属性
6	姓名	"雇员"的属性
7	出生日期	"雇员"的属性
8	电话	"雇员"的属性
9	普通雇员	
10	工时雇员	
11	佣金雇员	
12	非佣金雇员	
13	小时薪水(工时雇员),费用	"工时雇员"的属性
14	薪水(工时雇员、非佣金雇员、佣金雇员)	根据小时薪水、固定的月薪水以及销售记录可以计算
15	每周	
16	工作记录(工时雇员、非佣金雇员、佣金雇员)	
17	工作日期(工时雇员、非佣金雇员、佣金雇员)	"工作记录"的属性
18	工作的小时数,工作时间	"工作记录"的属性
19	小时	
20	固定的月薪(非佣金雇员、佣金雇员)	"非佣金雇员"和"佣金雇员"的属性
21	每月(非佣金雇员、佣金雇员)	
22	销售额	根据销售记录可以计算
23	佣金	根据销售记录可以计算
24	超额部分	根据销售记录可以计算
25	销售记录	
26	销售项	
27	产品名称	"销售项"的属性
28	单价	"销售项"的属性
29	数量	"销售项"的属性
30	销售日期	"销售项"的属性

5) 删除既不是需求问题域中的实体,也不是需求问题域中抽象概念的名词,或删除其意义描述较为笼统的名词。

例如,在公司雇员管理系统中,这类名词有"信息""基本信息"和"小时"。

6) 删除指代系统本身的名词。

例如,在公司雇员管理系统中,"雇员管理系统"和"系统"指代系统本身。

经过上述筛选过程后剩下的名词就是为应用系统设计的核心类,表2.6中的最左边一列即是为公司雇员管理系统设计的核心类。

步骤3:为类命名。

根据名词在需求描述中表达的含义,为类命名,类的名字要符合命名规范,并且尽量自然易懂,同时不能有歧义。对于同义词组,要从所有的同义词中选择最合适的名词作为类名。

步骤4:根据需求,如果有必要,在步骤3获得的类的基础上,适当增加与系统描述相关的类。

同时,将中文类名翻译为英文,这里要以英文单词的单数作为类的名字。按照以上步骤,最终命名以下类搭建雇员信息管理系统,见表2.6。

表2.6 公司雇员管理系统类的列表

最终识别的类	类的简单含义	类的英文名
公司雇员,雇员	雇员	Employee
普通雇员	普通雇员	GeneralEmployee
工时雇员	工时雇员	HourlyEmployee
佣金雇员	佣金雇员	CommissionedEmployee
非佣金雇员	非佣金雇员	nonCommissionedEmployee
每周	周工作记录	WeekRecord
工作记录	日工作记录	DayRecord
每月(对于非佣金雇员而言)	非佣金雇员月记录	MCEMonthRecord
每月(对于佣金雇员而言)	佣金雇员月记录	CEMonthRecord
销售记录	销售记录	SaleRecord
销售项	销售项	SaleItem

3. 类与类之间关系的识别

类与类之间存在多种关系,如继承关系和关联关系等。为应用系统定义类之后,明确类与类之间的关系是搭建类图最重要的部分之一。类与类之间关系的识别是以需求描述为依据,查看哪一句话或哪一段话同时出现了相关的类,并描述了它们之间的关系。为了使识别过程更加清晰,通常使用建立关系表格的方式来构建类与类之间的关系,其识别步骤如下:

步骤1:建立一个行和列都以类命名的N×N二维表格,N为系统中定义的类个数。

例如,对于公司雇员管理系统,建立的二维表格见表2.7。

步骤2:识别类与类之间的继承关系。

对于A行B列的一个单元格,如果:

1)类A的实例也是类B的实例,或者类A拥有类B的所有属性,则在A行B列的单元格标记"S",即类A相对于类B而言是子类,其中S是Specialization的首字母,表示A是B的子类。

2)类B的实例也是类A的实例,或者类B拥有类A的所有属性,则在A行B列的单元格标记"G",即类A相对于类B而言是基类,其中G是Generalization的首字母,表示A是B的基类。

表 2.7 类与类之间的关系表格

类\类	雇员	普通雇员	工时雇员	佣金雇员	非佣金雇员	周工作记录	日工作记录	非佣金雇员月记录	佣金雇员月记录	销售记录	销售项
普通雇员											
工时佣金雇员											
非佣金雇员											
周工作记录											
日工作记录											
非佣金雇员月记录											
佣金雇员月记录											
销售记录											
销售项											

例如,在雇员管理系统中,"工时雇员"和"普通雇员"都是雇员,"佣金雇员"和"非佣金雇员"都是普通雇员,"佣金雇员的月记录"拥有"非佣金雇员月记录"的所有属性,因此,雇员管理系统类与类之间的继承关系在二维表格中的表示见表 2.8。

表 2.8 类与类之间的继承关系

类\类	雇员	普通雇员	工时雇员	佣金雇员	非佣金雇员	周工作记录	日工作记录	非佣金雇员月记录	佣金雇员月记录	销售记录	销售项
雇员		G	G								
普通雇员	S			G	G						
工时雇员		S									
佣金雇员		S									
非佣金雇员		S									
周工作记录											
日工作记录											
非佣金雇员月记录									G		
佣金雇员月记录								S			
销售记录											
销售项											

步骤 3:识别类与类之间的关联关系。

对于 A 行 B 列的一个单元格,如果类 A 的实例可以包括一个或多个类 B 的实例,则在 A 行 B 列的单元格标记为关联的数量或引用。

在雇员管理系统中,为了实现查找工时雇员的周工作记录,系统需要保存工时雇员每周的所有工作记录,所以"工时雇员"和"周工作记录"之间是 1 对多的关联关系;同理,根据需求的描述,可以找到其他类之间的关联关系,需求描述与关联关系识别的对照表见表 2.9,因此,雇员管理系统类与类之间的关联和继承关系在二维表格中的表示见表 2.10。

表 2.9 需求描述与关联关系的识别

序号	需求描述	识别的类之间的关联关系
1	"其薪水在每周五按照其每周的工作记录进行计算"	"周工作记录"和"日工作记录"之间的 1 对 5 的关联关系
2	"系统需要保存工时雇员每周的所有工作记录"	"工作雇员"和"周工作记录"之间的 1 对多的关联关系
3	"系统需要记录非佣金雇员的固定的月薪和每月的工作记录"	"非佣金雇员"和"非佣金雇员月记录"之间 1 对多的关联关系；"非佣金雇员月记录"和"日工作记录"之间 1 对 31 的关联关系
4	"对于每个佣金雇员,系统需要保存其固定的薪水、每月的工作记录(每个工作记录包括一个工作日期和工作的小时数)、每月的销售记录销售记录中的每一销售项包括已售的产品名称、单价、数量及其销售日期"	"佣金雇员"和"佣金雇员月记录"之间 1 对多的关联关系；"佣金雇员月记录"和"销售记录"之间的 1 对 1 的关联关系；"销售记录"和"销售项"之间的 1 对多的关联关系

表 2.10 雇员管理系统类与类之间的关联和继承关系

类\类	雇员	普通雇员	工时雇员	佣金雇员	非佣金雇员	周工作记录	日工作记录	非佣金雇员月记录	佣金雇员月记录	销售记录	销售项
雇员	G	G									
普通雇员	S			G	G						
工时雇员	S					*					
佣金雇员		S							*		
非佣金雇员		S						*			
周工作记录							5				
日工作记录											
非佣金雇员月记录							31		G		
佣金雇员月记录							31	S		1	
销售记录											*
销售项											

步骤 4:进一步考虑类与类之间有无组合关系,本书建议聚合关系作为关联关系进行识别即可,在雇员管理系统中,没有组合关系出现。

步骤 5:对于没有上述关系的类与类对应的单元格填入字母"X"或保持空白,至此完成关系表格的建立。

4. 属性的定义

属性是指类可以维护的数据或者信息。如果说类和类之间关系的定义为软件系统搭建了一个完整的骨架,那么接下来的类属性和类操作的定义则是为系统添加血肉和灵魂的过程。

通常,属性的定义包含以下 4 个部分:

1)在类定义过程中,已经将仅是类属性的所有名词从候选类名中删除,该步骤将被删除的该类名词分别添加为类的属性,然后按照命名规范对其进行命名即可。因此,属性定义中的第一部分就是需要从被删除的名词之中挑选出合适的名词,并将其与前面定义的类关联起来。在雇员管理系统中,这类名词有身份证号、姓名、出生日期、电话、工时薪水、工作日期、工作的小时数、产品名称、单价、数量、销售日期等。

2) 观察关系列表中所有具有继承关系的类,在基类和子类中归纳可以合并的属性,将其作为基类中的属性并且让子类继承该属性。在雇员管理系统中,这类名词有固定的月薪等。

3) 关联属性的添加:如果一个类 A 的实例中仅存在一个类 B 的实例,一般使用与类 B 同名的符合命名规范的单数形式作为类 A 的私有属性;如果一个类 A 的实例中存在许多类 B 的实例,则使用与类 B 同名的符合命名规范的复数形式作为类 A 的私有属性。在雇员管理系统中,这类名词有周工作记录、佣金雇员月记录、非佣金雇员月记录、日工作记录、销售记录、销售项等。

4) 根据详细的需求分析说明书,对系统中的类添加其他合适的、必要的属性。雇员管理系统的属性列表见表 2.11,为了对比,这里也分别列出了类、属性的英文表示,见表 2.12。

表 2.11 雇员管理系统类属性列表(中文表示)

类	属性	关联属性
雇员	身份证号,姓名,出生日期,电话	
普通雇员	固定的月薪	
工时雇员	工时薪水	周工作记录(*)
佣金雇员		佣金雇员月记录(*)
非佣金雇员		非佣金雇员月记录(*)
周工作记录		日工作记录(5)
日工作记录	工作日期,工作的小时数	
非佣金雇员月记录		日工作记录(31)
佣金雇员月记录		销售记录(1),日工作记录(31)
销售记录		销售项(*)
销售项	产品名称,单价,数量,销售日期	

表 2.12 雇员管理系统类属性列表(英文表示)

类	属性	关联属性
Employee	id,name,birthday,mobileTel	
GeneralEmployee	fixMonthSalary	
HourlyEmployee	hourSalary	weekRecords
CommissionedEmployee		cEMonthRecords
NonCommissionedEmployee		nCEMonthRecords
WeekRecord		dayRecords
DayRecord	workDay,hourCount	
NCEMonthRecord		dayRecords
CEMonthRecord		saleRecord,dayRecords
SalaRecord		saleItems
SaleItem	productName,price,quantity,saleDay	

5. 操作的定义

类作为一种复杂的数据类型应该提供操作,这是类作为一种数据类型存在的职责,系统要求实现的功能都在类的操作中得以体现。具体来说,一般按照以下步骤来定义操作。

步骤1:对于类的私有属性,添加访问(Accessor)和修改(Mutator)该私有属性的操作。

一般而言,对象将所有属性倾向于私有化,并且对外提供可以对属性进行访问和修改的操作以增强安全性。访问操作也称为 get 方法,用于获得类的属性值,通常使用 getVariableName 命名(variableName 是访问的属性名);相反修改操作则用于修改属性的值,也称为 set 方法,通常使用 setVariableName 命名(variableName 是修改的属性名)。如果属性在创建对象时进行初始化,并且初始化不允许修改,则相应的 set 方法则不予考虑。

步骤2:如果设计的类中存在集合类(详见 2.2.1 节集合模型的有关内容),则集合类应提供常用的操作(向集合中添加元素、从集合中获取某元素、删除集合中某指定元素和返回集合中元素个数等操作)以操作集合中的对象。

步骤3:观察关系列表中所有具有继承关系的类,在基类和子类中归纳所有动作中存在的共同特点,将其作为基类中的操作,如果子类的该操作需要体现子类所特有的功能,则在相应的子类中也添加该操作,以表示子类中该操作的实现与基类中的实现不同。

例如,在雇员管理系统中,普通雇员是基类,非佣金雇员和佣金雇员是其子类,由于非佣金雇员和佣金雇员都有属性"固定的月薪",所以"固定的月薪"作为普通雇员的属性,普通雇员应该提供访问月薪的操作 getMonthSalary,但是佣金雇员和非佣金雇员的月薪计算是不一样的,所以非佣金雇员和佣金雇员都拥有各自访问月薪的操作 getMonsthSalary。

步骤4:从需求描述(或者详细的需求分析文档)中找出与类相关的动词,或者找出为了实现需求描述中提到的功能而执行的必要动作,将其实现为合适的操作。

根据上述 4 个步骤,雇员管理系统定义的类操作见表 2.13。

6. 驱动类设计

经过 2.~5.点的设计过程,已经设计了实现系统业务逻辑的类图,通常将上述过程获取的类称为核心类,如图 2.17 所示。

为应用系统搭建的核心类是否能实现用户需求,需要一种方法来测试这些核心类,因此,需要进一步为软件提供相应的驱动类(或测试类)。例如,在雇员管理系统中,软件需要满足用户如下功能:

1)查询雇员的基本信息;
2)根据指定的日期,查询雇员的周工作记录或月工作记录;
3)根据指定的日期,查询雇员周或月的薪水信息;
4)根据指定的日期,查询佣金雇员某个月的销售记录。

因此,对于雇员管理系统而言,在图 2.17 所示的核心类的基础上,需要进一步设计一个驱动类"雇员管理系统(EmployeeManagerSystem)",该驱动类维护一个雇员实例的集合,它提供如下操作:

1)displayEmployee(id:String):String(显示雇员的基本信息)。
2)displayWorkRecord(id:String,day:Date):String(根据指定的日期,显示雇员的周工作记录或月工作记录)。
3)dispalySalary(id:String,day:Date):String(根据指定的日期,显示雇员周或月的薪水

信息)。

4) displayMonSaleRecord(id,day:Date):String(根据指定的日期,显示佣金雇员某个月的销售记录)。

综上所述,雇员管理系统完整的设计方案如图 2.18 所示。

表 2.13 类方法列表

类	操作
Employee	getId():String getName():String getBirthday():Date getMobile():String
GeneralEmployee	getFixMonthSalary():double getMonthSalary(workDay:Date):double
HourlyEmployee	getSalary():double getHourlySalary():double addWeekRecord(weekRecord:WeekRecord):void removeWeekRecord(weekRecord:WeekRecord):Boolem getWeekRecord(workDay:Date):WeekRecord getNumberOfWeekRecord():int
CommissionedEmployee	getMonthSalary(workDay:Date):double addCEMonthRecord(cEMonthRecords:CEMonthRecords):void removeCEmonthRecord(cEmonthRecords:CEMonthRecords):void getCEMonthRecord(workDay:Date):CEMontRecord getNumberofCEMonthRecord():int
NonCommissionedEmployee	addMCEMonthRecord(nCEMonthRecords:NCEMonthRecords):void removeNCEMonthRecord(nCEMonthRecords:NCEMonthRecords):void getNCEMonthRecord(workDay:Date):NCEMonthRecord getNumberofCEMonthRecord():int
WeekRecord	addDayRecord(dayRecord:DayRecord):void removeDayRecord(dayRecord:DayRecord):Boolean getDayRecord(workDay:Date):DayRecord getNumberofDayRecord():int
DayRecord	getWorkDay():Date getHourCount():int
NCEMonthRecord	addDayRecord(dayRecord:DayRecord):void removeDayRecord(dayRecord:DayRecord):Boolean getDayRecord(workDay:Date):DayRecord getNumberOfDayRecord():int
CEMonthRecord	getSaleRecord():SaleRecord addDayRecord(dayRecord:DayRecord):void removeDayRecord(dayRecord:DayRecord):Boolean getDayRecord(workDay:Date):DayRecord getNumberOfDayRecord():int
SaleRecord	addSaleItm(saleItem:SaleItem):void removeSaleItem(saleItem:SaleItem):boolean getSaleItem(productName:String):SaleItem getNumberOfSaleItem():int
SaleItem	getProductName():String getPrice():double getQuantity():double getSaleDay():Date

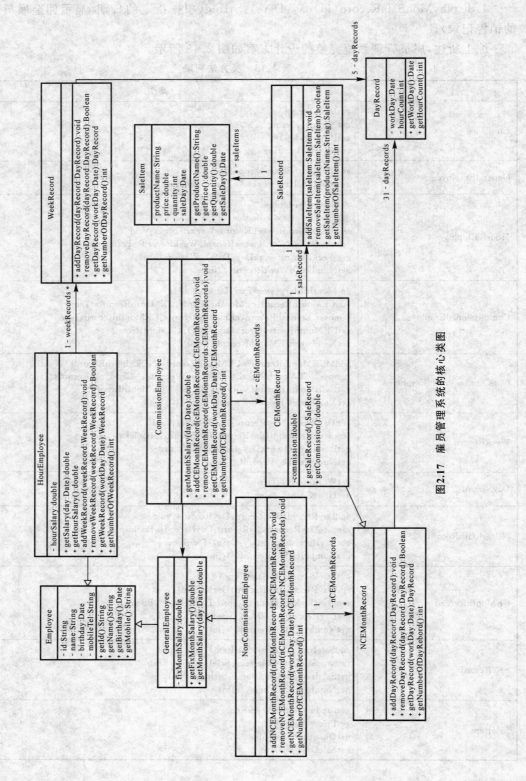

图2.17 雇员管理系统的核心类图

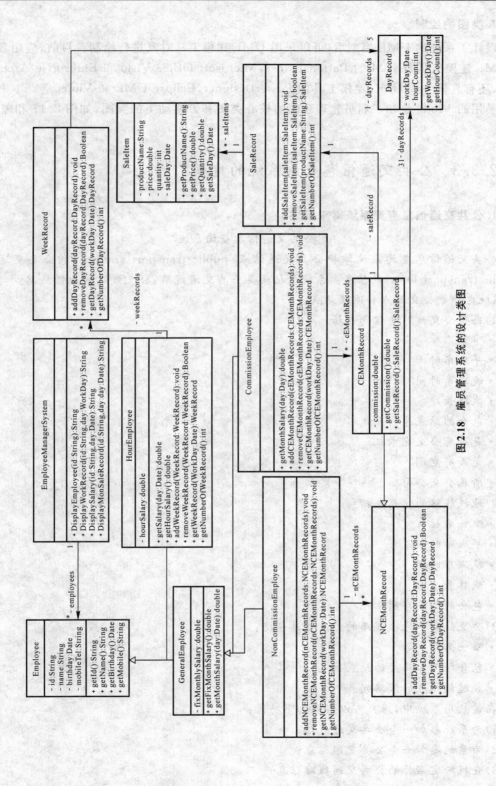

图2.18 雇员管理系统的设计类图

7. 类图的绘制

设计了系统的 UML 模型后,可以采用 UML 建模工具对其进行绘制。目前,应用最广泛的 UML 建模工具是 IBM 的 Rational Rose,Microsoft Office Visio 和 Enterprise Architect。当然,还有其他一些 UML 建模工具如 PowerDesigner,Eclipse UML 和 Violet 等。本书采用简单易用的 Violet 绘制了雇员管理系统的核心类图和带驱动类的类图,如图 2.17 和图 2.18 所示。

2.3.3 公共交通信息查询系统的建模

1. 公共交通信息查询系统需求描述

公共交通信息查询系统

公共交通信息查询系统维护公共交通站点(public transport stations)和公共交通线路(public transport lines)的信息。系统包括两类公共交通线路:公交线路和地铁线路。与此同时,系统也维护公交站点和地铁站点。

1) 每条公交线路的信息包括:
- 唯一名称
- 早班车时间
- 晚班车时间
- 线路长度
- 包含的站点序列
- 是否有公交刷卡机
- 是否有空调
- 所属公交公司

2) 地铁线路的信息包括:
- 唯一名称
- 早班车时间
- 晚班车时间
- 线路长度
- 包含的站点序列

3) 公交线路和地铁线路的站点信息包括:
- 唯一名称
- 包含经度和纬度的站点位置
- 经过该站点的线路列表

在该应用系统中,用户可以实现如下功能:
1) 为系统添加一个公共交通线路;
2) 为系统添加一个公共交通站点;
3) 查找给定名称的公共交通线路信息;
4) 查找给定名称的站点信息。

5) 查找经过给定站点的公共交通线路信息；

6) 查找给定线路所包含的所有站点信息。

2. 类的定义

对于上述公共交通信息查询系统，类的识别步骤如下：

步骤1：标出需求规格说明中出现的所有名词。

对公共交通信息查询系统的需求描述，依次标记出以下名词和名词短语（用黑体部分表示）：

公共交通信息查询系统维护**公共交通站点**（public transport stations）和**公共交通线路**（public transport lines）的**信息**。**系统**包括两类公共交通线路：**公交线路**和**地铁线路**。与此同时，系统也维护**公交站点**和**地铁站点**。

1) 每条公交线路的信息包括：
- **唯一名称**
- **早班车时间**
- **晚班车时间**
- **线路长度**
- 包含的**站点序列**
- **是否有公交刷卡机**
- **是否有空调**
- **所属公交公司**

2) 地铁线路的信息包括：
- **唯一名称**
- **早班车时间**
- **晚班车时间**
- **线路长度**
- 包含的**站点序列**

3) 公交线路和地铁线路的站点信息包括：
- **唯一名称**
- 包含**经度**和**纬度**的**站点位置**
- 经过该站点的**线路列表**

将该步骤标记的名词罗列在 Excel 表格中，见表 2.14。

步骤2：对步骤1标记出来的所有名词进行筛选。

1) 将同义词进行归类形成同义词组。

"公共交通信息查询系统"和"系统"是同义词，虽然"公共交通站点"分为"公交线路站点"和"地铁站点"，但是需求中描述公交线路站点和地铁站点的信息完全一致，所以，"公共交通站点""公交线路站点"和"地铁站点"是同义词，这里将它们统一简称"站点"，同理，为公交线路维护的"站点序列"和为地铁线路维护的"站点序列"也是同义词。

2) 删除指代某个特定对象的名词（例如：张三），用泛指某一类别事物的名次代替。

表 2.14 中未出现指代某个特定对象的名词或名词短语。

表 2.14 公共交通信息查询系统名词列表

1	公共交通信息查询系统	15	公交刷卡机(公交线路)
2	公共交通站点	16	空调(公交线路)
3	公共交通线路	17	公交公司(公交线路)
4	信息	18	唯一名称(地铁线路)
5	系统	19	早班车时间(地铁线路)
6	公交线路	20	晚班车时间(地铁线路)
7	地铁线路	21	线路长度(地铁线路)
8	公交站点	22	站点序列(地铁线路)
9	地铁站点	23	唯一名称(公交线路和地铁线路的站点)
10	唯一名称(公交线路)	24	经度(公交线路和地铁线路的站点位置)
11	早班车时间(公交线路)	25	纬度(公交线路和地铁线路的站点位置)
12	晚班车时间(公交线路)	26	站点位置(公交线路和地铁线路的站点)
13	线路长度(公交线路)	27	线路列表(为公交线路和地铁线路的站点维护的)
14	站点序列(为公交线路维护的)		

3)删除仅作为某个类属性的名词,如果该名词虽然作为某个类的属性,但是它还拥有自己的属性,那么该名词就不予删除。

在公共交通信息查询系统中,表 2.14 中的第 10～17 项都是"公交线路"的属性,但是,第 14 项"站点序列"是"站点"的集合,所以,要保留"站点序列",其余的第 10～13 项以及第 15～17 项都删除,因为它们仅作为"公交线路"的属性。与此同理,第 18～21 项仅作为"地铁线路"的属性,第 23 项仅作为"站点"的属性。第 24 项和第 25 项仅作为"站点位置"的属性,它们将被删除,第 26 项和第 27 项保留,它们都有自己的属性。

4)删除其值可以由其他属性值进行计算的名词。

表 2.14 中未出现这样的名词。

5)删除既不是需求问题域中的实体,也不是需求问题域中抽象概念的名词,或删除其意义描述笼统的名词。

在公共交通信息查询系统中,这类名词有"信息"。

6)删除指代系统本身的名词。

在公共交通信息查询系统中,"公共交通信息查询系统"和"系统"指代系统本身。

经过上述筛选过程后剩下的名词就是为应用系统设计的核心类,表 2.15 所示的中间一列即是为公共交通信息查询系统设计的核心类。

步骤 3:为类命名。

表 2.15 中左边一列即是为公共交通信息查询系统命名的核心类。

步骤 4:根据需求,如果有必要,在步骤 3 获得的类的基础上,适当增加与系统描述相关的类。

这里暂时没有增加与公共交通信息查询系统相关的其他类,如果后面发现用户要求的某些功能未实现,则可以考虑这一点。

将最终识别的中文类名翻译为英文,除了表达集合的概念外,都要用英文单词的单数作为类的名字,如表 2.15 最右列所示。

表 2.15　公共交通信息查询系统类的列表

最终识别的类	类的简单含义	类的英文名
站点	公共交通站点,公交站点,地铁站点	Station
公共交通线路	公共交通线路	TransportLine
公交线路	公交线路	BusLine
地铁线路	地铁线路	SubwayLine
站点序列	站点序列(为公交线路和地铁线路维护的)	StationSequence
站点位置	站点位置(公交线路和地铁线路的站点)	StationPosition
线路列表	线路列表(为公交线路和地铁线路的站点维护的)	LineList

3. 类与类之间关系的识别

步骤 1:建立一个行和列都以类命名的 7×7 二维表格,见表 2.16。

步骤 2:识别类与类之间的继承关系。

在雇员管理系统中,"公交线路"和"地铁线路"都是"公共交通线路",因此,继承关系在二维表格中的表示见表 2.16。

步骤 3:识别类与类之间的关联关系。

在公共交通信息查询系统中,根据需求的描述,可以找到类与类之间的关联关系。

1)由于"站点"的信息包含经过该站点的"线路列表",因此,它们之间是一对一的关联关系。

2)由于"站点"包含了"站点位置"信息,因此,它们之间是一对一的关联关系,关联属性标记为 stationPosition。

3)由于"公交线路"和"地铁线路"都维护了"站点序列",因此,"公共交通线路"与"站点序列"是一对一的关联关系,关联属性标记为 stationSequece。

4)由于"站点序列"包含了若干"站点"的信息,因此,它们之间是一对多的关联关系,关联属性标记为 stations;

5)由于"线路列表"包含了若干"线路"的信息,因此,它们之间是一对多的关联关系,关联属性标记为 transportLines。

表 2.16 展示了公共交通系统所有类与类之间的关联和继承关系。

步骤 4:进一步考虑类与类之间有无组合关系,本书建议聚合关系作为关联关系进行识别即可,在公共交通信息查询系统中,没有组合关系出现。

步骤 5:对于没有上述关系的类与类对应的单元格填入字母"X"或保留空白,完成关系表格的建立。

表 2.16 公共交通信息查询系统类与类之间的关联和继承关系

类 \ 类	Station（起点）	TransportLine（公共交通线路）	BusLine（公交线路）	SubwayLine（地铁线路）	StationSequence（站点序列）	StationPositon（站点位置）	LineList（线路列表）
Station（站点）						stationPosition	lineList
TransportLine（公共交通线路）			G	G	stationSequence		
BusLine（公交线路）		S					
SubwayLine（地铁线路）		S					
StationSequence（站点序列）	stations						
StationPosition（站点位置）							
LineList（线路列表）		transportLines					

4. 属性的定义

1）在类定义过程中，已经将仅属于类属性的所有名词从候选类名中删除，该步骤将被删除的该类名词分别添加为类的属性，然后按照命名规范对其进行命名即可。因此，属性定义中的第一部分就是需要从被删除的名词之中挑选出合适的名词，并将其与前面定义的类关联起来。在公共交通信息查询系统中：

- 与"公交线路"相关的这类名词有"唯一名称""早班车时间""晚班车时间""线路长度""公交刷卡机""空调"和"公交公司"。
- 与"地铁线路"相关的这类名词有"唯一名称""早班车时间""晚班车时间"和"线路长度"。
- 与"站点"相关的这类名词有"唯一名称"。
- 与"站点位置"相关的这类名词有"经度"和"纬度"。

2）观察关系列表中所有具有继承关系的类，在基类和子类中归纳可以合并的属性，将其作为基类中的属性并且让子类继承该属性。

在公共交通信息查询系统中，与基类"公共交通线路"有关的这类名词有"唯一名称""早班车时间""晚班车时间"和"线路长度"。

3）关联属性的添加，在公共交通信息查询系统中：

- 关联属性 stationPosition 和 lineList 将作为"站点"的私有属性。
- 关联属性 stationSequence 将作为"公共交通线路"的私有属性。
- 关联属性 stations 将作为"站点序列"的私有属性。
- 关联属性 transportLines 将作为"线路列表"的私有属性。

4）根据详细的需求分析说明书，对系统中的类添加其他合适的、必要的属性。

公共交通信息查询系统中各个类的属性见表2.17，上述内容已用中文对类的属性进行介绍,表 2.17 中的类、属性是用英文表示的。从表 2.17 可以发现,类 SubwayLine 从 TransportLine 继承所有的属性,但是自身没有新的属性,而类 BusLine 除了从 TransportLine 继承所有的属性,自身还有 3 个新的属性:cardAvailability,airConditionAvailability 和 company。那么既然类 SubwayLine 和 TransportLine 的属性完全一致,该类是否可以删除?如果用类 TransportLine 代替类 SubwayLine,则设计方案仍然可以满足需求,实现用户要求的功能,从设计方案的进一步扩展和维护性方面考虑,保留类 SubwayLine 易于理解,有助于设计方案的扩展和维护,例如,如果有新的公共交通线诞生,则设计一个新类,继承 TransportLine 即可。

表 2.17 公共交通信息查询系统类属性列表(英文表示)

类	属性	关联属性
Station	name	stationPosition lineList
TransportLine	name earlyTime lateTime lineLength	stationSequence
BusLine	cardAvailability airConditionAvailability company	
SubwayLine		
StationSequence		stations
StationPosition	longitude latitude	
LineList		transportLines

5. 操作的定义

表 2.18 公共交通信息查询系统的各个类的方法列表

类	操作
Station	+getName():String +getStationPosition():StationPosition +getLineList():LineList
TransportLine	+getName():String +getEarlyTime():Date +getLateTime():Date +getLineLength():String +getStationSequence():StationSequence
BusLine	+isAvailableOfCard():boolean +isAvailableOfAir():boolean +setAvailableOfCard(value:bolean):void +setAvailableOfAir(value:boolean):void +getCompany():String

续表

类	操作
SubwayLine	
StationSequence	+addStation(station:Station):void +removeStation(station:Station):void +getNumberOfStation( ):int +getStation(index:int):Station +getStation(name:String):Station
StationPosition	+getLatitude( ):double +getLongitude( ):double +setLatitude(newLatitude):void +setLongitude(newLongitude):void
LineList	+addTransportLine(line:TransportLine):void +removeTransportLine(line:TransportLine):void +getNumberOfTransportLine( ):int +getTransportLine(index:int):TransportLine +getTransportLine(name:String):TransportLine

步骤1：对于类的私有属性，添加访问（Accessor）和修改（Mutator）该私有属性的操作。

一般而言，通常使用 getVariableName 命名（variableName 是访问的属性名）的方法用来返回属性的值，例如，类 Station 的 getName 方法用来访问其属性 name；当一个变量的取值是布尔型时，使用命名为 isAvailableOfVariableName（variableName 是访问的属性名）的方法来返回属性的值更易理解，例如，类 BusLine 的 isAvailableOfCard 和 isAvailableOfAir 方法分别用来访问属性 cardAvailabilty 和 airConditionAvailabilty 的值；使用 setVariableName 命名（variableName 是修改的属性名）的方法来修改属性的值，当一个变量的取值是布尔型时，使用命名为 setAvailableOfVariableName（variableName 是访问的属性名）的方法来返回属性的值更易理解，例如，类 BusLine 的 setAvailableOfCard 和 setAvailableOfAir 方法分别用来修改属性 cardAvailabilty 和 airConditionAvailabilty 的值。如果属性在创建对象时进行初始化，并且初始化不允许修改，则没有相应的 set 方法。

步骤2：如果设计的类中存在集合类（详见 2.2.1 节集合模型的有关内容），则增加相应的方法，见表 2.18。

步骤3：观察关系列表中所有具有继承关系的类，在基类和子类中归纳所有动作中存在的共同特点，作为基类中的操作，如果子类的该操作需要体现子类所特有的功能，则在相应的子类中也添加该操作，见表 2.18。

步骤4：从需求描述（或者详细的需求分析文档）中找出与类相关的动词，或者为了实现需求描述中提到的功能而执行的必要动作，并且将其实现为合适的操作。

根据上述 4 个步骤,公共交通信息查询系统定义的完整类操作见表 2.18。类 Station 提供了 3 个访问属性值的方法。类 TransportLine 提供了 5 个访问属性值的方法。类 BusLine 提供了 3 个访问属性值的方法,2 个修改属性值的方法,因为也许公交车上以前不能打卡,现在新安装了打卡机,以前没有安装空调设备,现在新安装了空调设备,所以允许修改打卡机和空调的属性值,true 代表有这些设备,false 代表没有这些设备。

6. 驱动类设计和类图的绘制

经过 2.~5.点的设计过程,已经设计了实现公共交通信息查询系统业务逻辑的类图。现在我们进一步为软件提供相应的驱动类(或测试类)"交通系统(TtransportSystem)"。根据公共交通信息查询系统需求描述"公共交通信息查询系统维护有关公共交通站点(public transport stations)和公共交通线路(public transport lines)的信息",因此,驱动类 TtransportSystem 与核心类 LineList,StationSequence 分别是一对一的关联关系,将驱动类中的关联属性分别标记为 lines 和 stations,它们的数据类型分别为 lineList 和 stationSequence,建立在这两个属性之上,该驱动类应提供如下操作,以实现上述用户要求的功能:

1)addTransportLine(line:TransportLine):void 该操作可以通过变量 lines 访问类 LineList 提供的方法 addTransPortLine,实现为系统添加一个公共交通线路的功能。

2) addStation (station: Station): void 该操作可以通过变量 stations 访问类 StationSequence 提供的方法 addStation,实现为系统添加一个公共交通站点的功能。

3)LookUpLine(lineName:String):TransportLine 该操作可以通过变量 lines 访问类 LineList 提供的方法 getTransportLine(String name),实现查找给定名称的公共交通线路信息的功能。

4)LookUpStation (stationName: String): Station 该操作可以通过变量 stations 访问类 StationSequence 提供的方法 getStations(String name),实现查找给定名称的公共交通站点信息的功能。

5)LookUpLinesOfStation(station:Station):TransportLine[ ] 该操作可以首先通过变量 stations 访问类 StationSequence 提供的方法 getNumberOfStation() 和 getStation(index:int),循环遍历 stations 集合,先找到给定的站点对象 station,然后通过找到的 station 对象,激活类 Station 的方法 getLineList,实现查找经过给定站点的公共交通线路信息的功能。

6)LookUpStationsOfLine(line:TransportLine):Station[ ] 该操作可以首先通过变量 lines 访问类 LineList 提供的方法 getNumberOfTransportLine() 和 getTransportLine(index:int),循环遍历 lines 集合,先找到给定的线路对象 line,然后通过找到的 line 对象,激活类 TransportLine 的方法 getStationSequence,实现查找经过给定线路所包含的所有站点信息的功能。

综上所述,公共交通信息查询系统完整的设计方案如图 2.19 所示。

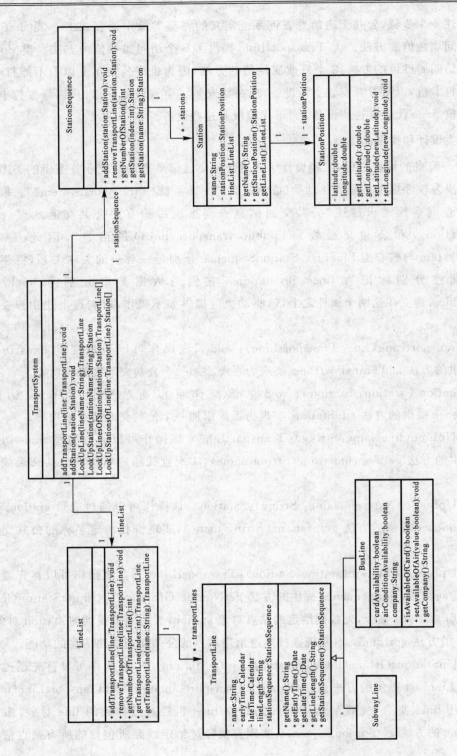

图2.19 公共交通信息查询系统的设计类图

2.3.4 接口自动机系统的建模

1. 接口自动机系统需求描述

接口自动机形式化模型在软件系统的行为建模中非常常见,其用途也非常广,这类形式模型的编程实现在数据结构和算法中也非常重要。对于面向对象建模的初学者来说,该案例有一定的难度,因为需求来自英文发表的论文,所以本案例采取中文对照的形式编写需求,以使读者更容易理解。由于该案例是一个形式化表达模型的定义,存在许多英语字母标记的符号表示,所以后面在分析该需求的过程中,多采用英文形式描述。根据本案例,读者可以延伸思考,会发现离散数学中学习的很多数学模型(例如,图)都可以用面向对象的思想进行设计,并用面向对象的语言进行编程,以实现建立在该形式模型之上的一些访问和计算功能。

接口自动机系统(an interface automaton system)

An interface automaton $P = <V_p, V_p^{init}, V_p^{final}, A_P^I, A_P^O, A_P^H, \triangle P>$ consists of the following elements(一个接口自动机 $P = <V_p, V_p^{init}, V_p^{final}, A_P^I, A_P^O, A_P^H, \triangle P>$ 包含下属元素):

1) V_p is a set of states. Each state has a unique name.(V_p 是一个状态的集合,每个状态有唯一的名称标示)

2) $V_p^{init} \subseteq V_p$ is a set of initial states.(V_p^{init} 是一个初始状态的集合,它是 V_p 的子集)

3) $V_p^{final} \subseteq V_p$ is a set of final states.(V_p^{final} 是一个终止状态的集合,它是 V_p 的子集)

4) A_P^I, A_P^O and A_P^H are mutually disjoint sets of input, output, and internal actions. $A_P = A_P^I \cup A_P^O \cup A_P^H$ is denoted as the set of all actions. Each action has a unique name.(A_P^I, A_P^O 和 A_P^H 是互不相交的输入、输出和内部行为的集合,$A_P = A_P^I \cup A_P^O \cup A_P^H$ 标记为所有行为的集合,每个输入、输出和内部行为都有唯一的名字标示)

5) $\triangle P \subseteq V_p \times A_P \times V_p$ is a set of steps. Each step contains three elements and a unique name. For example $\forall t \in \triangle P$, t is denoted as $t = <v_1, a, v_2>$, where $v_1 \in V_p$, $v_2 \in V_p$ and $a \in A_P$, t is the name.($\triangle P$ 是所有步骤的集合,每个步骤包含三个元素和一个唯一的名字标示,例如,$\triangle P$ 中的任意元素 t 记为 $<v_1, a, v_2>$,其中,v_1 和 v_2 是集合 V_p 中的元素,a 是集合 A_P 中的元素,t 是元素名称)

In the interface automaton System, the user can(在接口自动机系统中,用户可以实现):

1) Display the states: lists name of each state. If the state is initial state and/or final state, please list its name and whether it is initial state and/or final state.(显示状态:列举每个状态的名字,如果状态是初始状态或/和终止状态,请列举它的名字,并标记它是初始状态还是终止状态)

2) DisplayInputac.(显示集合 A_P^I 中每个元素)

3) Display the elementof A_P^O.(显示集合 A_P^O 中每个元素)

4) Display the elementof A_P^H.(显示集合 A_P^H 中每个元素)

5) Display the element of $\triangle P$, each is denoted as $t = <v1, a, v2>$, where $v1 \in V_p$, $v2 \in V_p$ and $a \in A_P$.(显示集合 $\triangle P$ 中每个元素,每个元素被标记为 $t = <v1, a, v2>$)

2. 类的定义

对于上述公共交通信息查询系统,类的识别步骤如下:

步骤1:标出需求规格说明中出现的所有名词。

对公共交通信息查询系统的需求描述,依次标记出以下名词和名词短语(用黑体部分表示):

接口自动机系统(an **interface automaton system**)

An **interface automaton** $P=<V_p, V_p^{init}, V_p^{final}, A_P^I, A_P^O, A_P^H, \triangle P>$ consists of the following **elements**(一个接口自动机 $P=<V_p, V_p^{init}, V_p^{final}, A_P^I, A_P^O, A_P^H, \triangle P>$ 包含下述元素):

1)V_p is **a set of states**. Each **state** has a unique **name**.(V_p是一个状态的集合,每个状态有唯一的名称标示)

2)$V_p^{init} \subseteq V_p$ is **a set of initial states**.(V_p^{init}是一个初始状态的集合,它是V_p的子集)

3)$V_p^{final} \subseteq V_p$ is **a set of final states**.(V_p^{final}是一个终止状态的集合,它是V_p的子集)

4)A_P^I, A_P^O and A_P^H are mutually disjoint **sets of input**,**output**, and **internal actions**. $A_P = A_P^I \cup A_P^O \cup A_P^H$ is denoted as the **set of all actions**. Each **action** has a unique **name**.(A_P^I,A_P^O和A_P^H是互不相交的输入、输出和内部行为的集合,$A_P = A_P^I \cup A_P^O \cup A_P^H$标记为所有行为的集合,每个输入、输出和内部行为都有唯一的名字标示)

5)$\triangle P \subseteq V_p \times A_P \times V_p$ is **a set of steps**. Each **step** contains **three elements** and a unique **name**. For example $\forall t \in \triangle P$, t is denoted as $t=<v_1, a, v_2>$, where $v_1 \in V_p$, $v_2 \in V_p$ and $a \in A_P$, t is the **name**.($\triangle P$是所有步骤的集合,每个步骤包含三个元素和一个唯一的名字标示,例如,$\triangle P$中的任意元素 t 记为$<v_1, a, v_2>$,其中,v_1和v_2是集合V_p中的元素,a 是集合A_P中的元素,t 是元素名称)

将该步骤标记的名词罗列在 Excel 表格中,见表2.19。

表2.19 自动机系统名词列表

1	interface automaton	16	sets of input(actions)
2	P	17	sets of output(actions)
3	V_p	18	sets of internal actions
4	V_p^{init}	19	A_P
5	V_p^{final}	20	set of all actions
6	A_P^I	21	action
7	A_P^O	22	name(for each input, output and internal action)
8	A_P^H	23	a set of steps
9	$\triangle P$	24	step
10	elements	25	three elements
11	a set of states	26	name(for each step)
12	state	27	t
13	name(for each state)	28	v_1
14	a set of initial states	29	a
15	a set of final states		

步骤2:对步骤1标记出来的所有名词进行筛选。

1)将英文描述中的复数名词或名词词组用单数名词代替,类名倾向于用单数名词或名词词组表示。

表 2.19 中的"steps"和"states"删除即可,用相应的单数"step"和"state"代替,"elements" "initial states""final states""actions"和"internal actions"用相应的单数名词"element""initial state""final state""action"和"internal action"代替。

2)将同义词进行归类形成同义词组。

表 2.19 中的"interface automation"和"P"是同义词,都表示接口自动机;"sets of input (actions)"和"A_P^I"是同义词,"sets of input(actions)"和"A_P^O"是同义词,"sets of internal actions"和"A_P^H"是同义词;"V_P"和第 11 项"a set of states"是同义词。"A_P"和第 20 项"set of all actions"是同义词。

3)删除指代某个特定对象的名词。

表 2.19 中出现的"t"指代"step"一个特例,它是一个具体的对象,可以将其删除,用泛指的名词"step"代替;"v_1"和"v_2"是状态("state")的例子,可以用"state"代替;"a"是行为("action")的例子,用泛指的名词"action"代替;由于需求中描述的"input action""output action""internal action"都是"action",它们都有相同的属性(即仅包含唯一的名字标示),都是"action"的不同对象而已,所以将它们三个用"action"进行代替即可;A_P^I、A_P^O 和 A_P^H 是三个"action"集合的对象,可以用泛指的名词"actionSet"作为"action"集合类,该词在需求中没有出现过,是我们为 A_P^I,A_P^O 和 A_P^H 定义的泛指名词;由于"V_P""V_P^{init}"和"V_P^{final}"都是状态("state")集合的对象,可以用泛指的名词"stateSet"作为"state"集合类,该词在需求中也没有出现过,是我们定义的泛指名词。

4)删除仅作为某个类属性的名词。

在接口自动机系统中,表 2.19 中的第 7,20 和 24 项仅作为"state""action"和"setp"的属性,它们将被删除。

5)删除其值可以由其他属性值进行计算或表示的名词。

表 2.19 中未出现这样的名词。

6)删除既不是需求问题域中的实体,也不是需求问题域中抽象概念的名词,或删除其意义描述笼统的名词。对于这类名词,即使把其作为候选类,也会发现其没有明确的属性。

在接口自动机系统中,将"elements"和"three elements"划分为该类词,它们表示的含义是若干名词的解释,比较笼统。

7)删除指代系统本身的名词。

在接口自动机系统中,"interface automaton"和"P"指代系统本身。

步骤 3:为类命名。

经过上述筛选过程后剩下的名词就是为应用系统设计的核心类,表 2.20 中左边一列是到目前为止剩余的名词列表,中间一列即为接口自动机系统设计的核心类的类名,第三列是该类的简单解释。

步骤 4:根据需求,如果有必要,在步骤 3 获得的类的基础上,适当增加与系统描述相关的类。

这里暂时没有增加与接口自动机系统相关的其他类,如果后面发现用户要求的某些功能未实现,则可以考虑这一点。

表 2.20　公共交通信息查询系统类的列表

名词	命名的类名	简单含义
state	State	状态
stateSet	StateSet	状态的集合
actionSet	ActionSet	行为的集合
A_P	Ap	包含输入行为的集合，输出行为的集合和内部行为的集合
action	Action	行为
△P	DeltaP	步骤的集合
step	Step	步骤

3. 类与类之间关系的识别

步骤 1：建立一个行和列都以类命名的 7×7 二维表格。

步骤 2：识别类与类之间的继承关系。

在接口自动机系统中，继承关系没有体现，如果输入行为、输出行为和内部行为分别有区别于行为(action)的各自的特征，可将输入行为、输出行为和内部行为建模为行为的子类，但是需求中没有这样的描述，故认为它们是行为的具体对象。

步骤 3：识别类与类之间的关联关系。

在接口自动机系统中，根据需求的描述，可以找到类与类之间的关联关系。

1）由于"StateSet"是状态（"State"）的集合，因此，它与"State"之间是一对多的关联关系，关联属性标记为 states，见表 2.21。

2）由于"ActionSet"是行为（"Action"）的集合，因此，它与"Action"之间是一对多的关联关系，关联属性标记为 actions；

3）由于"Ap"维护了输入行为的集合、输出行为的集合和内部行为的集合，因此，"Ap"与"ActionSet"是一对三的关联关系，三个关联属性分别标记为 aip, aop, ahp。

4）由于"DeltaP"是步骤"Step"的集合，因此，它们之间是一对多的关联关系，关联属性标记为 steps。

步骤 4：进一步考虑类与类之间有无组合关系，本书建议聚合关系作为关联关系进行识别即可，在接口自动机系统中，没有组合关系出现。

完成关系表格的建立，表 2.21 展示了接口自动机系统所有类与类之间的关联关系。

表 2.21　接口自动机系统类与类之间的关联和继承关系

类	属性	关联属性
State	name	
StateSet		states
ActionSet		actions
Ap		aip, aop, ahp
Action	name	
DeltaP		steps
Step	name, v1, a, v2	

4. 属性的定义

属性的定义过程包含以下 3 个部分。

1）在类定义过程中，已经将仅属于某种类属性的所有名词从候选类名中删除，该步骤将被删除的该类名词分别添加为类的属性，然后按照命名规范对其进行命名即可。因此，属性定义中的第一部分就是需要从被删除的名词之中挑选出合适的名词，并将其与前面定义的类关联起来。在接口自动机系统中：

- 与"State"相关的这类名词有 name（唯一名称）。
- 与"Action"相关的这类名词有 name（唯一名称）。
- 与"Step"相关的这类名词有 name（唯一名称），v1,a 和 v2（用 v1,a 和 v2 表示构成 step 的 3 个元素）。

2）关联属性的添加，在接口自动机系统中：

- 关联属性 states 将作为"StateSet"的私有属性。
- 关联属性 actions 将作为"ActionSet"的私有属性。
- 关联属性 aip,aop,ahp 将作为"Ap"的私有属性。
- 关联属性 steps 将作为"DeltaP"的私有属性。

3）根据详细的需求分析说明书，对系统中的类添加合适的、必要的属性。这里为 State 类增加一个属性 label，其取值为 0~3，其中，0 代表该状态既不是初态也不是终态，1 代表初态，2 代表终态，3 代表既是初态也是终态。自动机接口系统中各个类的关联属性见表 2.22。

表 2.22 接口自动机系统类属性列表

类\类	State	StateSet	ActionSet	Ap	Action	DeltaP	Step
State							
StateSet	states						
ActionSet						actions	
Ap				aip,aop,ahp			
Action							
DeltaP							steps
Step							

5. 操作的定义

根据类似于 2.3.2 和 2.3.3 节中的 4 个步骤，接口系统定义的类操作见表 2.23。由于前面两个案例解释得比较详细，本节不再赘述。

表 2.23 接口自动机系统的各个类的方法列表

类	操作
State	+getName( ):String +getLabel( ):int +setName(new:Name:String):void

续 表

类	操作
StateSet	+addState(state:State):void +removeState(state:State):void +getNumberOfState():int +getState(index:int):State +getState(name:String):State
ActionSet	+addArtion(action:Artion):void +removeAction(action:Artion):void +getNumberOfAction():int +getAction(index:int):Action +getAction(name:String):Action
Ap	+gepAip():ArtionSet +gepAop():ArtionSet +gepAhp():ArtionSet +setAip(newAip:ActionSet):void +setAop(newAip:ActionSet):void +setAhp(newAip:ActionSet):void
Action	+getName():String +setName(newName:String):void
DeltaP	+addStep(step:Step):void +removeStep(step:Step):void +getNumberOfStep():int +getStep(index:int):Step +getStep(name:String):Step
Step	+getName():String +setName(new:Name:String):void +getV1():State +getA():Artion +getV2():State +setV1(newV1:State):void +setA(nweA:Action):void +setV2(newV2:State):void

6. 驱动类设计和类图的绘制

现在进一步为接口自动机系统软件提供相应的驱动类(或测试类)"接口自动机(Interface automaton)"。根据接口自动机系统需求描述，驱动类 TtransportSystem 与核心类 Ap，DeltaP 是一对一的关联关系，将驱动类中的关联属性分别标记为 ap 和 deltaP。驱动类 TtransportSystem 与核心类 StateSet 是一对三的关联关系，将驱动类中的关联属性分别标记为 vp，vpInit 和 vpFinal，建立在这 5 个属性之上，该驱动类至少应提供如下操作，以实现用户要求的功能：

1)DisplayStates():void 通过访问属性 vp,vpInit,vpFinal,该操作可以实现显示状态信息,列举每个状态的名字,如果状态是初始状态或/和终止状态,列举它的名字,并标记它是初始状态还是终止状态。

2)DisplayInputActions():void 驱动类通过访问属性 ap,激活其方法 getInputActionSet(),显示集合 A_P^I 中每个元素。

第 2 章 UML 类图及其设计

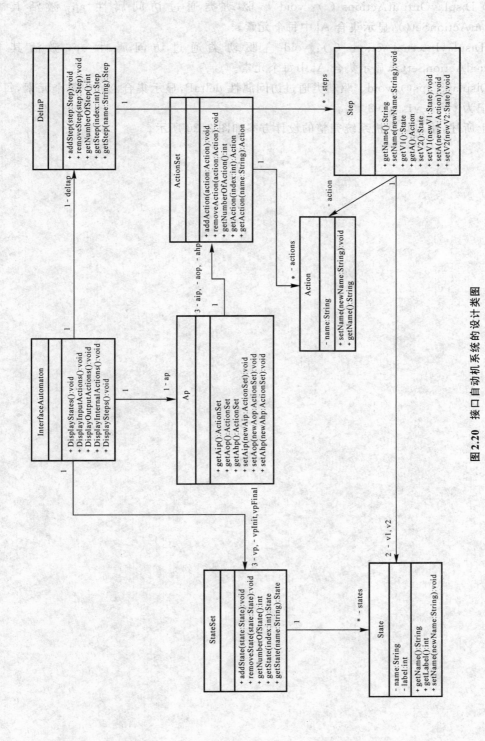

图 2.20 接口自动机系统的设计类图

— 53 —

3）DisplayOutputActions（ ）：void 驱动类通过访问属性 ap，激活其方法 getOutputActionSet()，显示集合 A_P^1 中每个元素。

4）DisplayInternalActions（ ）：void 驱动类通过访问属性 ap，激活其方法 getInternalActionSet()，显示集合 A_P^1 中每个元素。

5）DisplaySteps()：void 驱动类通过访问属性 deltaP，显示集合△P 中每个元素，每个元素被标记为 t＝＜v1，a，v2＞。

综上所述，接口自动机系统完整的设计方案如图 2.20 所示。

第二单元
Java 面向对象编程机制

第二单元

面向对象程序设计 Java

第3章 封 装 性

Java 的封装性就是把对象的属性和对属性的操作结合成一个独立的单位,并尽可能隐蔽对象的内部细节。它包含两个含义:

1)把对象的全部属性和对属性的操作结合在一起,形成一个不可分割的独立单位(即对象)。Java 是一种纯粹的面向对象程序设计语言,除了基本数据类型(如整型、浮点型等),Java 中的数据都以对象的形式存在,将属性和操作封装在对象中,它没有游离于类之外的属性和方法,可以有效实现细节隐藏。

2)信息隐蔽,即尽可能隐蔽对象的内部细节,对外形成一个边界,只保留有限的对外公开接口使之与外部发生联系,这一点通过 Java 包、Java 类及其成员的访问权限实现。

3.1 Java 类与对象

从 Java 程序设计的角度看,类是 Java 面向对象程序设计中最基本的程序单元。编写 Java 程序时,首先创建类,然后通过类创建不同的对象,当程序运行时,对象有对应的内存空间存储其具体的属性值,通过对象激活相应的方法(即该方法访问内存,实施运算)实现一定的功能。

3.1.1 类的定义

在 Java 中,一个类通过 class 关键字进行定义,它包括两个部分:类声明和类体。

(1)类声明:创建一个新的对象类型

关键字 class 后跟新对象类型的名字,对象类型名后跟一对表示类体定义的花括号,关键字 class 前可以有访问权限 public,也可以没有,具体含义见 3.3.2 节。例如:创建一个公开的(即 public 访问权限)对象类型——类 Point2D(类 Point2D 上方的注释为 JavaDoc 注释,详见本章 3.5 节)。

```
/**
 * 二维点类
 * @authorauthor
 */
public class Point2D {
    //类体
}
```

（2）类体

当定义一个类时，可以在类体内定义两种类型的成员：属性和方法。

1. 属性的定义

属性定义的格式包括属性的访问权限、属性的数据类型和属性的名字，Java 属性的访问权限及其具体含义见 3.2.3 节，Java 属性的数据类型分为两大类：基本数据类型和对象类型，即 Java 类属性的数据类型要么是基本数据类型，要么是通过 class 关键字定义的对象类型。Java 的基本数据类型有 byte(8 位)、short(16 位)、int(32 位)、long(64 位)、float(8 位)、double(64 位)、char(16 位)和 boolean(1 位)等 8 个。

例如类 Point2D 和类 Triangle 的属性定义，见示例 3.1 和示例 3.2。类 Point2D 的两个访问权限为"private"的属性 x 和 y 是基本数据类型（即 float 类型）。类 Triangle 的三个访问权限为"private"的属性 pointOne，pointTwo 和 pointThree 是对象类型（即 Point2D 类型），其中，"private"表示相应的属性是私有的访问权限，仅该类内的成员可以访问。

示例 3.1 类 Point2D 的属性定义

```
/**
 *二维点类
 *@authorauthor
 */
public class Point2D {
    private float x;    //点的 x 坐标
    private float y;   //点的 y 坐标
}
```

示例 3.2 类 Triangle 的属性定义

```
/**
 *三角形类
 *@authorauthor
 */
public class Triangle {
    private Point2D   pointOne;     //构成三角形的第一个点
    private Point2D   pointTwo;     //构成三角形的第二个点
    private Point2D   pointThree;   //构成三角形的第三个点
}
```

2. 方法的定义

方法定义的格式包括方法的访问权限、方法的名字、方法的参数列表、返回类型和方法体，如下所示：

```
访问权限 返回类型 方法名(参数列表){
方法体
}
```

参数列表可以为空,参数列表的格式如下:

参数类型1 参数名1,参数类型2 参数名2,……,参数类型n 参数名n

参数类型和方法的返回类型有对象类型和基本数据类型。例如类 Point2D 定义了 public 访问权限的 setX()方法、setY()方法、getX()方法和 getY()方法,其中 setX()方法用来修改属性 x 的值,setY()方法用来修改属性 y 的值,getX()方法和 getY()方法分别用来访问属性 x 和 y 的值。类 Triangle 定义了 pulbic 访问权限的 setTriangle()方法和 printPoint()方法,其中,setTriangle()方法设置构成三角形的三个点,printPoint()方法打印构成三角形的三个点的信息,见示例 3.3 和示例 3.4。Java 类中方法体的编写涉及的循环、分支、赋值等语句,以及函数内局部变量的声明、作用域的含义等与 C 语言类似,这里不再赘述。

示例 3.3 类 Point2D 方法的定义

```
/**
 *二维点类
 *@author machunyan
 */
public class Point2D {
    private    float x;    //点的 x 坐标
    private    float y;    //点的 y 坐标
    /**
        *为点的 x 坐标重新赋值
        *@param newX 为属性 x 重新赋值
        */
    public    float setX(float newX) {
        x = newX;
    }
    /**
        *为点的 y 坐标重新赋值
        *@param newY 为属性 y 重新赋值
        */
    public float setY(float newY) {
        y = newY;
    }
    /**
        *返回点的 x 坐标
        */
    pulic float getX() {
        return x;
    }
    /**
        *返回点的 y 坐标
        */
    public float getY() {
        return y;
    }
}
```

示例 3.4 类 Triangle 方法的定义

```java
/**
 * 三角形类
 * @author machunyan
 */
public class Triangle {
    private Point2D   pointOne;    //构成三角形的第一个点
    private Point2D   pointTwo;    //构成三角形的第二个点
    private Point2D   pointThree;  //构成三角形的第三个点
    /**
     * 为构成三角形三个点重新赋值
     * @param setPointOne 为构成三角形的第一个点重新赋值
     * @param setPointTwo 为构成三角形的第二个点重新赋值
     * @param setPointThree 为构成三角形的第三个点重新赋值
     */
    public void setTriangle(Point2D setPointOne, Point2D setPointTwo, Point2D setPointThree) {
        pointOne = setPointOne;
        pointTwo = setPointTwo;
        pointThree = setPointThree;
    }
    /**
     * 打印构成三角形的三个点的 x 和 y 坐标的值
     */
    public void printPoint() {
        System.out.println("(" + pointOne.getX() + "," + pointOne.getY() + ")" + "\n(" + pointTwo.getX() + "," + pointTwo.getY() + ")" + "\n(" + pointThree.getX() + "," + pointThree.getY() + ")");
    }
}
```

3. 构造方法的定义

Java 类都有构造方法,用来对类的私有属性初始化,如果没有定义构造方法,Java 编译器会提供一个缺省不带参数的构造方法,缺省构造方法用默认值初始化对象的成员变量,数值型(基本数据类型)变量的缺省值为 0,boolean 型变量的缺省值为 false,char 型变量的缺省值为"\0",对象类型变量的缺省值为"null"。构造方法的访问权限一般为 public,名字和类名相同,并且没有返回值,除此之外,其他特征与类中定义的普通方法相同。示例 3.3 和示例 3.4 中的类 Point2D 和类 Triangle,如果没有定义构造函数,则 Java 编译器为它们提供的缺省构造方法分别如下:

```java
public Point2D( ) {
}
```

```
public Triangle( ) {
}
```

如果想创建一个对私有属性进行初始化的构造函数,就需要编写一个带有参数列表的构造函数,将初始化的值作为实参传递给相应的属性。示例 3.5 和示例 3.6 给出了类 Point2D 和类 Triangle 的有参构造函数,用来初始化类 Point2D 的私有属性 x 和 y,以及类 Triangle 的私有属性 pointOne,pointTwo 和 pointThree。

示例 3.5 类 Point2D 构造方法的定义

```
/**
 *三角形类
 *@author machunyan
 */
public class Point2D {
        private float x;    //点的 x 坐标
        private float y;    //点的 y 坐标
    /**
            *初始化属性 x 和 y 的构造函数
            *@param initialX 初始化属性 x
            *@param initialY 初始化属性 y
            */
        public Point2D(float initialX, float initialY) {
                x = initialX;
                y = initialY;
        }

    /**
            *为点的 x 坐标重新赋值
            *@param newX 为属性 x 重新赋值
            */
        public float setX(float newX) {
            x = newX;
        }
        /**
            *为点的 y 坐标重新赋值
            *@param newY 为属性 y 重新赋值
            */
        public float setY(float newY) {
            y = newY;
        }
        /**
            *返回点的 x 坐标
```

```java
         */
        public float getX() {
            return x;
        }
        /**
         * 返回点的 y 坐标
         */
        public float getY() {
            return y;
        }
}
```

示例 3.6 类 Triangle 构造方法的定义

```java
public class Triangle {
    private Point2D   pointOne;    //构成三角形的第一个点
    private Point2D   pointTwo;    //构成三角形的第二个点
    private Point2D   pointThree;  //构成三角形的第三个点
    /**
     * 初始化构成三角形三个点
     * @param initialPointOne 为构成三角形的第一个点初始化
     * @param initialPointTwo 为构成三角形的第二个点初始化
     * @param initialPointThree 为构成三角形的第三个点初始化
     */
    public Triangle(Point2D initialPointOne, Point2D initialPointTwo, Point2D initialPointThree) {
       pointOne = initialPointOne;
       pointTwo = initialPointTwo;
       pointThree = initialPointThree;
    }

    /**
     * 为构成三角形三个点重新赋值
     * @param setPointOne 为构成三角形的第一个点重新赋值
     * @param setPointTwo 为构成三角形的第二个点重新赋值
     * @param setPointThree 为构成三角形的第三个点重新赋值
     */
     public void setPoint(Point2D setPointOne, Point2D setPointTwo, Point2D setPointThree) {
       pointOne = setPointOne;
       pointTwo = setPointTwo;
       pointThree = setPointThree;
    }
    /**
     * 打印构成三角形的三个点的 x 和 y 坐标的值,其中方法体中的"\n"是换行符
```

```
    */
    public void printPoint() {
        System.out.println("(" + pointOne.getX() + "," + pointOne.getY() + ")" + "\n(" +
pointTwo.getX() + "," + pointTwo.getY() + ")" + "\n(" + pointThree.getX() +
            "," + pointThree.getY() + ")");
    }
}
```

3.1.2 对象的创建和使用

1. 对象变量的声明

创建了一种新的对象类型——类之后,可以声明这种类型的对象变量(通常简称对象)。例如:下述代码是声明类 Point2D 和类 Triangle 类型的对象变量 pointOne 和 triangle。

Point2D   pointOne;
Triangle   triangle;

对于 Java 语言而言,上述仅是对象变量 pointOne 和 triangle 的声明,对象变量 pointOne 和 triangle 并没有进行初始化,还不能使用。对象变量声明时,系统将为对象变量分配一个 32 位地址空间(4 个字节),该地址空间目前为 null(空),未来会存储一个内存地址,因此,Java 中的对象变量类似于 C 语言中的指针。

2. 对象的创建

对象变量(例如:pointOne 和 triangle)声明后,必须通过 new 关键字调用类的(例如:Point2D 和 Triangle)构造函数创建"对象",用创建的"对象"对该对象变量(例如:pointOne 和 triangle)进行初始化,然后才能使用该对象变量激活属性或方法实现相应的功能。例如通过 new 关键字调用类 Point2D 和 Triangle 的构造函数创建对象,其代码的语法格式如下:

1) Point2D   pointOne = new Point2D(100.0, 200.0);

2) Triangle triangle = new Traingle(new Point2D(100.0, 200.0), new Point2D(100.0, 200.0), new Point2D(100.0, 200.0));

"new"关键字的每次使用,都会创建相应类的一个新的对象,一个类的不同对象分别占据不同的内存空间。"new"关键字的作用如下:

1) 引起构造方法的调用。

2) 为对象分配存储其属性的内存空间。

3) 为对象返回一个该内存空间首地址。

假设代码"new Point2D(100.0, 200.0)"为对象分配的内存空间首地址为 0xFF00, pointOne 的值将会由声明时的"null"变为"0xFF00"。因此,pointOne 的值"指向"对象 new Point2D(100.0, 200.0)实际分配的内存空间,如图 3.1 所示。在 Java 语言中,对象变量(例如:pointOne 和 triangle)称为引用,它的值是对象实际所在的内存空间的首地址,它"指向"对象,与 C 语言中的指针不同的是,对象变量存储的地址不可以修改,仅能通过它访问它指向的对象。

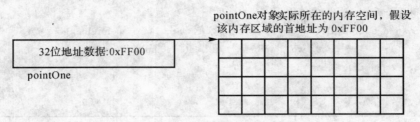

图 3.1　引用概念的示意图

3. 对象的使用

对象被创建后,由于它的属性都分配了相应的内存空间,因此,现在对象可以"干活了"。那么如何使用对象"干活"呢？

可以通过对象变量以及运算符"."实现对对象属性的访问以及对方法的调用,以达到让对象"干活"的目的。对象属性的访问格式如下：

reference. variable

其中,reference 可以是一个已生成的对象,也可以是能生成对象的表达式,或已初始化的对象变量。例如,对于上述已经初始化的变量 pointOne,该变量指向的对象的属性 x 为 100.0,如果想把该属性的值修改为 10.0,那么可以编写如下的代码：

pointOne. x = 10.0;

现在 pointOne 所指向的对象的属性 x 修改为 10.0(从现在开始,为了简化描述,将 pointOne 所指向的对象也称为 pointOne 对象,在大多数场合下,程序员也都认同这种说法)。

对象属性也可以通过生成对象的表达式进行访问,例如,下述代码示例在创建一个新对象(属性 x 为 100.0,属性 y 为 200.0)的同时,访问其 x 属性,并将 x 属性的值赋予变量 tx。

float tx = new Point2D(100.0, 200.0). x;

对象方法的调用格式与属性的调用格式相同,对象方法的调用格式如下：

reference. methodName([paramlist])

其中,reference 的含义同上。例如下述代码示例,是以上述同样的方式调用方法,其中,pointOne 对象调用了方法 setX( ),为属性 x 重新赋值为 300.0,新创建的对象(属性 x 为 400.0,属性 y 为 500.0)调用了方法 getX( ),以返回新对象的 x 属性值：

1) pointOne. setX(300.0);

2) float tx = new Point2D(400.0,500.0). getX( );

用户可以通过对对象属性的访问和对方法的调用,实现用户想要的功能。属性和方法可以通过设定访问权限来限制对它的访问,详见 3.3 节。

假设在一个应用场景下,需要创建很多三角形对象,对象变量的名字为 t1,t2 和 t3 等,用户要求打印构成这些三角形对象的三个点的坐标信息。为了理解如何编程实现用户的这一要求,下面通过示意图 3.2 进行图解。在图 3.2 中,用户首先需要定义示例 3.5 和示例 3.6 所示的两个类 Point2D(二维点)和 Triangle(三角形);在此基础上,创建很多如 t1,t2,t3 等所示的三角形对象;示例 3.6 中类 Triangle 的方法 printPoint( )可以实现打印构成三角形三个点的功能,该方法为了实现该功能需要访问构成三角形三个点的属性 x 和 y 的值,这就要通过类

Triangle 的属性变量 pointOne, pointTwo, pointThree 和点运算符调用相应的 getX() 方法和 getY() 方法来实现。

4. 对象的清除

当一个对象的引用不存在时,该对象成为一个无用对象。Java 的垃圾收集器自动扫描对象的动态内存区,把没有引用的对象作为垃圾收集起来并释放。

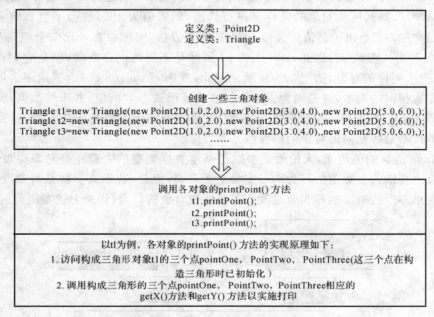

图 3.2　Triangle 类应用场景演示

3.1.3　方法的形式参数和实际参数的传递方式

Java 形参与实参的结合方式为值传递,与形式参数的数据类型是基本数据类型还是对象类型无关。

函数的形式参数是基本数据类型,理解值传递非常简单,对于上述示例 3.3 中 Point2D 的定义,如果通过"Point2D point1＝new Point2D(100,200)"创建了对象 point1,那么在变量 x 存储 33.3 的情况下,通过"point1.setX(x)"调用方法 setX(),实际参数 x 与形式参数 newX 结合的方式就是:实际参数 x 将它的值 33.3 拷贝到形式参数 newX,不论在方法 setX() 中如何修改 newX 的值,都不会影响 x 的值。

函数的形式参数是对象类型,理解值传递略复杂,仍然是对于上述示例 3.3 中 Point2D 的定义,通过"Point2D point1＝new Point2D(100,200)"创建了对象 point1,假如在应用中定义了下述 changeOne() 和 changeTwo() 两个方法,并将 point1 作为实际参数分别传递给这两个方法:

```
public static void changeOne(Point2D p1) {
    p1＝ new Point2D(7777,8888);
}
```

```
public static void changeTwo(Point2D p1) {
    p1.setX(400);
}
```

方法 changeOne()对形式参数 p1 的值进行修改,把它指向的对象修改为一个新的对象"new Point2D(7777,8888)",这会不会影响实际参数和实际参数指向的对象?方法 changeTwo()没有修改形式参数 p1 的值,但对 p1 指向的对象进行了修改,即通过调用方法"p1.setX(400)",对其所指对象的属性 x 进行修改,新的值为 400,这会不会影响实际参数和实际参数指向的对象?由于是值传递,对于上述两个方法,实际参数 point1 会把其存储的地址"A001"拷贝到形式参数 p1,因此,point1 和 p1 虽然是不同的内存空间,但是它们存储了同一个地址,指向了同样的对象,如图 3.3 所示。因此,方法 changeOne()的调用不会影响实际参数和实际参数指向的对象,这是因为方法体仅修改了形式参数的值,并未修改其指向的对象;方法 changeTwo()的调用不会影响实际参数,但会影响实际参数指向的对象,这是因为方法体修改了形式参数所指向的对象的属性值。

对于 Java 语言的值传递,无论形式参数是基本数据类型的变量还是对象类型的变量,函数内部所有改变形式参数值的行为均与实参毫无瓜葛,但是,若形式参数是对象变量,函数内部所有改变形参所指对象的行为就是改变实参所指对象的行为(详见上述案例分析)。

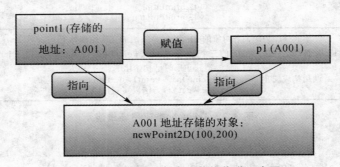

图 3.3 参数为对象类型的值传递示意图

3.1.4 方法重载

方法重载是指:在同一个类中,可以定义多个方法名相同,但参数类型或参数个数不同的方法。程序员也可以定义多个同名但参数类型或参数个数不同的构造方法。在示例 3.7 中(程序中有详细的注释),类 Tree 有三个重载的构造函数,它们的参数个数不同。另外,当程序员为某个类编写多个重载的构造函数时,想要在某个构造函数里调用另一个构造函数,用 this([参数列表])。例如,含有两个参数的构造函数 Tree(int i, String s)在其函数体中用了 this(i)语句,该语句表示调用了一个参数的构造函数 Tree(int i)。

示例 3.7 方法的重载

```
importJava.util.*;
/**
* 建模树的类
* @authormachunyan
```

```java
 */
class Tree {
    int height;//属性树的高度
    /**
     * 无参构造函数,将属性高度初始化为 0
     */
    Tree() {
        System.out.println("Planting a seedling");
        height = 0;
    }
    /**
     * 构造函数,对属性高度 height 初始化
     * @param i 对属性高度 height 初始化
     */
    Tree(int i) {
        System.out.println("Creating new Tree that is " + i + " feet tall");
        height = i;
    }
    /**
     * 构造函数,对属性高度 height 初始化
     * @param i 对属性高度 height 初始化
     * @param s 打印的字符串信息
     */
    Tree(int i, String s) {
        this(i);
        System.out.println(s);
    }
    /**
     * 打印树高度的信息
     */
    void info() {
        System.out.println("Tree is " + height + " feet tall");
    }
    /**
     * 打印树高度的信息
     * @param s 打印的字符串信息
     */
    void info(String s) {
        System.out.println(s + ": Tree is " + height + " feet tall");
    }
}
```

```
/**
 * 方法重载演示类
 * @author machunyan
 */
public class Overloading {
    /**
     * 演示方法重载
     */
    public static void main(String[] args) {
        for(int i = 0; i < 5; i++) {
            Tree t = new Tree(i);
            t.info();
            t.info("overloaded method");
            System.out.println();
        }
        new Tree();
    }
}
```

示例 3.8　方法重载中常犯的错误演示

```
importJava.util.*;
importJava.util.*;
/**
 * 建模树的类
 * @author machunyan
 */
class Tree {
    int height;//属性树的高度
    /**
     * 无参构造函数,将属性高度初始化为 0
     */
    Tree() {
        System.out.println("Planting a seedling");
        height = 0;
    }
    /**
     * 构造函数,对属性高度 height 初始化
     * @param i 对属性高度 height 初始化
     */
    Tree(int i) {
        System.out.println("Creating new Tree that is " + i + " feet tall");
```

```java
        height = i;
    }
    /**
     * 构造函数,对属性高度 height 初始化
     * @param i 对属性高度 height 初始化
     * @param s 打印的字符串信息
     */
    Tree(int i, String s) {
        this(i);
        System.out.println(s);
    }
    /**
     * 打印树高度的信息
     */
    void info() {
        System.out.println("Tree is " + height + " feet tall");
    }
    /**
     * 打印树高度的信息
     * @param s 打印的字符串信息
     */
    void info(String s) {
        System.out.println(s + ": Tree is " + height + " feet tall");
    }
    /**
     * 错误的重载格式
     */
    void info(String str) {
        System.out.println(str + ": Tree is " + height + " feet tall");
    }
    /**
     * 错误的重载格式
     */
    String info(String s) {
        return s + ": Tree is " + height + " feet tall";
    }
}
/**
 * 方法重载演示类
 * @author machunyan
 */
public class Overloading {
```

```
/**
*演示方法重载
*/
public static void main(String[] args) {
    for(int i = 0; i < 5; i++) {
        Tree t = new Tree(i);
        t.info();
        t.info("overloaded method");
        System.out.println();
    }
        new Tree();
}
}
```

示例 3.8 给出了方法重载中常犯的语法错误，程序注释中给出了具体的错误重载格式的标记，当编译器编译该示例时，编译器将给出 info 方法重定义错误。这是因为参数类型、参数顺序和参数的个数决定方法重载，方法的返回类型并不决定重载。在编译源程序时，编译器会根据方法调用时的参数决定关联哪一个重载的方法体。对于方法名和参数都相同的方法，编译器无法决定关联哪一个重载的方法体，将这种情况视为方法的重定义，并报错。

示例 3.8 的编译结果如下：

```
G:\test\源码演示>javac Overloading.Java
Overloading.Java:41: info(Java.lang.String) is already defined in Tree
        void info(String str) {

Overloading.Java:47: info(Java.lang.String) is already defined in Tree
        String info(String s) {

2 errors
```

3.1.5 static 关键字的含义和 main( )方法

在上述类定义中，属性和方法定义的前面还可以加 static 关键字进行修饰。本节解释 static 关键字的具体含义和用法。

1. 实例变量和类变量

类中属性定义的格式除了包括属性的访问权限、数据类型和属性名字外，在名字前还可以加 static 关键字进行修饰，表示该属性是"类属性"，通常称为"类变量"（或称"静态变量"，或称"静态属性"）。如果类内的属性没有加 static 关键字修饰，则通常将该属性称为"实例变量"（或称"对象变量"）。例如在示例 3.9 中，变量 x 和 y 是实例变量，变量 numberOfInstances 是类变量。

示例 3.9 实例变量和类变量

```
public class Point2D {
    private float    x;//二维点的 x 坐标
    private float    y;//二维点的 y 坐标
    private static int numberOfInstances = 0;//二维点计数的静态变量
    ...
}
```

对于从类创建的每个对象,其内存中都存在着一份有关实例变量成员的拷贝。每个对象的实例变量都单独分配内存,通过该对象和"."运算符访问这些实例变量。不同对象的实例变量所分配的内存位置是不同的,其存储的值大部分情况下也是不同的。对于图 3.4 所示的对象 pointOne 和 pointTwo,它们分配的内存空间是不同的,对象变量 pointOne 的实例变量 x,y 的取值分别为 10.0,100.0,对象变量 pointTwo 的实例变量 x,y 的取值分别为 20.0,200.0,因此,谈到实例变量的取值,应该说:哪个对象的实例变量的取值,否则没有意义。在图 3.4 中,要访问对象 pointOne 的实例变量 x 和 y,就编写为 pointOne.x 和 pointOne.y。

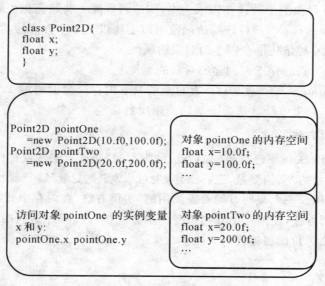

图 3.4 实例变量成员图示

"类变量"分配的内存则在类所有对象共享的内存空间。所有对象共享同一个"类变量",每一个对象如果对"类变量"进行改变,这一行为将会影响到其他对象对该"类变量"的访问。"类变量"可通过类名和点运算符进行直接访问,无须先声明一个对象。如图 3.5 所示,"类变量"numberOfInstance 所分配的内存空间被所有的对象共享,访问"类变量"的格式为 Point2D.numberOfInstance,即通过类名和点运算符直接访问。

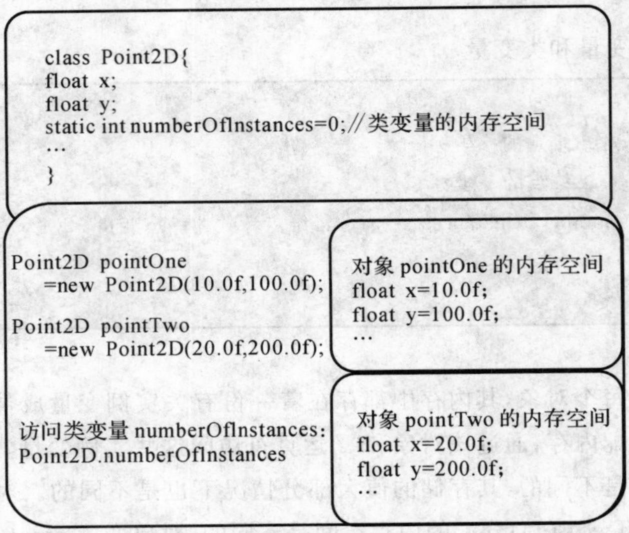

```
class Point2D{
    float x;
    float y;
    static int numberOfInstances=0;  //类变量的内存空间
    ...
}
```

Point2D pointOne
    =new Point2D(10.0f,100.0f);
Point2D pointTwo
    =new Point2D(20.0f,200.0f);

对象 pointOne 的内存空间
float x=10.0f;
float y=100.0f;
...

访问类变量 numberOfInstances:
Point2D.numberOfInstances

对象 pointTwo 的内存空间
float x=20.0f;
float y=200.0f;
...

图 3.5 类变量成员图示

有时候需要创建类的变量，而不是对象的变量，例如：统计点对象的数量。即要求记录到目前为止共创建了多少个 Point2D 对象，详见示例 3.10 中的构造函数用 numberOfInstances 统计创建的 Point2D 对象的个数。在该示例中，构造函数除了初始化相关属性外，还增加了语句"numberOfInstances++"，使得该构造函数可以实现以下 3 个方面的功能：

1）用参数 initialX 初始化正在创建的对象的属性 x；
2）用参数 initialY 初始化正在创建的对象的属性 y；
3）numberOfInstances++表示对所有对象的共享内存变量值增加 1，即只要该构造函数被调用，就计数一次，用来统计该构造函数的调用次数。

2. 实例方法和类方法

类内没有加 static 关键字进行声明的方法称为类的"实例方法"（或称"对象方法"），"实例方法"可以对当前对象的"实例变量"进行操作，也可以对"类变量"进行操作，"实例方法"由对象通过"."运算符调用。一个类所有的对象调用的"实例方法"在内存中只有一份拷贝，例如示例 3.10，setX 是实例方法，在内存中其实只有一个方法体（注：程序运行时会将该方法翻译为机器可以运行的与之等价的目标代码方法体）：

```
public void setX(int  newX) {
    x = newX;
}
```

但是，对于下述方法的调用，存在一些问题：
Point2D pointOne = new Point2D(10.0f, 100.0f);
pointOne.setX(30.0f);
Point2D pointTwo = new Point2D(20.0f, 200.0f);
pointTwo.setX(50.0f);

从程序员的角度看，语句"pointOne.setX(30.0f)"是将对象 pointOne 的属性 x 修改为 30.0f，而"pointTwo.setX(50.0f)"将对象 pointTwo 的属性 x 修改为 50.0f，但是它们调用的

方法体都是上述同一个 setX()。对象 pointOne 为它传递的实际参数值是 30.0f,对象 pointTwo 为它传递的实际参数值是 50.0f,都执行了同样的代码的"x=newX",这里方法体中的 x 并没有指明是谁的 x,这是怎么回事?

pointOne.setX(30.0f)和 pointTwo.setX(50.0f)都是执行的上述同一个方法体,由于方法体中并没有与具体对象关联,它执行时,如何知道 pointOne.setX(30.0f)修改的是 pointOne 对象的实例变量 x,pointTwo.set(50.0)修改的是 pointTwo 对象的实例变量 x? 这个问题的答案是:每个实例方法内部,都有一个默认的"this"引用变量,它指向调用这个方法的对象,即编译器在每个方法的参数中扩充一个对象类型的 this 参数,该参数会与调用该方法的对象进行关联。例如,上述 setX()方法被编译器翻译为

```
public void setX(Point2D this , int  newX) {
    this.x = newX;
}
```

进而,对于程序员通过对象调用实例方法也进行翻译,例如:
1) pointOne.setX(30.0f)翻译为 setX(pointOne,30.0f);(注:将 this 赋值为 pointOne)
2) pointTwo.setX(50.0f)翻译为 setX(pointTwo,50.0f);(注:将 this 赋值为 pointTwo)
"this"是面向对象中实例方法隐含的参数,它允许程序员在编写实例方法体时使用。每当调用一个实例方法时,this 变量便被设置成引用该实例方法的对象,方法的代码会与 this 所代表对象的实例变量建立关联。

加 static 关键字声明的方法称为类方法(或称静态方法),类方法不能访问实例变量,只能访问类变量。类方法可以由类名直接调用,也可由对象进行调用。类方法中没有默认的"this"引用变量。另外,类的实例方法可以调用该类的实例方法和静态方法,但是,类的静态方法则只能调用该类的静态方法。示例 3.11 中,类 Point2D 的实例方法有 getX(),getY(),setX(),setY(),类 Point2D 的静态方法有 getNumberOfInstances()和 main(),静态方法 getNumberOfInstances()返回静态变量 numberOfInstance 的值,静态方法 main()是 Java 程序执行的入口,详细介绍见本节中的第 3 点。

3. main()方法

Java 程序的执行入口 main()方法是公开的静态方法,其返回类型为 void,形参为字符串类 String 类型的数组,固定的声明格式如下:
```
public static void main( String[] strs){
}
```
Java 中任何一个类都可以有一个静态的 main()方法,在 main()方法中可以编写对该类进行测试的代码。由于 main()方法是静态方法,它仅可以直接访问"类变量",或直接调用"类方法",如果要访问它所在类的"实例变量"或调用它所在类的"实例方法",需首先创建该类的对象,然后通过对像访问相应的"实例变量"或调用相应的"实例方法"。例如,示例 3.11 展示了在类 Point2D 中编写的一个 main()方法,该方法的第一行,直接调用实例方法 setX()是存在语法错误的,但是,可以像第二行,直接调用静态方法 getNumberOfInstances()。

示例 3.10 实例方法和类方法(一)

```
/**
 * 二维点类
 * @author machunyan
```

```
*/
class Point2D {
    float   x;//二维点的 x 坐标
    float   y;//二维点的 y 坐标
    static int numberOfInstances = 0;//二维点计数的静态变量
    /* *
     * 初始化属性的构造函数
     * @param initialX 初始化属性 x
     * @param initialY 初始化属性 y
     */

    Point2D(float   initialX, float   initialY) {
        x = initialX;
        y = initialY;
        numberOfInstances++;
    }


    static int   getNumberOfInstances() {
        return numberOfInstances;
    }
    /* *
     * 为点的 x 坐标重新赋值
     * @param newX 为属性 x 重新赋值
     */
    float setX(float newX) {
         x = newX;
    }
    /* *
     * 为点的 y 坐标重新赋值
     * @param newY 为属性 y 重新赋值
     */
    float setY(float newY) {
         y = newY;
    }
    /* *
     * 返回点的 x 坐标
     */
    float getX() {
       return x;
    }
    /* *
     * 返回点的 y 坐标
```

```
 */
    float getY() {
        return y;
    }
}
```

示例 3.11 实例方法和类方法(二)

```
/**
 * 二维点类
 * @author machunyan
 */
class Point2D {
    float  x;//二维点的 x 坐标
    float  y;//二维点的 y 坐标
    static int numberOfInstances = 0;//二维点计数的静态变量
    /**
     * 初始化属性的构造函数
     * @param initialX 初始化属性 x
     * @param initialY 初始化属性 y
     */
    Point2D(float  initialX, float  initialY) {
        this.x = initialX;
        this.y = initialY;
        numberOfInstances++;
    }
    static int  getNumberOfInstances() {
        return numberOfInstances;
    }
    /**
     * 为点的 x 坐标重新赋值
     * @param newX 为属性 x 重新赋值
     */
    float setX(float newX) {
        this.x = newX;
    }
    /**
     * 为点的 y 坐标重新赋值
     * @param newY 为属性 y 重新赋值
     */
    float setY(float newY) {
```

```java
        this.y = newY;
    }
    /**
    * 返回点的 x 坐标
    */
    float getX() {
        return this.x;
    }
    /**
    * 返回点的 y 坐标
    */
    float getY() {
        return this.y;
    }
    public static void main(String[] args) {
        setX(100.0);//不可以,类的静态方法 main( )只能直接调用该类的静态方法
        getNumberOfInstances()//可以
        Point2D pointOne = new Point2D(10.0f, 100.0f);//可以
        System.out.println("x: " + pointOne.getX());//可以
        System.out.println("y: " + pointOne.getY());//可以
        pointOne.setX(200.0f); //可以
        System.out.println("x: " + pointOne.getX());//可以
        System.out.println("Instances after PointOne is created: " +getNumberOfInstances());//可以
        Point2D pointTwo = new Point2D(20f, 200f); //可以
        System.out.println("x: " + pointTwo.getX());//可以
        System.out.println("y: " + pointTwo.getY());//可以
        System.out.println("Instances after PointTwo is created: " +getNumberOfInstances());//可以
    }
}
```

在示例 3.11 中,由于在 static 类型的方法中调用了非 static 类型的变量,所以编译过程中出现了错误,其编译结果如下:

```
G:\test\源码演示>javac Point2D.Java
Point2D.Java:35: setX(float) in Point2D cannot be applied to (double)
         setX(100.0);// 不可以,类的静态方法 main( )只能直接调用该类的静态方法

1 error
```

如果将示例 3.11 中的黑体部分的代码 setX(100.0)屏蔽,编译运行该示例代码就可以得到如下运行结果:

```
G:\test\源码演示>javac Point2D.Java
G:\test\源码演示>Java Point2D
x：10.0
y：100.0
x：200.0
Instances after PointOne is created：1
x：20.0
y：200.0
Instances after PointTwo is created：2
```

从上述程序的运行结果可以看出：每个对象的实例变量都分配内存，不同对象的实例变量是不同的。类变量分配的内存则在类的所有对象共享的内存空间，所有实例对象共享同一个类变量。

3.1.6 final 关键字

final 关键字可以修饰类、类的成员变量和成员方法，但具有不同的作用。

1. final 修饰成员变量

final 修饰成员变量，则称为常量，其值初始化后不能被改变。修饰成员变量时，要求在声明变量的同时给出变量的初始值，或在所有的构造函数中初始化该变量；而修饰局部变量时不做要求。示例 3.12 和示例 3.13 用 final 修饰类 FinalExample 中的成员变量 x，示例 3.12 是在变量定义时进行初始化，示例 3.13 是在构造函数中进行初始化，这都是正确的语法形式。而示例 3.14 和示例 3.15 是不正确的语法形式，编译错误详见示例 3.14 和示例3.15的编译结果。

示例 3.12 final 关键字修饰成员变量正确示例 1

```
class FinalExample {
    final float x = 3;//定义常量 x
    float y;
    public FinalExample() {
    }
}
```

示例 3.13 final 关键字修饰成员变量正确示例 2

```
class FinalExample {
    final float x;//定义常量 x
    float y;
    public FinalExample() {
        x = 3;// //为常量 x 赋初值
    }
}
```

示例 3.14 final 关键字修饰成员变量错误示例 1

```
class FinalExample {
    final float x; //定义常量 x
    float y;
    public FinalExample() {

    }
}
```

示例 3.14 的编译结果如下：

```
G:\test\源码演示>javac FinalExample.Java
FinalExample.Java:7: variable x might not have been initialized
            }
            ^
1 error
```

示例 3.15 final 关键字修饰成员变量错误示例 2

```
class FinalExample {
    final float x=3;// 定义常量 x,并在定义处初始化
    float y;
    public FinalExample() {

    }
    public void changeFinalVariable(){
        x=0;//修改常量 x,不允许
    }
}
```

示例 3.15 的编译结果如下：

```
G:\test\源码演示>javac FinalExample.Java
FinalExample.Java:9: cannot assign a value to final variable x
            x=0;
            ^
1 error
```

2. final 修饰成员方法

final 修饰方法,则表明该方法可以被子类继承,但不能被子类覆写(方法的覆写见第 4 章 4.2 节)。

例如：

```
final returnType methodName(paramList){}
```

3. final 修饰类

final 修饰类,则表明该类不能被其他类继承。

例如:

```
final class final ClassName{}
```

3.1.7 Java 的编译单元

在 Java 中,将编写的类存储在一个以 .java 命名的文件中,例如,将示例 3.11 存储在文件 Point2D.java 中。一个 .java 命名的源文件称之为一个编译单元(可以用 Javac 命令进行编译,如果该源文件中有 main()方法,还可以用 Java 命令运行该源文件中的类,详见 3.9 节 jdk 相关命令),每个编译单元中也可以包含若干个类的定义,每个类都可以提供 main()方法,提供 main()的类就可以单独运行(见 3.9 节 jdk 相关命令),但仅允许其中一个类的访问权限是 public,当然,每个编译单元中也可以没有 public 访问权限的类。如果源文件中存在访问权限为 public 的类,则编译单元的的名字必须与文件中 public 访问权限的类名相同,后缀为 .java,否则会出现编译错误信息,例如,示例 3.11 中定义的类 Point2D 是 public 访问权限的,因此,相应编译单元的文件必须命名为 Point2D.java。

3.2 Java 访问权限限制

3.1 节讲述了 Java 的封装性的一个方面,另一方面体现为对 Java 类和其成员的访问权限限制。Java 的访问权限限制包含包、类的访问权限以及类成员的访问权限 3 个部分。

3.2.1 Java 包

为了组织、管理类及解决类命名冲突的问题,Java 引入包(package),在包中存放一个或多个相关类。Java 应用程序接口(Application Programming Interface(API))是 Java 提供给应用程序的类库,类库中所有类按其功能分别组织在不同的包中。例如,所有与输入和输出相关的类(Java 字节码文件(.class))都放在 java.io 包中,与实现网络功能相关的类都放在 java.net 包中。

包采用文件系统目录的层次结构进行定义,它通过"."指明包的层次,例如:包名=文件夹 1.文件夹 2.文件夹 3,其对应文件系统的目录结构为:……\文件夹 1\文件夹 2\文件夹 3。类位于包中,即是指类位于相应的文件夹中,例如类 InputStream 位于包 java.io 中,即是指类 InputStream 在文件夹\java\io 中。

1. 引入和使用包中的类

程序员可以使用 Java API 中提供的类快速搭建应用程序,类的使用(例如用类声明变量,通过类创建相应的类对象)有以下两种方式。

(1)在应用程序中使用类的全名,即包名+类名

例如,声明和创建 Date 类型的变量和对象,可以在应用程序中使用类的全名 java.util.Date,例如示例 3.16。其中,Date 是类的名字,Java.util 是类 Date 所属的包名。通过这种方式唯一地标示一个类名。所以,包提供了一种命名机制和可见性限制机制。

示例 3.16 全名引用类示例

```
……
Java.util.Data data = new Java.util.Data( );
……
```

(2)通过应用关键字 import 导入相应的类/包,在应用程序中可以只使用类名

例如示例 3.17 通过 import 关键字导入 Date 类,示例 3.18 通过 import 关键字导入整个包 java.util。

示例 3.17 导入类示例

```
……
import java.util.Data
//通过应用关键字 import 导入类 Date,可以在程序中按下面语句的方式使用类 Date
Data data = new Data( );
……
```

示例 3.18 导入包示例

```
……
import Java.util.*
//通过应用关键字 import 导入相应的包,可以在程序中按下面语句的方式使用类 Date
Data data = new Data( );
……
```

示例 3.18 的优点是,在同一个源文件中,还可以使用同一个包 java.util 中的其他类。例如示例 3.19,在同一源文件中,又使用了 java.util 包中的类 Dictionary。

示例 3.19 引用包中多个类示例

```
……
importJava.util.*
//通过应用关键字 import 导入相应的包,可以在程序中按下面语句的方式使用该包中的类
Data data = new Data( );
Dictionary dictionary = new Dictionary();
……
```

无论是 API 提供的类还是自己定义包中的类,都必须用 import 语句标识或使用类的全名,以通知编译器在编译时找到相应的类文件,但以下两种情况例外:

1)位于同一个包内的类可以相互引用,不必使用 import 语句或类的全名;

2)在源程序中用到了 Java 类库中 java.lang 包中的类,可以直接引用,不必使用 import 语句或类的全名。

2. 自定义包

定义一个类后,可以在很多应用程序使用该类。程序员可以根据类功能的不同,将若干类组织在包中管理,以便包中的类被复用。

通过关键字 package 可以定义一个包。package 语句必须是文件中的第一条语句(即在 package 语句之前,除了空白和注释外不能有任何语句)。例如,将 Point2D 组织在包 shape 中,代码见示例 3.20。

示例 3.20 自定义包

```
package shape;
public class Point2D {
    ……
}
```

例如:在类 Triangle 中用到 Point2D,可以通过下面两种方式,一般使用第(2)种方式比较方便。

(1)通过用类的全名

```
Class Triangle {
    shape.Point2D   pointOne;//构成三角形的第一个点
    shape.Point2D   pointTwo;//构成三角形的第二个点
    shape.Point2D   pointThree;//构成三角形的第三个点
    ……
}
```

(2)通过导入包的方式

```
package shape;
import shape.*;
Class Triangle {
    Point2D   pointOne;//构成三角形的第一个点
    Point2D   pointTwo;//构成三角形的第二个点
    Point2D   pointThree;//构成三角形的第三个点
    ……
}
```

3.2.2 Java 类的访问权限

Java 类是通过包的概念进行组织的,包是类的一种松散集合。处于同一个包中的类可以不需要任何说明而方便地相互访问和引用。

Java 类的访问限定权限有两种选择,即 public 和缺省的。

1)如果 class 关键字前没有任何修饰符,例如示例 3.21,说明它具有缺省的访问控制特性。这种缺省的访问控制权规定该类只能被同一个包中的其他类访问和引用,而不可以被其他包中的类使用,这种访问特性又称为包访问性。

2)如果 class 关键字前有修饰符 public,即公开的,表明它可以被任意其他类所访问和引用,这里的访问和引用是指这个类作为整体是可见和可使用的,程序的其他部分可以创建这个类的对象、访问这个类内部可见的成员变量和调用类可见的方法。

因此,对于不同包中的类,一般来说,它们相互之间是不可见的,当然也不能相互引用,但是,当一个类 A 被声明为 public 时,它就可以被其他包中的类 B 访问,只要类 B 使用 import 语句导入类 A 即可。

例如,对于示例 3.21,类 Vector 位于包 com.bruce.simple 中,其访问权限为缺省的。示例 3.22 中的类 List 位于包 com.bruce.simple 中,其访问权限是 public。那么,和它们在同一包中的类 LibTestOne(见示例 3.24)可以使用类 Vector 和类 List,而位于缺省包中的类 LibTestTwo(见示例 3.23)仅可以使用类 List,请看下面示例文件 LibTestOne.java 和 LibTestTwo.java 的编译结果。

示例 3.21 Vector.java

```
//创建包 com.bruce.simple
package com.bruce.simple;
class Vector {
        public Vector() {
        System.out.println("com.bruce.util.Vector");
        }
}
```

示例 3.22 List.java

```
//创建包 com.bruce.simple
package com.bruce.simple;
public class List {
        List() {
          Vector v = new Vector();
          System.out.println("com.bruce.util.List");
        }
}
```

示例 3.23 LibTestOne.java

```
//创建包 com.bruce.simple
package com.bruce.simple;
public class LibTestOne {
    public static void main(String[] args) {
        Vector v = new Vector();
        List l = new List();
    }
}
```

示例 3.24 LibTestTwo.java

```
//导入包 com.bruce.simple
import com.bruce.simple.*;
public class LibTestTwo {
    public static void main(String[] args) {
        Vector v = new Vector();
        List l = new List();
    }
}
```

编译 LibTestOne.java 的结果：

```
G:\bookExample\3.1>javac com/bruce/simple/LibTestOne.java
G:\bookExample\3.1>
```

编译 LibTestTwo.java 的结果：

```
G:\bookExample\3.1>javac LibTestTwo.java
LibTestTwo.java:7: com.bruce.simple.Vector is not public in com.bruce.simple; cannot be accessed from outside package
        Vector v = new Vector();
        ^
LibTestTwo.java:7: com.bruce.simple.Vector is not public in com.bruce.simple; cannot be accessed from outside package
        Vector v = new Vector();
                       ^
LibTestTwo.java:7: Vector() in com.bruce.simple.Vector is not defined in a public class or interface; cannot be accessed from outside package
        Vector v = new Vector();
                       ^
3 errors
```

3.2.3 Java 类成员的访问权限

通过对类成员施以一定的访问权限,可以实现类中成员的信息隐藏。

1. 私有访问控制符 private

private 修饰符用来声明类的私有成员,它提供了最高的保护级别。用 private 修饰的属性和操作只能被该类自身的操作访问和修改,而不能被任何其他类(包括该类的子类)获取和引用。在示例 3.25 所示的类 Point2D 中,其属性 x 和 y 可以声明为私有的。

示例 3.25 私有访问控制符

```
public class Point2D {
    private float x;//点的 x 坐标
    private float y;//点的 y 坐标
}
```

当其他类希望获取或修改私有成员属性时,需要借助于类的方法实现,例如在类 Point2D 中定义了方法 getX()获得属性 x 的值、定义方法 setX()修改 x 的值,从而把 x 完全保护起来。类外部只知道类内保存点的 x 坐标,是不可能通过类 Point2D 的对象变量和点运算符直接访问 x 坐标的,私有的操作与之同理。

2. 缺省访问控制符

类内的属性和操作如果没有访问控制符限定,说明它们具有包访问属性,可以被同一个包中的其他类所访问和调用。例如,对于示例 3.26 和 3.27,类 Vector 和类 List 都位于包 com.bruce.simple 中,其访问权限都为 public。类 LibTestOne(见示例 3.28)和类 LibTestTwo(见示例 3.29)都可以声明类 Vector 和类 List 的对象变量。但是,位于缺省包中的类 LibTestTwo 不可以访问类 List 中的缺省访问控制符的成员,请看文件 LibTestOne.java 和 LibTestTwo.java 的编译结果。

示例 3.26 Vector.java

```
//创建包 com.bruce.simple
package com.bruce.simple;
public class Vector {
    public Vector() {
        System.out.println("com.bruce.util.Vector");
    }
}
```

示例 3.27 List.java

```
//创建包 com.bruce.simple
package com.bruce.simple;
public class List {
    List() {
```

```
        Vector v = new Vector();
        System.out.println("com.bruce.util.List");
    }
}
```

示例 3.28 LibTestOne.java

```
//创建包 com.bruce.simple
package com.bruce.simple;
public class LibTestOne {
    public static void main(String[] args) {
        Vector v = new Vector();
        List l = new List();
    }
}
```

示例 3.29 LibTestTwo.java

```
//导入包 com.bruce.simple
import com.bruce.simple.*;
public class LibTestTwo {
    public static void main(String[] args) {
        Vector v = new Vector();
        List l = new List();
    }
}
```

编译 LibTestOne.java 的结果：

```
G:\bookExample\3.2>javac com/bruce/simple/LibTestOne.java
G:\bookExample\3.2>
```

编译 LibTestTwo.java 的结果：

```
G:\bookExample\3.2>javac LibTestTwo.java
LibTestTwo.java:8: List() is not public in com.bruce.simple.List; cannot be acce
ssed from outside package
    List l = new List();
             ^
1 error
```

3. 保护访问控制符 protected

用 protected 修饰的类内成员变量可以被 3 种类所访问和调用：该类自身、与它在同一个包中的其他类、在其他包中该类的子类。使用 protected 修饰符的主要作用是允许其他包中它的子类进行访问。

4. 公共的访问控制符 public

如果类作为整体是可见和可使用的(参见 3.2.2 节类的访问权限),类内成员变量前有修饰符 public(即公共的),则表明相应的成员变量可以被任意其他类访问和调用。

综上所述,类、属性和方法的访问控制可以归纳为表 3.1 和表 3.2。

表 3.1　Java 中类成员访问权限的作用范围

	同一个类	同一个包	不同包的子类	不同包非子类
private	可以			
default	可以	可以		
protected	可以	可以	可以	
public	可以	可以	可以	可以

表 3.2　类、类中的属性和类中方法的访问控制权限

类的访问权限 属性与方法的访问权限	Public	缺省
public	所有类	与当前类在同一个包中的所有类 (也包括当前类)
protected	1)与当前类在同一个包中的所有类 (也包括当前类); 2)当前类的所有子类	与当前类在同一个包中的所有类 (也包括当前类)
缺省	与当前类在同一个包中的所有类(也包括当前类)	与当前类在同一个包中的所有类 (也包括当前类)
private	当前类本身	当前类本身

3.3　Java API 应用举例

在运用 Java 程序设计语言构建大型应用系统的过程中,程序员往往需要通过使用已有 Java 类,快速搭建应用程序,完成所需要的功能。具备 3.1 节和 3.2 节所讲的基础知识是 Java 程序员学习的第一个步骤,在此基础上,本节总结了使用 Java API 或其他程序员编写的类的基本步骤,并举例说明。本节的内容对于学会用 Java 语言编程而言至关重要,也是程序员学会用 Java 语言编写程序必备的基本技能。

使用 Java API 或其他程序员编写的类的基本步骤如下:

1)查看帮助文档了解类的功能(是否使用该类?);

2)声明该类的对象变量(注意该类的访问权限限制及所在的包);

3)用 new 关键字调用该类的构造函数,创建该类对象,可以将类对象赋予第 2)步声明的对象变量;

4)查看帮助文档了解该类提供的方法及相应的功能(注意该类的方法和成员的访问权限限制),选择适当的方法完成功能;

5)用第 3)步产生的对象或初始化了的对象变量和"."运算符调用相应的方法完成功能。

现在通过类 String 和类 String Tokenizer 举例阐释使用 Java API 或其他程序员编写的类的基本步骤。

3.3.1 类 String

1. Java. lang. String 的基本用法

在 C 语言中,字符串使用一个字符数组表示。在 Java 中没有"字符串"这一基本数据类型,但是有一个专门封装了字符数组操作的 java.lang.String 类,该类是 Java 中处理字符串最基本的类。

字符串是一个字符的序列。在初始化字符串时,以下两种常用方法是等价的:

String s = "String is a list of characters";
String s = new String("String is a list of characters");

在 C 语言中,使用字符"\0"作为字符串的结束标志,在实际运用过程中要时刻注意字符数组的长度因为结束标志带来的变化;而在 Java 中,字符串从索引 0 开始,在索引 N−1 处结束,其中 N 为串中的字符个数。例如,字符串"Hello"的长度为 5,最后一个字符的索引值为 4。String 类封装了对字符串的多种操作,其中常用的操作见表 3.3。

表 3.3 String 类的常用方法

char	charAt(int index) 返回指定索引处的 char 值
String	concat(String str)将指定字符串连接到此字符串的结尾
boolean	contains(CharSequence s) 当且仅当此字符串包含指定的 char 值序列时,返回 true
boolean	equals(Object anObject) 将此字符串与指定的对象比较
int	indexOf(String str)返回指定子字符串在此字符串中第一次出现处的索引
int	length() 返回此字符串的长度
String	substring(int beginIndex, int endIndex)返回一个新字符串,它是此字符串的一个子字符串
String	toLowerCase()使用默认语言环境的规则将此 String 中的所有字符都转换为小写
String	toUpperCase() 使用默认语言环境的规则将此 String 中的所有字符都转换为大写
String	trim() 返回字符串的副本,忽略前导空白和尾部空白
static String	valueOf(Format f)返回传入参数的字符串表示形式。传入参数可以是 int,float 等基本数据类型,也可以是一个对象

2. 字符串的连接

String 类提供了一个 concat 方法,将给定字符串添加到当前字符串末尾。
String s = new String("Hello");

```
s = s.concat("World");
```
也可以使用"+"运算符实现上述功能,直接将给定字符串添加至原串末尾,该语句与上面的语句等价:
```
String s = new String("Hello");
s = s + "World";
```
一个字符串不仅可以与另一个字符串相加,还可以与其他基本数据类型相加。在一个加运算中,如果参与运算的对象有一个是字符串,则相加的结果就会是一个字符串。例如:
```
System.out.println("Hello" + 999 + 1 + "World");
System.out.println(999 + 1 + "Hello" + "World");
```
第一个输出语句将输出 Hello9991World,而第二个输出语句将输出 1000HelloWorld。这是因为在第一个语句中,"999"与"1"运算之前已经是一个字符串的一部分;而在第二个语句中,"999 + 1"仍然按照正常的数学加法运算,得到的结果与字符串相加时才被自动转化为字符串。

字符串加法操作不仅可以用于数字,还可以直接用于一般的类对象,相当于直接激活该对象的 toString() 方法。例如,以下语句在 Java 中可以正确运行:
```
Vector<String> v = new Vector<String>();
v.add("World");
System.put.println("Hello " + v);//输出 Hello World
```
所有继承基类 Object 的类内部都有一个 toString 方法,它返回该对象的字符串表示形式。当对象进行字符串运算时,Java 虚拟机将自动调用对象的 toString 方法,并且将返回结果参与字符串运算。另外,当对对象进行输出等操作时,toString 方法也会被自动调用。例如,上述语句的对象的 toString 方法被自动调用。

Java 还提供了对字符串的子串进行操作的方法。与增加字符操作一样,从字符串中提取出目标子串也是常用的字符串处理功能之一。示例 3.30 实现了从一个源字符串中分解出每一个单词,并且使用一个向量进行存储的过程。从一个字符串 source 将每个独立的单词提取出来(单词间用空格分割),并且保存在一个字符串向量中。该示例检索字符串中的每个字符,如果该字符是空格,使用一个临时变量记录该空格的位置,并且将位于上一次记录的位置(初始化为 0)到该位置处之间的子串提取出来,去掉空格进行保存;循环直到字符串解析结束(详见程序示例中的代码和注释)。

示例 3.30 字符串处理实例

```
//用于储存结果的向量。
Vector<String> destination = new Vector<String>();
String word;
//两个用于记录单词索引的变量。
//其中,startIndex 记录单词的起始位置,endIndex 记录单词的结束位置。
int startIndex = 0;
int endIndex = 0;
//从源字符串中提取出单词,条件是 endIndex 合法。
//endIndex 的获取方式是,在源字符串中以上一个单词的末尾为起点,
```

```java
//搜索下一个空格的位置。如果没有搜索到,则返回-1,此时循环结束。
while (endIndex >= 0) {
    //记录得到的子串。
    word = source.substring(startIndex, endIndex);
    //删除空格。
    word = word.trim();
    //如果得到的子串是一个合法的单词,则添加进结果向量中。
    if (! word.equals("")) {
        destination.add(word);
    }
    //进行下一次搜索,更新两个索引变量。
    startIndex = endIndex;
    endIndex = source.indexOf(" ", startIndex + 1);
}
//对最后一个单词进行处理。
word = source.substring(startIndex);
word = word.trim();
destination.add(word);
//输出结果
for (int i = 0; i < destination.size(); ++i) {
    System.out.println(destination.get(i));
}
}
```

3. 字符串比较

在比较两个基本数据类型时,可以直接使用==,<,>,<=,>=,!=进行运算。但是,String 作为一个封装类,有别于基本数据类型。实际上,所有的对象均可以使用"=="运算符判定相等性,但是对于对象而言,这种判定只是简单地比较两个对象所存储的内存地址是否相同。因此通常情况下,比较的结果都是 false。

比如,下面的语句永远输出 false:

```java
Object v1 = new Object();
Object v2 = new Object();
System.out.println(v1 == v2);
```

如果希望的两个字符串相等,不是指这两个对象所在的内存地址相等,而是其中的每个索引处的字符都相同。所以,"=="符号并不能满足对于字符串相等性判定的需求。String 类提供了 equals 方法实现字符串内容比较的功能。例如,对于下述代码,第一条输出语句输出 false,第二条输出语句输出 true。

```java
String s1 = "Hello";
String s2 = "Hello";
System.out.println(s1 == s2);
System.out.println(s1.equals(s2));
```

演示 String 类的 equals 方法的一个简单应用见示例 3.31，请填写代码，以熟练运用 String 类的 equals 方法比较两个字符串的内容是否相等。

示例 3.31 equals 方法举例

```java
public class Person  {
    private String   name;
    private String   address;
    public Person (String initialName, String initialAddress) {
        name = initialName;
        address = initialAddress;
    }
    public String getName() {
        return name;
    }
    public String getAddress() {
        return address;
    }
    public boolean equals(Person person) {
        //填写代码，如果两个人的名字一致，认为两个人是同一个人，该方法返回 true,否则该方
        //法返回 false
    }
}
```

比较两个字符串的内容是否相等，可以使用 String 类的 equals 方法，代码如下：

```java
public boolean equals(Person person) {
    return this.name.equals(person.getName());
}
```

4. 数据类型转换

(1)数值数据到字符串的转换

将数值数据转换为字符串，除了通过"+"运算符，还可以通过类 String 的静态方法 valueOf()，例如：

String   strValues;
strValues = String.valueOf(5.87);   // strValues 的值是 "5.87"
strValues = String.valueOf(true);   // strValues 的值是"true"
strValues = String.valueOf(18);   // strValues 的值是"18"

另外，通过基本数据类型的包装类提供的静态方法 toString()，也可以实现数值型数据到字符串的转换。每一种基本数据类型都有其包装类，如 Integer 类封装了整型数据的各种操作。在 JDK1.5 及其以上版本中，基本数据类型的封装是由 Java 虚拟机自动完成的。例如，下面的语句可以正确被编译并且运行：

int i = new Integer(4);

Integer j = i;

其中,Integer 是对 int 型数据的封装类。与此类似,Long,Float,Double,Byte 等分别是 long,float,double,byte 等基本类型的封装类。

例如,通过 toString()方法将数值数据转换为字符串的代码示例如下:

String　strValues;

strValues = Interger.toString(18);

其他基本数据类型数据到字符串的转换与此同理,分别通过相应包装类的 toString()方法。

(2)字符串到数值数据的转换

假设有一个电子计算器,需要在两个文本输入框中输入数字,并且对数字相加得到结果在另一个文本框中显示。由于在文本框中输入的数据只能以字符串的形式被识别,怎样将两个字符串转化为可以进行各种运算的基本数据类型并且计算出结果呢?

从基本数据类型转化为字符串的操作很容易实现,因此上述过程中的核心就是将字符串转化为基本数据类型。这可以使用相应包装类的 valueOf 方法实现。

在基本数据类型的封装类中,提供了与 String 类似的 valueOf 方法。可以将一个字符串作为传入参数进行数据类型转换,如:

int i = Integer.valueOf("-999");

但是,在转换过程中需要检查传入的字符串是否可以被转换为一个基本类型数据,其他字符串到基本数据类型数据的转换与此同理,分别通过相应包装类的 valueOf()方法。另外,也可以通过包装类提供的静态方法 parseX 实现字符串到基本数据类型数据的转换。例如:

int i = Integer.parseInt("10"),其中,parseX 中的 X 为 int 型。

double d = Double.parseDouble("2.3"),其中,parseX 中的 X 为 double 型。

3.3.2　类 StringTokenizer

在字符串的使用中,对满足条件的子串的截取是最常用的字符串操作之一。可以使用示例 3.30 中用到的方法对目标字符串进行裁剪,实际上,Java 提供了一个更方便的类完成字符串解析的功能,即 java.util.StringTokenizer。

StringTokenizer 类可以根据默认的或用户定义的分隔符将字符串划分成满足条件的若干子串(或称为词汇单元)。该类的默认分隔符有空格符、制表符、换行符、回车符。用户也可以自定义任意字符作为分隔符。该类的构造方法和常用方法见表 3.4。

表 3.4　StringTokenizer 类常用方法

StringTokenizer(String str)
为指定字符串构造一个 string tokenizer,使用默认分隔符
StringTokenizer(String str, String delim)
为指定字符串构造一个 string tokenizer,使用自定义分隔符
StringTokenizer(String str, String delim, Boolean returnDelims)
为指定字符串构造一个 string tokenizer,如果 returnDelims 值为 true,则分隔符本身也将作为分隔结果的一部分

续 表

int	countTokens() 计算在生成异常之前可以调用此 tokenizer 的 nextToken 方法的次数
boolean	hasMoreElements() 返回与 hasMoreTokens 方法相同的值
boolean	hasMoreTokens() 测试此 tokenizer 的字符串中是否还有更多的可用词汇单元
Object	nextElement() 除了其声明返回值是 Object 而不是 String 之外,它返回与 nextToken 方法相同的值
String	nextToken() 返回此 string tokenizer 的下一个词汇单元
String	nextToken(String delim) 返回此 string tokenizer 的字符串中的下一个词汇单元

有一产品类 Product,见示例 3.32。现要求在示例 3.33 所示的类 ProductValue 中,编写一个如下格式的静态方法:

public static Product createProduct(String str,String deli){ }

该静态方法可以将包含产品信息的字符串 str,以 deli 作为分隔符将其划分为相应的产品属性信息,并创建一个 Product 对象返回。

方法 createProduct 可以通过 StringTokenizer 类予以实现,将 Str 作为其解析的对象,deli 作为分隔符。由于 StringTokenizer 类的方法 nextToken 每次返回的一个词汇单元是字符串格式,所以,需要将解析出来的各词汇单元分别进行转型(参见 3.2.1 节数据类型转换),然后再将其作为参数构造产品对象。方法 createProduct 的实现见示例 3.34。

示例 3.32   Product.java

```java
public class Product {
    private String name;
    private int quantity;
    private double price;
    public Product(String initialName,int initialQuantity, double InitialPrice){
        name = initialName;
        quantity = initialQuantity;
        price = InitialPrice;
    }
    public String getName(){
        return name;
    }
    public int getQuantity() {
        return quantity;
    }
    public double getPrice() {
        return price;
    }
}
```

示例 3.33 ProductValue.java

```java
import java.util.*;
public class ProductValue  {

        public static Product CreateProduct(String str,String deli){
            //填写代码完成相应的功能
        }
        public static void   main(String[]   args) {
          String data = "Mini Discs 74 Minute (10-Pack)_5_9.00";
          Product product = CreateProduct(data,"_");

          System.out.println("Name: " + product.getName());
          System.out.println("Quantity: " + product.getQuantity());
          System.out.println("Price: " + product.getPrice());
          System.out.println("Total: "+ product.getQuantity() * product.getPrice());
        }
    }
}
```

示例 3.34 方法 createProduct 的实现

```java
public static Product CreateProduct(String str,String deli){
        StringTokenizer tokenizer = new StringTokenizer(str, deli);
        if (tokenizer.countTokens() == 3){

        String name = tokenizer.nextToken();
        Intquantity = Integer.parseInt(tokenizer.nextToken());
        double price = Double.parseDouble(tokenizer.nextToken());
            return new Product(name,quantity,price);
          } else {
          return null;
          }
    }
```

3.4 Java 异常处理机制

程序的错误通常包括语法错误(指程序的书写不符合语言的语法规则,这类错误可由编译程序发现)、逻辑错误(指程序设计不当造成程序没有完成预期的功能,这类错误通过测试发现)和运行异常(指由程序运行环境问题造成的程序异常终止,如打开不存在的文件进行读操作、程序执行了除以 0 的操作)。

在 Java 程序设计语言中,可恢复的 Java 运行时错误称为异常。导致程序运行异常的错误是可以预料的,但它是无法避免的。为了保证程序的健壮性(robust),必须在程序中对它们进行预见性处理。Java 为程序员提供了异常处理机制,能够把程序的正常处理逻辑和异常处理逻辑分开表示,使得程序的异常处理结构比较清晰,对于程序运行可能发生的每一个错误,都有一个相应的代码块去处理它。

Java 异常处理的基本框架由关键字 throw,try-catch 和 throws 构成。本章分别对其含义进行阐述。

3.4.1 问题的提出

对于传统 C 语言程序,通常用 if-else 语句判断程序可能发生的每个错误,进行异常处理,例如,对于下述从控制台读取并返回整数的伪代码见示例 3.35。

示例 3.35 返回整数方法的伪代码 I

```
int readInteger () {
    Read a string from the standard input //从标准输入设备读一个字符串
    Convert the string to an integer value//将读取的字符串转换为一个整型值
    Return the integer value//返回整型值
}
```

上述程序在执行过程中,从标准输入设备读一个字符串时可能发生异常,而且,将读取的字符串转换为一个整型值的过程中也可能发生异常。为了实现在相关程序段对读取的数据添加合法性判定机制,截获用户的非法输入并且给出提示信息,以使用户可以从错误中恢复,提高程序的健壮性,传统的做法见示例 3.36 中的伪代码。

示例 3.36 返回整数方法的伪代码 II

```
int readInteger () {
    while (true) {
        read a string from the standard input;//从标准输入设备读一个字符串
            if (read from the standard input fails) {//合法性检验
                handle standard input error;
            } else {
        convert the string to an integer value;//将读取的字符串转换为一个整型值
            if (the string does not contain an integer) {//合法性检验
                handle invalid number format error;
            } else {
        return the integer value;//返回整型值
            }
        }
    }
}
```

示例 3.36 所示的程序段是程序员写 C 语言程序时最为常见的异常处理模式之一。可以看到,增加了合法性检验的程序长度增加了近一倍!而且真正执行初始化操作的业务逻辑代码(示例 3.36 中黑体字标示的部分)与合法性验证代码杂乱地穿插在一起,极大地降低了程序的可读性和可维护性,也在很大程度上降低了代码的执行效率。熟练的程序员为了提高程序的可读性,通常会将与方法体业务逻辑无关的代码转移至其他的程序块中实现,这样可以在一定程度上优化代码的结构;但是实际上,这样做远远没有解决由合法性验证所带来的问题。传统的这种错误处理的方式对于大型、稳定以及可维护性的程序发展上是一个重大束缚。

针对从控制台读取并返回整数的程序,Java 处理异常的方式见示例 3.37。可以看出,Java 的异常处理机制能够把程序的正常处理逻辑(黑体字标示的部分)和异常处理逻辑(斜体字标示的部分)分开表示,使得程序的异常处理结构比较清晰,可以避免传统错误处理的缺陷。

示例 3.37　Java 异常处理机制示例

```
int readInteger () {
        while (true) {
                try {
                        read a string from the standard input;
                        convert the string to an integer value;
                        return the integer value;
                } catch (read from the standard input failed) {
                        handle standard input error;
                } catch (the string does not contain an integer) {
                        handle invalid number format error;
                }
        }
}
```

3.4.2　throw 关键字

Java 中所有的操作都是基于对象的(除了基本数据类型),异常处理也不例外,异常信息由异常对象描述。当操作在执行过程中遇到异常情况时,将异常信息封装为异常对象,然后抛出,抛出的异常对象将传递给 Java 运行时系统(JVM)。

抛出异常的方法非常简单,直接使用 throw 关键字加一个异常对象就可以实现,见示例 3.38,黑体字描述的是抛出带有描述信息(即"Number not positive")的异常类 OutOfRangeException 的对象,表示发生了负数异常。throw 关键字出现在类的操作体中,用于抛出异常。

示例 3.38　throw 关键字的运用

```
PrivatePositiveInteger(int initialVa) throws OutOfRangeException {
        if (initialVa< 0) {
                        throw new OutOfRangeException("Number not positive");
```

```
        } else {
                value = initialValue;
}
    }
}
```

抛出异常的目的是为了说明在操作的某处出现了未知的错误，需要程序员对该错误进行判断、捕获和处理。

3.4.3 try-catch 关键字

一个异常可能出现在任何操作中，并且可能由任何未知原因导致。因此，程序员在设计程序的过程中对可能发生的异常进行捕获和处理十分重要。一个健壮的程序要求用户在执行程序的过程中，遇到异常发生时可以从错误状态中恢复，Java 所提供的异常处理机制为错误情形的恢复提供了一种解决方案。

1. try-catch 语法

Java 异常处理机制的基本思想是，将业务逻辑代码与错误恢复代码通过异常捕获分隔成不同的代码块。为了达到这个目的，Java 使用 try-catch 代码块区分业务逻辑代码和异常处理代码。如果一个操作可能抛出异常，并且该操作选择处理异常，那么该操作必须包含相应的 try-catch 块。其语法见示例 3.39。

示例 3.39 try-catch 语法

```
try {
        //正常的业务逻辑代码
} catch (Type1 id1) {
        //处理 Type1 类型的的异常
} catch (Type2 id2) {
        //处理 Type2 类型的异常
}
……
```

一个 try 代码块是由关键字 try 后跟一对大括中的代码块构成，大括号中的代码块是可能抛出异常的业务逻辑代码，表示程序会尝试执行代码块的每一条语句，在执行过程中可能有某条语句会抛出异常。

try 代码块之后可以紧跟一个或多个 catch 代码块，catch 代码块用于捕获 try 代码块中可能抛出的异常。对于 catch 代码块，紧跟在 catch 关键字后的一对小括号中是定义具体被捕获的异常类型。在结束小括号之后的大括号中包含了用于从异常中恢复的代码（即处理异常的代码）。

2. 含有 try-catch 操作的执行流程

程序执行进入 try 代码块中，会对其中的语句逐条执行，如果 try 代码块中的代码在执行时没有异常发生,所有的 catch 代码块会被跳过,并继续执行最后一个 catch 代码块之后的程序代码。

如果执行 try 代码块时 JVM 抛出一个异常,try 代码块的执行在抛出异常的那行代码中止,然后 JVM 自上而下检查 catch 关键字后声明的异常类型和与抛出的异常类型匹配的 catch 子句,这分为下述两种情况:

1)如果 JVM 找到匹配的 catch 子句,程序立即进入该 catch 代码块中去执行,其他的 catch 代码块将被忽略。在多个 catch 子句匹配的情况下,仅执行第一个匹配的 catch 代码块。匹配的 catch 子句执行完毕后,将继续执行最后一个 catch 代码块之后的程序语句。

2)如果 JVM 在抛出异常的操作体内没有找到匹配的 catch 子句,那么说明该操作有可能抛出某类异常,但是未捕捉相应的异常对象。在这种情况下,操作将异常对象抛出给调用它的方法,依此类推,直到被捕捉。如果被调用的方法都没有捕捉该异常对象,异常可能一路往外传递直达 main() 而未被捕捉,则运行将终止,相应的 Java 程序也将退出,最后会在命令行窗口报告抛出的异常信息。

由于捕捉异常的顺序和不同 catch 语句的顺序有关,当捕获到一个异常时,剩下的 catch 语句就不再进行匹配,因此在安排 catch 语句的顺序时,首先应该捕获子类异常,然后再逐渐一般化,进一步捕获基类型的异常。尽量避免用"懒惰"的方法去捕获最通用的 Exception 异常类型,因为捕获的异常类型越具体,用于恢复和处理异常的代码就越具体。

示例 3.40 是一个实现从控制台读取一个整数的类,对于类内的方法 readInteger,虽然没有直接出现 throw 关键字抛出相应的异常,但是,方法调用"Integer.parseInt()"会抛出 NumberFormatException 类型的异常,方法调用"stdIn.readLine()"会抛出 IOException 类型的异常,所以,方法在执行时可能抛出上述两类异常。方法 readInteger 针对可能抛出的这两个异常选择进行处理,所以,其实现中将完成正常业务逻辑的操作放在 try 块内,并提供了相应的 catch 代码块。

示例 3.40 读取整数的方法

```
import java.io.*;
/**
 * 该类提供了从控制台读取一个整数的方法
 * @author author name
 * @version1.0.0
 */
public class IntegerReader {
    private static BufferedReader stdIn = new BufferedReader(new InputStreamReader(System.in));
    private static PrintWriter   stdErr =  new PrintWriter(System.err, true);
    private static PrintWriter   stdOut = new PrintWriter(System.out, true);
    /**
     * 测试方法 readInteger
     * @param args   not used.
     */
    public static void main (String[] args) {
        stdOut.println("The value is: " + readInteger());
    }
```

```java
/**
 * 从控制台读取一个整数
 * @return the <code>int</code> value.
 */
public static int readInteger() {
    do {
        try {
            stdErr.print("Enter an integer > ");
            stdErr.flush();
            returnInteger.parseInt(stdIn.readLine());
        } catch (NumberFormatException nfe) {
            stdErr.println("Invalid number format");
        } catch (IOException ioe) {
            ioe.printStackTrace();
            System.exit(1);
        }
        stdOut.println("running after catch");
        stdOut.println("————————————————");
    } while (true);
}
```

若执行示例 3.40 所描述的程序,输入 2,程序的运行结果见示例 3.41。示例 3.40 所描述的程序,输入 e 和 2,程序的运行结果见示例 3.42。由此可以看出含有 try-catch 操作程序的执行流程。

示例 3.41 示例 3.40 程序的执行结果 Ⅰ

```
D:\bookExample>javac IntegerReader.java
D:\bookExample>java IntegerReader
Enter an integer > 2
The value is: 2
```

示例 3.42 示例 3.40 程序的执行结果 Ⅱ

```
D:\bookExample>java IntegerReader
Enter an integer > e
Invalid number format
running after catch
————————————————
Enter an integer > 2
The value is: 2
```

3.4.4 异常类和 throws 关键字

1. 异常类

异常类的基类是 Throwable，它有两个直接子类：Exception 和 Error。Error 是在程序运行过程中发生的严重（不可修复的）错误，如动态连接失败、虚拟机错误等。它不属于 Java 程序考虑的问题范畴，更不可能被程序捕获，当一个 Error 发生时唯一能做的就是等待虚拟机崩溃。程序员可以预测并且控制的所有异常均继承至 Exception 类，所以，程序员需要关心的是异常类 Exception 的直接或间接子类。

Throwable 类的常用可执行操作见表 3.5。

表 3.5 Throwable 类的常用方法

String	getMessage()返回此 throwable 的详细消息字符串
void	printStackTrace()将此 throwable 及其追踪输出至标准错误流
String	toString()返回此 throwable 的简短描述

Exception 类直接继承至 Throwable 类，因此也可使用上述方法，通常，在捕获到异常后，会调用上述方法打印异常的相关信息。

示例 3.43 演示了上述方法的功能和使用，其运行结果见示例 3.44，方法 printStackTrace()的输出结果表示：在源程序中，第 21 行的 main()方法中的语句调用了方法 g()，第 12 行的 g()方法中的语句调用了方法 f()，第 7 行的 f()方法中的程序语句抛出了 java.lang.Exception 类型的异常，"This is my test Exception"是异常信息的描述。**示例 3.43** 异常类方法的调用

```
public class ExceptionMethods {
    public static void f() throws Exception {
        throw new Exception("This is my test Exception");
    }
    public static void g() throws Exception {
        f();
        System.out.println("the code after f() call");
    }
    public static void main(String[] arg) {
        try {
            g();
            System.out.println("the code after g() call");} catch(Exception e) {
        System.out.println("caught exception here    ");
        System.out.println("e.getMessage():  "+e.getMessage());
        System.out.println("e.toString:  "+e.toString());
        System.out.println("e.printStackTrace:   ");
        e.printStackTrace();
        }
    }
}
```

示例 3.44 示例 3.43 程序的运行结果

```
D:\bookExample>java ExceptionMethods
caught exception here
e.getMessage(): This is my test Exception
e.toString: java.lang.Exception: This is my test Exception
e.printStackTrace:
java.lang.Exception: This is my test Exception
        at ExceptionMethods.f(ExceptionMethods.java:7)
        at ExceptionMethods.g(ExceptionMethods.java:12)
        at ExceptionMethods.main(ExceptionMethods.java:21)
```

继承 Exception 的异常类分为两类：检测异常（Checked Exception）和非检测异常（Unchecked Exception）。非检测异常是指所有以 RuntimeException 为基类的异常类，如果一个异常类是 Exception 类的子类，而不是 RuntimeException 类的子类，则该异常是检测异常。

2. Throws 关键字

检测异常需要被程序员关注、捕获并且处理，Java 编译器会检查程序是否捕获或者声明抛弃检测异常；如果在一个方法体中可能抛出一个检测异常，并且在该方法体内部没有针对该异常的处理代码段（即没有 try - catch 块），则在该方法的声明部分必须通过关键字 throws 对异常进行抛出声明。例如，对于示例 3.40 稍作修改，去掉相应的 try - catch 块，形成示例 3.45。

示例 3.45 读取整数的方法

```java
import java.io.*;
/**
 *该类提供了从控制台读取一个整数的方法
 *@author author name
 *@version1.0.0
 */
public class IntegerReader {
    private static BufferedReader stdIn = new BufferedReader(new InputStreamReader(System.in));
    private static PrintWriter stdErr = new PrintWriter(System.err, true);
    private static PrintWriter stdOut = new PrintWriter(System.out, true);
    /**
     *测试方法 readInteger
     *@param args  not used.
     */
    public static void main (String[] args) {
        stdOut.println("The value is: " + readInteger());
    }
```

```
    /**
     * 从控制台读取一个整数
        * @return the <code>int</code> value.
     */
    public static int   readInteger() {
        do {
                stdErr.print("Enter an integer>  ");
                stdErr.flush();
                return Integer.parseInt(stdIn.readLine());
    } while (true);
    }
}
```

编译示例 3.45 中的程序,其结果见示例 3.46。readInteger()方法可能抛出 IOException 和 NumberFormatException 异常,由于 IOException 是检测异常,readInteger()方法需要捕获或声明抛出,编译器发现 readInteger()方法没有"这样做",所以编译时会报告语法错误。而 NumberFormatException 是非检测异常,readInteger()方法可以对其不捕获也不声明。

示例 3.46　示例 3.45 的编译结果

```
D:\bookExample>javac IntegerReader.java
IntegerReader.java:38: unreported exception java.io.IOException; must be caught or declared to be thrown
                return Integer.parseInt(stdIn.readLine());
                      ^
1 error
```

如果对示例 3.45 中的 readInteger()方法的声明进行修改,通过 throws 关键字将 IOException 异常抛出,则编译不会报错,readInteger()方法的声明格式如下:

```
public static int   readInteger() throws IOException {
//方法体
}
```

一个方法体可能会抛出多个检测异常,因此也可能需要通过 throws 关键字对多个检测异常进行抛出声明,在这种情况下,throws 关键字后多个抛出的检测异常之间用逗号隔开即可。

从现在开始,在编写类方法体时,应该注意方法体内的程序语句是否抛出异常,如果方法的业务逻辑代码可能抛出异常,则要考虑它们抛出什么类型的异常,根据用户需求,进一步考虑应该如何处理相应的异常,即应该捕获什么类型的异常,应该抛出什么类型的异常。

尽管程序员对于方法中可能发生的非检测异常(继承 RuntimeException 的异常)可以不作任何处理(捕获或通过 throws 声明抛出),但是,很多时候程序员选择对非检测异常进行处理,以增强程序员所编写代码的健壮性,例如,对于数据格式异常 NumberFormatException,程序员经常会选择捕获该类异常以提示用户输入有效数据。一般情况下,非检测异常所代表的是编程上的错误,即在应用程序变成产品以前的构建时期应该防止的设计缺陷,可能是程序员无法捕捉的错误(例如函数收到客户端传来的一个空引用(null reference)),或者是作为程序员应该在自己的程序代码中检查的错误(例如数组越界异常:ArrayIndexOutOfBoundException)。

将某些异常归类为非检测异常,非常有助于程序员侦错。例如空指针引用异常 NullPointerException,表示程序员没有对变量初始化就对变量进行使用。

3.4.5 自定义异常

除了 Java 类库中提供的异常类型外,用户为了精确地描述发生的异常信息,也可以自己定义异常类型。用户自定义的异常类型可以继承 Exception,表示定义的异常类型为检测异常,也可以继承 RuntimeException,表示定义的异常类型为非检测异常。

示例 3.47 类 Employee 记录了公司员工的姓名、年龄两个基本属性。为了能够通过邮寄或者银行转账的方式给员工发放薪水,该类中还保存了员工的邮政地址和银行账号,同时,还提供一个薪水开始计算的日期,以为公司计算该员工的薪水提供方便。因此,该类具有 name、age、startTime、mailAddress、bankAccount 五个属性,其中 age 为整型,startTime 是一个专门用于记录日期类 Date 的实例,其余属性的类型均为字符串。通过类的构造函数传入字符串对该类的属性进行初始化。在此约定传入字符串满足如下格式:

姓名_年龄_年-月-日_邮政地址_银行账号

按照五个属性出现的次序传入 5 个词汇单元,分别对应该类的 5 个属性;词汇单元之间使用下画线连接;与 age 对应的字符串是一个合法的整数;与 startTime 对应的字符串中有 3 个合法整数,分别对应年、月、日,中间用连字符连接;所有的字符单元内不能出现下画线。合法的数据如:

David_25_2007-7-21_NewYork;Ware Street No.18_BI243306092

示例 3.47 自定义异常类应用案例 Employee.java

```
import java.util.*;
import java.io.*;
/**
* 建模雇员信息的类
* @author lyj
* @version 2.0
*/
publicclass Employee{

    private String name;
    privateintage;
    private Date startTime;
    private String mailAddress;
    private String bankAccount;

    privatestatic PrintWriter stdOut = new PrintWriter(System.out, true);

    privatestatic BufferedReader stdIn = new BufferedReader(new InputStreamReader(System.in));

    public Employee(String initData) throws IllegalArgumentException,
```

```java
            LackOfStringUnionException,NumberFormatException {

    // 以下画线为分隔符分隔传入的字符串
    StringTokenizer st = new StringTokenizer(initData,"_");
    String validator;

    // 首先,判断可用的字符单元数。
    if (st.countTokens() != 5) {
        // 手工抛出检测异常。
        thrownew LackOfStringUnionException();
    }
    for (int i = 0; st.hasMoreElements(); ++i) {
        //对每个属性分别赋值。
        switch (i) {
        case 0:
            name = st.nextToken();
            break;
        case 1:
            age = Integer.valueOf(st.nextToken());
            break;
            // java.sql.Date 类允许将格式为 yyyy-mm-dd 的字符串直接转
            //化为 java.util.Date 对象。
        case 2:
            startTime = java.sql.Date.valueOf(st.nextToken());
            break;
        case 3:
            mailAddress = st.nextToken();
            break;
        case 4:
            bankAccount = st.nextToken();
            break;
        default:
            break;
        }
    }
}

public String toString() {
    // 读取每个属性的内容并按照一定格式输出。
    return (name + "/" + age + "/" + startTime + mailAddress + "/" + bankAccount);
}
```

```java
    publicstaticvoid main(String[] args) throws IOException {

        // main()方法实际上实现了将数据读入,并且将所有的下画线替换为"/"。
        Employee employee = null;

        while (employee == null) {
            try {
                stdOut.println("请输入雇员的基本信息,正确的数据格式为:姓名_年龄_年一月一日_邮政地址_银行账号");
                // 构造方法中声明了三种可能的异常。
                employee = new Employee(stdIn.readLine());
                // 如果构造成功,则执行输出操作。
                System.out.println(employee);
                // 输出结果为:David/25/2007-07-21NewYork;Ware Street
                // No.18/BI243306092
            } catch (LackOfStringUnionException losue) {
                System.out.print("参数个数太少,");
                System.out.println("正确数据格式为:String_int_int-int-int_String_String,请重新输入。");
            } catch (NumberFormatException nfe) {
                nfe.printStackTrace();
                System.out.println("给定年龄不是有效的,请检查输入。");
            } catch (IllegalArgumentException iae) {
                iae.printStackTrace();
                System.out.println("给定日期不是标准日期格式(yyyy-mm-dd),请检查输入。");
            }
        }
    }
}
```

如果用户输入的字符串按下画线分隔后的单词个数少于或大于5个,则抛出自定义检测异常LackOfStringUnionException,该异常的定义见示例3.48。

示例3.48 自定义异常类

```java
publicclass LackOfStringUnionException extends Exception {
    public LackOfStringUnionException() {
        super();
    }
    public LackOfStringUnionException(String message) {
        super(message);
    }
}
```

对于 java.lang.Integer 的 valueOf( )方法抛出的非检测异常 NumberFormatException 和 java.sql.Date 的 valueOf( )方法抛出的非检测异常 IllegalArgumentException，选择在 main( )方法中进行捕获，以让用户知道自己的输入错误导致程序功能不能完成，希望其继续输入有效数据使，程序不至于中止运行。而相应属性初始化的构造函数 Employee( )则选择将异常 LackOfStringUnionException 抛出，以提示调用该方法的用户，并将处理该异常的权利交给用户。另外，从控制台读取雇员信息可能会抛出 IOException，main( )方法也选择将其抛出。

编译并执行示例 3.47 中的程序，如果从控制台给定的输入字符串为"David_Jones_2007－7－21_NewYork:Ware Street No.18_BI243306092"，很明显，第一个下画线之后的"Jones"不是一个合法的整数。在控制台将得到示例 3.49 所示的输出结果。

示例 3.49 示例 3.47 的运行结果

```
请输入雇员的基本信息，正确的数据格式为:姓名_年龄_年－月－日_邮政地址_银行账号
David_Jones_2007－7－21_NewYork:Ware Street No.18_BI243306092
java.lang.NumberFormatException: For input string: "Jones"
at java.lang.NumberFormatException.forInputString(NumberFormatException.java:48)
    at java.lang.Integer.parseInt(Integer.java:447)
    at java.lang.Integer.valueOf(Integer.java:553)
    at Employee.<init>(Employee.java:41)
    at Employee.main(Employee.java:75)
给定年龄不是有效的，请检查输入。
请输入雇员的基本信息，正确的数据格式为:姓名_年龄_年－月－日_邮政地址_银行账号
```

示例 3.49 所示的控制台上信息是一个异常的主体，其中包括异常类型、异常描述以及异常产生位置。这些信息被称为异常的 stackTrace，通常被作为检查程序逻辑错误和漏洞的最有效资料。

3.5 Javadoc 编写规范

为了实现程序代码的可读性、已研发软件的可重复使用和可维护性，文档是一个完整的程序或者软件必不可缺少的一部分。程序员提供自己所编写代码的说明文档，以使别的程序员不用去研究源代码和实现，就可以使用这些代码。程序员编写 Java 程序时常用 JDK 的 API，就是根据 JDK 所提供类库的说明文档进行使用的。

在有良好文档的支撑下，软件的维护工作将会被极大地简化。一个软件交付使用时，开发团队就从软件的开发阶段进入维护阶段。软件维护需要极大的工作量，如果没有合格的文档说明，维护人员必须深入所有源代码去发现和修改问题，这将使维护工作付出很大代价。

因此通常情况下，一个程序员在编写代码的同时也要编写自身代码的说明文档。然而在说明文档的编写上，文档本身的维护也是一个很复杂的问题，它要求：

1)同一个工作团队中的所有说明文档应当具有统一的书写规范；

2)文档必须与源代码保持同步;
3)说明文档本身应当具备良好的可读性。

一个 C 语言程序员在编写代码时需要编写大量注释和关于代码的说明文档,并且不停地做源代码与文档之间的同步工作。因此 Java 程序设计要求程序员只需要在源代码中按照规范编写具备一定格式(即满足 Javadoc 注释编写规范)的注释,Javadoc 会自动解析 Java 源文件中的声明和文档注释,并产生 HTML 网页,描述公有类、保护类、内部类、接口、构造函数、方法和域。

3.5.1 Javadoc 编写规范

Javadoc 命令是通过解析源文件中的注释生成说明文档的,这就要求程序员在编写注释的时候遵循 Javadoc 规范,这样才能确保注释被正确解析。

可以被 Javadoc 命令解析的注释具有以下格式:
1)单行程序注释格式:
/* * body text */
2)多行程序注释格式:
/* *
　　* body text
　　* body text
*/

Javadoc 将会解析符合规范的注释中的 body text,以获取源文件注释信息。在 body text 描述的注释体中,以"@"符号开始的注释语句将被视为 Javadoc 标签,各种形式的 Javadoc 标签不仅可以注释源代码,更重要的是作为 Javadoc 命令解析源文件的依据(例如 Javadoc 命令中的"-version"选项需要源文件中的"@version"标签)。如果一行注释中不包含任何标签,则会被作为普通文本输出,文本中允许使用 HTML 标签控制输出内容。

3.5.2 Javadoc 标签编写规范

Javadoc 规定,可被解析的标签必须按照以下格式书写:
/* *
* @标签名 [标签参数] [注释体]
*/
1)标签名:标签的名字,描述了注释体中的内容,指定了 Javadoc 命令解析此条注释的方式;
2)标签参数:可选内容,为标签提供额外信息;
3)注释体:可选内容,注释的主体部分或对标签的说明。

虽然所有标签均具有相同格式,但是不同的标签有不同的作用范围。通常在源文件中存在两个标签作用范围:①作用于类,②作用于方法和属性。作用于类的标签通常用于声明版本、作者、日期等信息,需要写在一个类的开头;作用于方法的标签则用于描述某个方法的详细信息,如参数、返回值等,如图 3.6 所示。

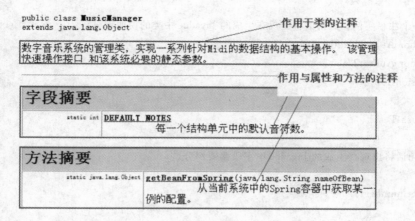

图 3.6　标签和注释的作用域

这里对 Java 程序注释常用标签进行阐释。

1)@author:作用于类,声明作者信息。不需要标签参数,注释体中除了标注作者姓名之外,还允许添加作者邮箱等其他适合加入的信息。允许一个类中存在多个"author"标签,列出所有作者,见 2)中的举例。虽然没有强制要求,但是通常,该标签是必须的。

2)@version:作用于类,描述该源文件的版本,用于版本控制。在严格的软件开发流程中版本控制非常重要,对源代码的任何一次修改都要更新其版本号。该标签的使用举例如下:

import java.util.Vector;
/ *
* 这是一个注释实例。这句话将出现在生成的 Javadoc 中类的说明部分。
* @author Author1 author1@ ssd3.com
* @author Author2
* @version 1.0.13
* /
public class Test{
……
}

3)@param:作用于构造函数和方法,用于描述方法的传入参数。标签参数必须与该标签所描述的方法中的参数名完全一致,注释体对传入参数的作用进行说明(不需要说明传入参数的类型以及其他信息)。注释体允许延续多行,当遇到注释结束符或其他时才结束。通常情况下,每一个参数都应该有一个说明。

4)@return:作用于方法,描述方法的返回值信息。不需要标签参数,注释体对方法的返回值进行说明(不需要说明返回值的类型以及其他信息),注释体可以延续数行。

5)@exception(或@throws):作用于构造函数和方法,描述方法可能抛出的异常。标签参数为完整的异常类名称,注释体用于详细说明在何种情况下通过何种方式调用该方法会抛出标签参数中给定的异常,可以延续数行。

3),4),5)讲述的标签应用举例如下:

```java
import java.io.IOException;
/**
 * 这是一个注释实例。这句话将出现在生成的Javadoc中类的说明部分。
 * @author Author1 author1@ssd3.com
 * @author Author2
 * @version 1.0.13
 */
public class Test {
    /**
     * 这句话将出现在生成的Javadoc中字段摘要部分。
     */
    private int number;
    /**
     * 这句话将出现在生成的Javadoc中方法摘要部分。
     * 该方法为number设置一个新的值。
     * @param newNumber 新的数值。
     * @return 原来的数值。
     * @throws IOException 如果传入的新的数值为负数,
     * 则抛出IOException。
     */
    public int setNumber(int newNumber) throws IOException {
        if (newNumber < 0) {
            throw new IOException();
        } else {
            int result = number;
            number = initNumber;
            return result;;
        }
    }
}
```

6) @see:作用于类、属性或方法。标签参数为一个特定的字符串,没有注释体。该标签用于标注一个参考对象,该对象可能是另一个类、属性、方法,在生成的Javadoc中,标签参数将产生一个HTML超链接,指向其他文档或者当前文档中的其他位置。该标签的使用举例如下:

```
/**
 * 创建一个到给定类的链接
 * @see org.ssd3.Test
 * 创建到当前类给定域的链接
 * @see number
 * 创建到给定类的给定方法的链接
 * @see org.ssd3.Test#test
 */
```

3.6　UML 设计类图的部分实现

对于雇员管理系统设计类图的实现，到目前为止，根据所学的 Java 语言编程知识，可以实现图 2.17 所示类图中的类 Employee，类 SaleItem 和类 DayRecord，其源码分别见示例 3.50～示例 3.52。各类除了类图中显示的方法外，示例分别为它们添加了常用的方法 toString，返回代表对象属性值信息的字符串。另外，为了使编写的代码可以跨平台，这里换行符没有使用"\n"或"\r\n"，而是通过"System.getProperty("line.separator")"获取本地操作系统支持的换行符。

对于公共交通信息查询系统部分类的实现（包括图 2.19 中类 BusLine，Station 和 StationPostion）和接口自动机系统部分类的实现（包括图 2.20 中类 State，StepAction 和 Ap），读者可以模仿雇员信息管理系统的实现，如果掌握本章所讲内容，类似的编程实现很容易。

示例 3.50　Employee.java

```java
import java.sql.Date;
/*
 * 雇员类，所有雇员的基类
 * @author author
 */
public class Employee {

    private String id;        //雇员的唯一身份标识
    private String name;      //雇员的名字
    private Date birthday;    //雇员的出生日期
    private String mobileTel; //雇员的联系方式
    private static final String NEW_LINE = System.getProperty("line.separator");    //系统的换行符
    /**
     * 初始化雇员基本信息的构造函数
     * @param initId 雇员的唯一身份标识
     * @param initName 雇员的名字
     * @param initBirthday 雇员的出生日期
     * @param initMobileTel 雇员的联系方式
     */
    public Employee(String initId, String initName, Date initBirthday, String initMobileTel ) {

        id = initId;
        name = initName;
        birthday = initBirthday;
        mobileTel = initMobileTel ;
    }
```

```java
/**
 * 获得雇员的唯一身份标识
 */
public String getId() {

    return id;
}

/**
 * 获得雇员的姓名
 */
public String getName() {

    return name;
}

/**
 * 获得雇员的出生日期
 */
public Date getBirthday() {

    return birthday;
}

/**
 * 获得雇员的联系方式
 */
public String getMobileTel() {

    return mobileTel;
}

/**
 * 返回雇员的字符串表示形式
 */
public String toString() {
    return "id : " + id + NEW_LINE +
        "name : " + name + NEW_LINE +
        "birthday : " + birthday + NEW_LINE +
        "mobile telephone : " + mobileTel + NEW_LINE;
    }
}
```

示例 3.51 SaleItem.java

```java
import java.sql.Date;
/*
 * 佣金雇员的销售记录项,用于记录某一次销售情况。
 * @author machunyan
 */
public class SaleItem {

    private String productName;    //所销售的产品名称
    private double price;          //产品价格
    private int quantity;          //销售数量
    private Date saleDay;          //销售日期

    /**
     * 初始化雇员基本信息的构造函数
     * @param initProductName 所销售的产品名称
     * @param initPrice 产品价格
     * @param initQuantity 销售数量
     * @param initSaleDay 销售日期
     */
    public SaleItem(
            String initProductName,
            double initPrice,
            int initQuantity,
            Date initSaleDay) {

        productName = initProductName;
        price = initPrice;
        quantity = initQuantity;
        saleDay = initSaleDay;
    }

    /**
     * 获得所销售的产品名称
     */
    public String getProductName() {

        return productName;
    }
```

```java
/**
 *返回所销售的产品的单价
 */
public double getPrice() {

    return price;
}


/**
 *返回该次出售的产品数量
 */
public int getQuantity() {

    return quantity;
}


/**
 *返回此次销售发生的日期
 */
public Date getSaleDay() {

    return saleDay;
}


/**
 *返回此销售项的字符串表示形式
 */
public String toString() {

    return quantity + " " +
        productName + " sold in " +
        saleDay + "at the price of $ " +
        price + " each.";
}
}
```

示例 3.52   DayRecord.java

```java
import java.sql.Date;
/*
 * 每日的工作记录,保存工作日期、工作时间等基本工作信息
 * @author author
 */
public class DayRecord {

    private Date workDay;         //工作日期
    private in thourCount;        //工作时间
    private static final String NEW_LINE = System.getProperty("line.separator");//系统的换行符

    /**
     * 初始化基本属性的构造函数
     * @paramworkDay 特定的工作日期
     * @paramhourCount 在特定日期中雇员工作的时间
     */

    public DayRecord(Date workDay, int hourCount) {

        super();
        this.workDay = workDay;
        this.hourCount = hourCount;
    }


    /**
     * 查看当前工作记录所在的日期
     */
    public Date getWorkDay() {

        return workDay;
    }


    /**
     * 查看当日的工作时间
     */
    public int getHourCount() {

        return hourCount;
    }


    /**
```

```
 * 返回此工作记录的字符串表示形式
 */
public String toString() {
    return "worked " + hourCount + "hours in " + workDay + NEW_LINE;
}
```

3.7 Java 开发工具包(JDK)

JDK 是 Java 开发工具包(Java Development Kit)的简称,是整个 Java 的核心,由 Java 运行环境(Java Runtime Environment,JRE)、一系列 Java 开发工具和 Java 基础类库(rt.jar)组成。JDK 自发布起便被 Sun 公司不断升级,目前最高版本是 JDK8.0.400。

在开始编写 Java 程序之前需要安装 JDK。JDK 的最新版本可以从 Sun 公司主页(http://www.sun.com)下载,Sun 公司提供了适用于不同操作系统的 JDK 版本。选择适用于当前操作系统的版本下载。下载完后双击可执行文件进行安装。

开始安装时选择安装路径和安装组件(一般使用默认安装,如果使用 JDK1.6.13 版本,则默认路径为 C:\Program Files\Java\jdk1.6.0_13)。点击下一步,等待安装过程结束即可。

3.7.1 环境变量

使用命令行窗口执行命令时,会首先在当前工作路径(指当前用户操作所在的文件夹路径)中搜索目标文件。但是,很多情况下并不需要输入可执行程序的绝对路径也可以直接执行,例如当在命令行输入"explorer"时会打开资源管理器。这是因为,如果系统没有在当前路径下搜索到目标文件,则会参照系统环境变量搜索相关路径。例如,当在系统环境变量"PATH"中添加 test.bat 的绝对路径时,在任意目录下均可对位于 E:\workplace\test.bat 进行访问,如图 3.7 所示。

图 3.7 设置环境变量之后直接访问目标文件

在使用 JDK 之前,首先要设置环境变量。因为当编译、执行程序文件时,系统必须能够找到目标文件所在的位置。例如,当在一个类中作如下声明时:
```
import java.util.Vector;
public class Test{
……
}
```
希望编译器可以载入 java.util.Vector 类。但是实际上,该类是一个已经编译好的".class"文件,编译器在编译过程中会设法找到该文件并供程序使用。与命令行操作一样,编译器会首先在当前目录搜索目标文件,如果当前工作路径中不存在目标文件,则编译器会根据环境变量中相关设置进行搜索。

1. PATH 变量

PATH 变量是 Windows 操作系统搜索非系统文件时使用的路径。当从命令行输入"java""javac"等命令时,操作系统会首先在当前工作路径中搜索名为"java""javac"的文件。如果搜索失败,则会转而搜索 PATH 环境变量中指定的路径。因此,为了能够使用 Java 工具包,首要步骤是设置 PATH 环境变量,使其指向 Java 工具所在的路径。通常,PATH 变量会有多个值,每个值之间用";"分隔。在目标文件搜索过程中,变量的每个值会按照出现次序被逐一访问。例如,当 PATH 的 value 为"C:\Program Files\;D:\Program Files"时,C 盘下的 Program Files 将会先于 D 盘被访问。

在正常情况下,"java""javac"等可执行文件位于 JDK 安装目录的 bin 文件夹下。例如,JDK 的安装路径为 C:\Program Files\java\JDK 时,PATH 路径中应当添加路径 C:\Program Files\java\JDK\bin。

2. CLASSPATH 变量

PATH 变量被操作系统用于搜索可执行文件,然而被 javac 编译的".class"文件通常被打包至".jar"文件中。Java 编译器可以通过 CLASSPATH 变量中指定的".jar"包搜索".class"文件,因此为了正常使用 JDK 提供的类库和其他工具包,需要进一步设置 CLASSPATH 变量,以便编译器能搜索到 java 程序中出现的相关类。下面举例说明 CLASSPATH 的作用。
```
import java.util.Vector;
public class Test{
Test2 t2;
}
```
在以上代码中类 Test 用到了 Vector 和 Test2 两个类。Java 编译器在编译 Test.java 源程序时,会从 CLASSPATH 中指定的路径搜索这两个类,如果没找到目标类文件,则提示编译错误。CLASSPATH 变量的搜索顺序与 PATH 相同。

通常,在 Java 开发中使用最多的是一个"tools.jar"包,该包就是 Java 类库,其中包含了 Java 的大部分实用类。tools.jar 包位于安装文件夹的 lib 文件夹下。除了 tools.jar 之外,还需要将当前工作路径设置进 CLASSPATH 中,以使编译器可以直接搜索到当前工作路径中的类文件。当前工作路径使用"."表示。例如,JDK 的安装路径为 C:\Program Files\java\JDK 时,CLASSPATH 变量的值应为".;C:\Program Files\java\JDK\lib\tools.jar;"。

3.7.2 环境变量的设置

环境变量有命令行方式和直接设置两种设置方法。

1. 命令行设置

命令行设置格式为：

set varName=value

例如，当需要设置当前命令行的 PATH 变量时，就可以输入以下命令：

set PATH=C:\Program Files\java\JDK\bin;%PATH%

上述命令表示在当前 PATH 变量的开头添加一个新的值，同样的方法可以设置 CLASSPATH 变量。设置结果如图 3.8 所示。

图 3.8　命令行方式设置环境变量

命令行方式设置的环境变量只对当前命令行窗口有效，当命令行窗口退出时设置即失效。直接设置时，如果有命令行窗口在运行，则新的环境变量对其不起作用。重启命令行窗口就使用新的环境变量了。

2. 直接设置

打开"我的电脑"的"属性"，选择"高级"菜单，点击"环境变量"按钮，然后进入如图 3.9 所示的界面。

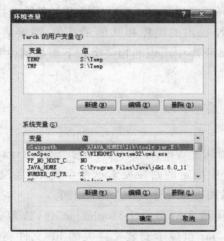

图 3.9　环境变量的设置

在图 3.19 所示的界面中，"系统变量"必须具有管理员权限才能进行操作。普通权限直接在用户变量中执行添加、修改和删除。用户变量被访问的优先权高于系统变量,且不会发生冲突,即当用户变量和系统变量中均存在一个 PATH 变量时,用户变量中的 PATH 会被优先使用。

在用户变量中新建"PATH"和"CLASSPATH"两个变量,点击"确定"结束设置。

3.7.3 JDK 相关命令

在 Java 开发中,java,javac,jar,javadoc 等几个命令是最常用的,这些命令都是存在于 bin 文件夹下的可执行文件,设置 PATH 变量之后可以直接在命令行中的任意工作路径下直接使用,直接输入命令不加任何参数可以查看命令的使用说明。

1. java 命令

java 命令用于执行 class 文件中的 main()方法,使用格式为:
```
Usage: java [-options] class [args...]
           (to execute a class)
   or  java [-options] -jar jarfile [args...]
           (to execute a jar file)
```

1) -option:可选参数,java 命令的附加属性,可以用于定义 java 命令的执行方式。常用的参数有:

- -?,查看帮助信息,也可以直接输入 java 不带任何参数进行查看;
- -version,查看 JDK 版本信息;
- -cp,类路径搜索(如果需要执行的目标类文件不在当前工作路径,则需要指定类所在的位置)。

2) class:当前工作路径(或者由-cp 指定的路径)下的需要被执行的".class"文件。其中,该参数必须为具有 main()方法的类的类名,其后不需要加任何后缀名。如果目标类中不存在 main() 方法,则会抛出执行异常:Exception in thread "main" java.lang.NoSuchMethodError: main。

3) args:可选参数,表示 main()方法的传入参数,可以是任意字符串。多个参数值之间用空格分隔。例如,当 main()方法被声明如下时:
```
public static void main(String args[])
```
参数值被传递进 main()方法中的 args 中。

java 命令也可以用于执行.jar 文件。前提是,该.jar 文件中指定了 main()方法所在的类,参数的含义与执行".class"文件相同。需要注意的是,jarfile 参数中需包含".jar"文件的后缀名。

示例 3.53 java 命令的使用举例

```
执行当前工作路径下的 Test.class:
    java Test
执行 C:\src 下的 Test.class:
    java -cp Test
传入参数:
    java Test value1 value2
执行 Test.jar:
    java -jar Test.jar
```

2. javac 命令

javac 命令用于编译". java"文件,根据"CLASSPATH"变量指定的值搜索目标文件中引用的其他". class"文件。直接在命令行输入"javac"可以查看该命令的使用说明。用法如下:

javac [-option] source

1)-option:可选参数,指定命令的执行方式。如果不选,则按照默认方式编译当前工作路径下的目标文件。常用的参数有:

- -help:查看帮助信息,与直接输入"javac"命令效果相同。
- -classpath:如果目标文件中引用的某些类不在 CLASSPATH 变量的值所指定的路径中,则需要通过此参数指定其所在的路径;表示使用指定的 CLASSPATH 路径编译当前工作路径中的目标文件。
- -version:查看版本信息。
- -d:指定被编译的文件存放的位置。该参数在编译使用"package"打包的". java"文件时使用。
- -g:生成调试信息。

2)source:目标文件的完整文件名,需要大小写匹配并且加上后缀名。如果目标文件不在当前工作路径下,则需要对文件路径进行指定。

示例 3.54 javac 命令的使用举例

```
编译当前路径下的 Test.java:
    javac Test.java
编译 C:\src 下的 Test.java:
    javac C:\Test.java
使用 C:\src 作为 CLASSPATH 编译 C:\下的 Test.java:
    javac -cp C:\src C:\Test.java
将所有编译的文件放入 C:\src 文件夹下:
    javac -d C:\src *.java
```

3. javadoc 命令

javadoc 命令将". java"文件中的注释信息编译成标准的帮助文档。该命令有许多允许的参数,在此不做详述,举例说明使用方法:

将当前路径下的所有". java"文件,一起生成帮助文档存入 C:\doc 目录下的命令格式如下:

javadoc -d C:\doc *.java

使用这种方法,参与编译的所有类均会出现在一个索引目录中。

3.7.4 Eclipse 集成开发环境

Eclipse 是一个开源的、基于 Java 的可扩展开发平台,通过插件构建开发环境,最初由 IBM 公司开发并于 2001 年贡献给开源社区。Eclipse 自身附带了一个标准的插件集,包括

Java 开发工具(Java Development Tools,JDT)。Eclipse 最新版本可以到 http://www.eclipse.org/下载,无须安装,点击可执行文件直接开始运行,但需要安装 Java 运行时环境 JRE (专为只需要运行 Java 程序而不进行 Java 开发的用户准备的)或 JDK。

1. 工程创建

运行 Eclipse,选择工作区(Workbench)之后,进入工作区开始使用该开发环境开发 Java 程序。Eclipse 中的程序开发以工程为单位,所有类均在某一特定工程(对应一个文件目录)中,因此首先应当创建一个工程。创建工程有以下 3 个步骤。

1)第一步,新建工程。

方法一(见图 3.10):文件(file)→新建(new)→工程(project);

方法二:直接点击文件菜单下的 new 按钮进行创建;

方法三:在"Project Explorer"视窗中点击右键,选择新建(new)→工程(project)开始创建。

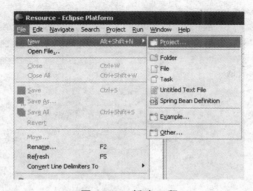

图 3.10 新建工程

2)第二步,选择工程类型。由于只编写普通的 Java 程序,因此在弹出图 3.11 所示的对话框中选择 javaProject。

图 3.11 选择 Java Project 进行新建

3)第三步,创建完成。输入工程名,直接点击界面最下方的Finish按钮,一个空工程创建完成。

2. 类创建

工程创建完成后,就可以开始创建类了,创建类与创建工程类似,有以下两个步骤。

1)步骤一:新建类。

方法一:文件(file)→新建(new)→类(class);

方法二:直接点击"文件"菜单下的新建(new)按钮;

方法三:在"Project Explorer"视窗中点击右键,选择新建(new)→类(class)开始创建。

2)步骤二(见图3.12):在弹出的界面中直接输入类名,点击Finish按钮创建默认格式的新类。

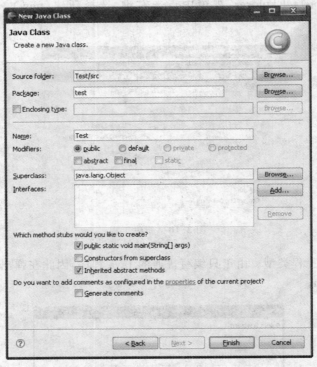

图 3.12 创建类的弹出窗口

从图3.12可以看出,Eclipse为类的创建提供了许多选项。其中包括:

1)Source folder:源程序所在的位置;

2)Package:类所属的包,如果不填则该类存在于默认包中;

3)Superclass:该类的直接基类;

4)Interfaces:该类实现的接口;

5)是否提供main()方法等,几乎封装了大部分类的新建操作。

类创建成功之后,在"Project Explorer"视窗中的显示如图3.13所示。

第3章 封 装 性

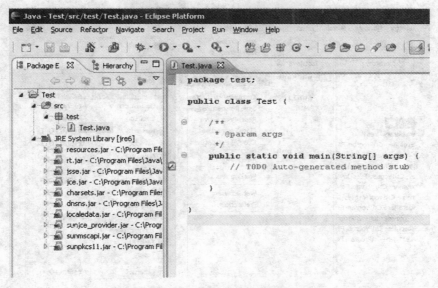

图 3.13 类创建成功的视图

类创建成功后,可以直接在显示类的视窗中编写类代码。Eclipse 不像命令行操作有专门的编译程序,保存源文件时,就会及时对其进行编译,所以,程序中的编译错误会即时在视图中突出显示。

3. 基本视图

对于同一个工程,Eclipse 允许用户从不同的角度查看工程信息。Eclipse 提供了许多可选视图,如图 3.14 所示,用户可以在开发过程中随时打开不同视图快速完成操作。常用视图有 Console,Problems,Outline,jevadoc 等。

1)Console:控制台视图,类似于命令行,可执行输入输出操作;

2)Problems:显示程序中出现的错误或警告信息;

3)Outline:显示当前文件的结构,如属性、方法列表;

4)javadoc:显示根据当前文件生成的文档。

新的视图选择后,会在当前窗口中特定位置显示。Eclipse 中的视图是完全模块化的,视图可被拖拽、合并、放大缩小,方便用户定制适合自己的开发环境。在视图选择菜单中,点击最下端的 Other 可以添加新的视图。

透视图是不同于视图的另一种表现机制,不同的透视图以不同的布局方式显示整个工程,并且可以提供专注于不同领域的工具集合以方便用户操作,实现某一特定功能。透视图在执行某些操作(例如 debug)时会自动切换,用户也可以手工切换当前透视图。常用的透视图有 Java,debug,java Browsing 等。

1)Java:最基本的透视图,也是最常用的透视图;

2)debug:调试界面,调试窗口提供各种调试工具和源程序代码;

3)java Browsing:以 Java 代码为中心的另一种编辑方式,可以方便地查看类、包之间的结构和关系。

透视图可使用界面右上角部分的按钮进行切换,如图 3.15 所示。

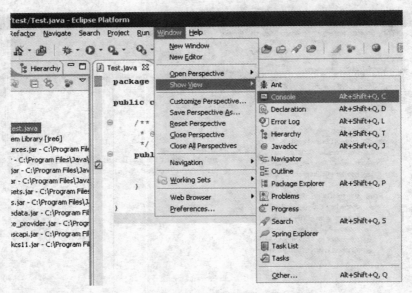

图 3.14 视图选择界面

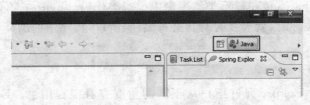

图 3.15 透视图切换按钮

4. Java 应用程序的执行

Eclipse 中没有针对 Java 程序的专门编译过程,在编辑过程中即时编译。编译通过的源文件如果包含 main()方法,就可以直接运行。执行 Java 应用程序有以下方法:

方法一:点击菜单栏上的运行(Run)→运行方式(Run As)→Java 应用程序(Java Application);

方法二:Ctrl + F11(Run→Run),选择执行方式为 Java 应用程序(Java Application);

方法三:在源程序视图中点击右键,选择运行方式(Run As)为 Java 应用程序(Java Application)。

用户可以通过上述 3 种方式直接运行程序,对运行不进行配置,所需的一些配置信息采用 Eclipse 默认的。

用户也可以打开 Run Dialog,在弹出的对话框(见图 3.16)中选择运行配置,步骤如下:

步骤一:点击菜单栏上的运行(Run,或者直接在源程序视图中点击右键,选择 Run As)→Open Run Dialog;

步骤二:选择要配置的运行方式,由于运行的是 Java Application,因此在左面的 Java Application 列表中选择当前需要运行的程序;

步骤三:配置信息,如输入 main()方法参数等,点击 Run 完成并开始运行。

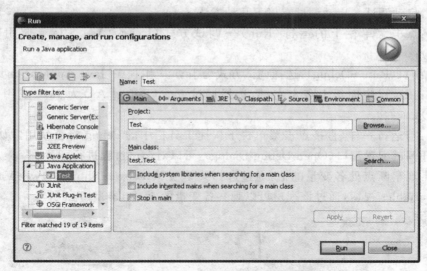

图 3.16 运行配置图

5. Java 应用程序的调试

如果不使用集成开发环境编写 Java 代码,通常需要在多处使用 System.out.println 语句打印一些中间结果,以对程序进行调试,检查各种逻辑错误。对此,Eclipse 专门提供了调试机制,使程序员可以对 Java 程序进行单步调试、设置断点、查看变量值等操作。

程序调试一般遵循以下步骤:

步骤一:打开调试透视窗。

步骤二:设置断点。双击需要设置断点的行的前段,或者在需要设置断点的行点击右键选择 Toggle BreakPoint 添加(见图 3.17)。

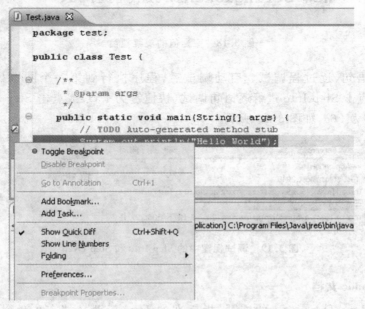

图 3.17 添加断点图示

步骤三：启动调试。启动调试有以下几种方法：

方法一：点击菜单栏上的运行（Run）→调试方式（Debug As）→Java 应用程序（Java Application）；

方法二：F11(Run→Debug)，选择调试方式为 Java 应用程序（Java Application）；

方法三：在源程序面板上点击右键，选择调试方式（Debug As）为 Java 应用程序（Java Application）；

方法四：与运行一样，直接点击菜单栏下快捷工具栏中的 debug 将会使用默认的调试方式，选择打开调试配置窗口（Open Debug Dialog），可以对调试过程进行配置。

步骤四：观察断点处各变量的值，通过选择菜单项 Window→Show View→Variables，就可以弹出 Variables 视窗，通过该视窗可以观察各变量的值，如图 3.18 所示。

图 3.18 变量值的观察视窗

步骤五：逐语句、逐过程调试。启动调试后，程序执行到第一个断点处，然后，可以在 Debug 视窗中，点击 Step Into 进行逐语句调试（快捷键为 F5），或点击 Step Over 逐函数（过程）调试（快捷键为 F6），如图 3.19 所示。

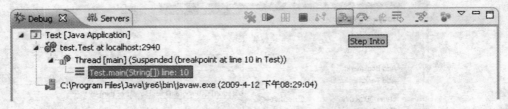

图 3.19 调试视窗中的 Step Into 和 Step Over

6. 生成 Javadoc 文档

Javadoc 是 Java Document 的缩写，指标准的 Java 帮助文档。在命令行模式下，使用

Javadoc 命令可以为当前文件创建帮助文档。帮助文档是由 Java 程序中具有一定格式的注释生成的。

Eclipse 也封装了 Javadoc 的生成过程，生成帮助文档的步骤为：

第一步，选择导出。在工程上点击右键，从弹出菜单中选择导出（Export）。

第二步，选择导出数据类型。在对话框中选择 Java→Javadoc，为当前工程导出帮助文档，点击 Next 进行导出配置，配置窗口如图 3.20 所示。

第三步，配置，完成导出。如果是第一次执行 javadoc 导出操作，则需要对 javadoc 程序进行配置，即指定 javadoc 程序的路径。该程序位于 JDK 安装路径中的 bin 文件夹下。配置完成后点击 Finish 按钮，开始导出。

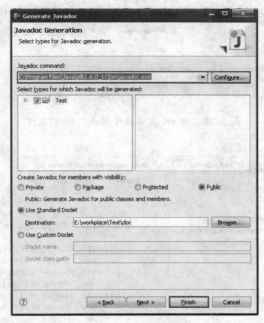

图 3.20　导出选项图

7. 导入".java"文件

有时需要将编写完整或没有编写完毕的".java"文件导入当前工程，.java 文件的导入很易实现，仅需将要导入的所有".java"文件复制进剪贴板。在工程结构中某一特定的文件夹上点击鼠标右键，选择粘贴（Paste）即可，如图 3.21 所示。

8. 导入压缩文件

在编辑工程源文件的过程，可能需要导入需要的类文件（非 JDK 提供的 Java API 中的类），如图 3.22 所示，在编辑源文件 ShoppingCartApplication.java 的过程中，出现了该图右下方所示的错误信息：ShoppingCart cannot be resolved to a type。这表示编译器无法找到类文件 ShoppingCart.class。此时可以通过两种方式解决无法找到类的问题。

1）将相应的类文件放入".zip"或".jar"格式的压缩文件中，通过导入压缩文件，上述错误可以消除。本点 8.讲述通过这种方式如何进行操作。

2)通过类文件夹直接导入需要的类文件,也可直接消除上述错误。这部分内容在 9. 点中进行讲解。

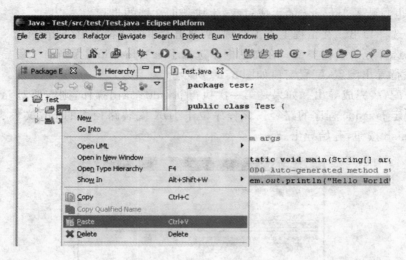

图 3.21 向 src 文件夹中导入".java"文件

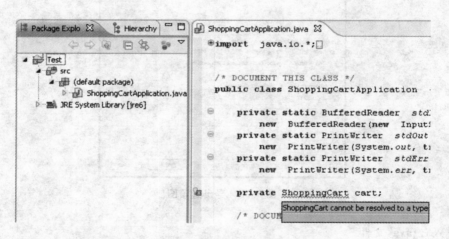

图 3.22 编译错误示例

Eclipse 允许导入类型为".zip"和".jar"两种格式的压缩文件,并且这两种格式压缩文件的导入方法是相同的。

第一步:右击工程,选择属性(Properties),弹出导入压缩文件的界面如图 3.23 所示。

第二步:在图 3.23 所示界面左边列表中选择"Java Build Path",然后在右侧菜单中选择"Libraries"。如果.zip,.jar 文件已经放到了工程目录下的某个文件夹中,则在图 3.23 所示的界面中选择 Add JARs 按钮,否则点击其下方的 Add External JARs 按钮。

第三步:选择目标文件(".zip"或".jar")进行添加。

导入成功的压缩文件将作为当前工程的类库使用,并在 Package Explorer 中工程视图里显示(Referenced Libraries)。

第 3 章 封 装 性

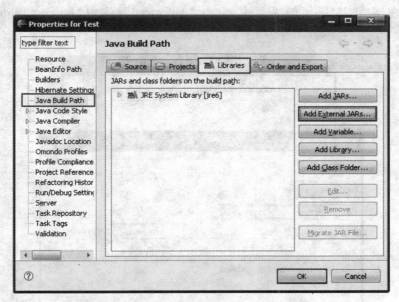

图 3.23 压缩文件导入界面

9. 导入".class"文件

".class"文件若像".java"文件一样直接通过复制粘贴导入,Eclipse 将无法识别。例如,源程序 ShoppingChatManager)需要用到 ShoppingChat 和 Product 两个外部类(已编译的".class"文件),在新建工程中允许直接通过复制粘贴导入没有编写完毕的"ShoppingChatManager.java"文件,但是不能直接复制粘贴所需的"ShoppingChat.class"和"Product.class"。

如 8. 点中所述,常见的导入外部".class"文件的方法有两种。第一种方法是将所有的类文件打包至".zip"或者".jar"文件中,然后使用压缩文件的导入方法导入(8. 点中已详述);第二种方法是导入类文件夹,步骤如下:

第一步:将需要被导入的外部".class"文件放入一个单独的文件夹中。

第二步:右击工程,选择属性(Properties),弹出如图 3.24 所示的配置界面。

第三步:在图 3.24 所示界面的左边列表中选择"Java Build Path",在右侧菜单中选择"Libraries",然后点击右侧的 Add Class Folder,弹出如图 3.25 所示的界面。

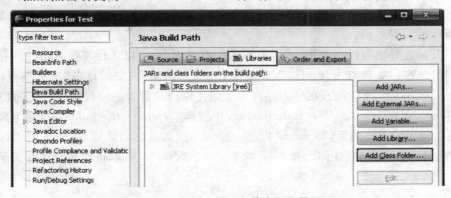

图 3.24 外部 class 文件夹添加界面

— 127 —

第四步：在图 3.25 所示的界面中，点击"Advanced"，选中"link to folder in the file system"。

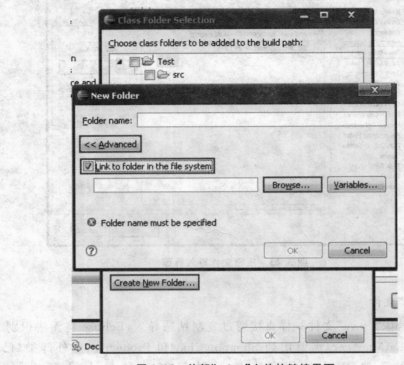

图 3.25　外部". class"文件的链接界面

第五步：通过点击图 3.25 所示的"Browse..."按钮，选择需要被导入的". class"文件所在的目录，点击"确定"，完成导入过程。

10. 生成 Java 压缩包

Java 压缩包（Java ARchive,JAR）是一种包含了应用于 Java 程序的特殊文件归档的文件类型。在可执行的". jar"包中，其中包含的特殊文件指明了 main 方法所在的类，Java 虚拟机通过搜索 main 方法执行程序。不包含 main()方法的". jar"包就是一个类库。按照以下步骤可以导出一个". jar"包。

步骤一：右键点击工程，选择"导出（Export）"。

步骤二：选择导出类型。在列表中选择 Java→JAR File，导出". jar"归档类型文件，弹出如图 3.31 所示的配置界面。

步骤三：配置导出属性。在图 3.26 所示的配置界面中，可以选择需要导出的内容、导出路径等。配置完成后，如果点击"Finish"，直接导出一个归档文件；如果点击"Next"，可以在 Java Packaging Options 中选择是否在导出过程中对编译错误和警告进行提示（根据需要选择）；继续点击"Next"，可在 Jar Manifest Specification 中选择 Generate the manifest，在下面的 Main class 中指出程序的入口位置，即 main()方法的所在类（如果有的话）。完成导出，如果设置了 main()方法的所在类，则在任何支持 Java 的平台下该". jar"文件都可以被直接双击运行。

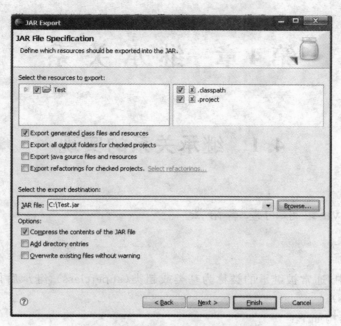

图 3.26　归档文件导出配置界面

第4章 继承关系

4.1 继承关系的实现

4.1.1 Java 继承的基本语法

1. 继承的语法

在 Java 语言中,通常被继承的类称为基类或超类(superclass),继承后得到的类称为派生类或子类(subclass)。

继承的语法结构如下:

```
类访问限定符 子类名 extends 基类名
```

其中,子类名和基类名除不能同名以外,可以是任意合法的类名。关键字 extends 代表子类继承于基类,在 Java 中不允许类的多继承,extends 关键字后面只能跟一个基类。

子类自动继承基类除构造方法外的所有属性和方法,见示例 4.1 和示例 4.2,子类 Employee 自动继承了基类 Person 的属性 name 和 address 及方法 getName 和 getAddress。这样,对于子类 Employee 而言,它就有 3 个属性(即 name,address,salary)和 3 个方法(getName,getAddress,getSalary)。

示例 4.1 继承的基本应用:基类 Person

```java
/**
 * 该类建模一个人
 * @author author name
 * @version1.0.0
 */
public class Person  {
    /* 人的名字 */
    private String  name;

    /* 人的住址 */
    private String  address;

    /*
     * 构造函数
     *
```

```
 * @param initialName 初始化人的名字
 * @param initialAddress 初始化人的住址
 */
public Person (String initialName, String initialAddress) {

    name = initialName;
    address = initialAddress;
}


/**
 * 返回人的名字
 * @return 人的名字
 */
public String getName() {

    return name;
}


/**
 * 返回人的住址
 * @return 人的住址
 */
public String getAddress() {

    return address;
}
```

示例 4.2 继承的基本应用:子类 Employee

```
/**
 * 建模雇员的类
 * @author author name
 * @version1.0.0
 */
public class Employee extends Person  {

    /* 雇员薪水 */
    private double salary;

    /**
     * 构造函数
     *
```

```java
 * @param initialName 初始化雇员的名字
 * @param initialAddress 初始化雇员的地址
 * @param initialSalary 初始化雇员的薪水
 */
public Employee(String initialName, String initialAddress,
double initialSalary) {

    super(initialName, initialAddress);
    salary = initialSalary;
}

/**
 * 返回雇员的薪水
 * @return 雇员薪水
 */
public double getSalary() {

    return salary;
}

/**
 * 更新雇员的薪水
 * @param newSalary 更新的薪水
 */
public void setSalary(double newSalary) {

    salary = newSalary;
}
}
```

基类中公有(即访问权限为 public)的成员,在被继承的子类中仍然是公有的,而且可以在子类中随意使用。基类中的私有成员,在子类中也是私有的,子类的对象不能存取基类中的私有成员。一个类中的私有成员,不允许外界对其做任何操作,这就达到了保护数据的目的。如果既需要保护基类的成员(相当于私有的),又需要让其子类也能存取基类的成员,那么基类成员的可见性应设为保护的。拥有保护可见性的成员,只能被具有继承关系的类进行操作。因此,子类虽然继承了基类的访问权限为 private 的成员变量和方法,但是子类不能直接访问它们,而是通过从基类继承的 public 或 protected 访问权限的方法修改或访问该私有属性。例如,分别将示例 4.1 中的 Person 类和示例 4.2 中的 Employee 类中增加方法 toString,如示例 4.3 和示例 4.4 所示,在 Employee 中增加的 toString 方法中,直接访问了从基类 Person 继承的私有属性 name 和 address,分别编译增加了 toString 方法的源文件 Person.java 和 Employee.java 时,就会报错,如示例 4.5 所示的编译结果。

示例 4.3　Person 类中增加方法 toString

```
/**
 *返回代表人的属性信息的字符串
 *@return 代表人的属性信息的字符串
 */
public String toString() {
    return "name:"+ name + "_address: " + address;
}
```

示例 4.4　Employee 类中增加方法 toString

```
/**
 *返回代表雇员的属性信息的字符串
 *@return 代表雇员的属性信息的字符串
 */

public String toString() {
    return "name: "+ name + "_address: " + address+ "_salary: " + salary;
}
```

示例 4.5　示例 4.1 和示例 4.2 分别增加 toString 方法的编译结果

```
G:\test\源码演示>javac Employee.Java
Employee.Java:36: name has private access in Person
return "name: "+ name + "_address: " + address+ "_salary: " +
    salary;
Employee.Java:36: address has private access in Person
           return "name: "+ name + "_address: " + address+ "_salary: " +salary;
2 errors
```

为了避免上述编译中出现的错误,可以将示例 4.4 中 Employee 类中增加的方法 toString 修改为示例 4.6。

示例 4.6　Employee 类中增加方法 toString(正确方式)

```
/**
 *返回代表雇员的属性信息的字符串
 *@return 代表雇员的属性信息的字符串
 */
public String toString() {
    return "name: "+ getName() + "_address: " + getAddress()+ "_salary: " + salary;
}
```

2. 继承与 super 关键字

子类不能继承基类的构造函数,但子类可以使用 super 关键字调用基类的构造函数,即对于基类包含参数的构造函数,派生类可以在自己的构造方法中使用 super 关键字来调用它,但这个调用语句必须是派生类构造方法的第一个可执行语句。调用基类的构造函数的格式为 super([paramlist]),例如示例 4.1 中类 Employee 的语句 super(initialName, initialAddress) 就是调用基类的有参构造函数 Person(String initialName, String initialAddress)。

程序员也可以使用 super 关键字调用基类的其他方法(非构造方法),以便复用基类中方法的功能,使编写的代码更简洁。调用基类一般方法(非构造方法)的格式为:super.method([paramlist]),在类 Person 增加 toString 方法的基础上,可以使用 super 关键字,将示例 4.6 用示例 4.7 代替,显然示例 4.7 中的代码实现更简洁。

示例 4.7 使用 super 关键字示例

```
/**
 * 返回代表雇员的属性信息的字符串
 * @return 代表雇员的属性信息的字符串
 */
public String toString() {
    return super.toString() + "_salary: " + salary;
}
```

3. 继承与构造函数

子类不能继承基类的构造函数,但当程序员试图创建一个子类对象时,首先要执行基类的构造函数。在 Java 中,每个子类构造函数的第一条语句如果没有使用关键字 super 来调用基类的构造函数,那么就会隐含调用 super(),如果基类没有这种形式的构造函数,在编译的时候就会报错。例如:将示例 4.2 所示的类 Employee 的有参构造函数的语句 super(initialName, initialAddress) 去掉,然后编译示例 4.1 中的 Person.java 和示例 4.2 中的 Employee.java 源文件,编译器就会报错,见示例 4.8,这是因为在子类 Employee 中隐含调用了 super(),但是基类中并没有定义无参构造函数。

示例 4.8

```
G:\test\源码演示>javac person.Java
G:\test\源码演示>javac Employee.Java
Employee.Java:22: cannot find symbol
symbol: constructor Person()
location: class Person
                        double initialSalary) {

1 error
```

Java 子类构造函数的调用要遵循以下规则:

1) 子类使用不带任何参数的构造函数创建对象时,将先调用基类的缺省的构造函数,然后调用子类自己的缺省构造函数。

2) 如果基类中没有定义任何构造函数,子类创建带任意个参数的对象时,系统都缺省调用基类的缺省构造函数。但是,如果基类中定义了一个或一个以上带参数的构造方法,那么也必须显式声明缺省构造函数。

3) 对于基类的包含参数的构造函数,子类可以在自己的构造函数中使用 super 关键字调用它,但这个调用语句必须是子类构造函数的第一个可执行语句。

4.1.2 向上转型与向下转型

本节讲解由继承机制引起的向上转型和向下转型。

1. 向上转型(upcasting)

向上转型是指子类的对象变量或对象赋值给基类的引用,即子类的对象可以当作基类的对象使用。对于示例 4.1 中定义的类 Person 和示例 4.2 中定义的类 Employee,将子类 Employee 类型的对象赋值于基类 Person 类型的引用总是合法的(即在语法上是允许的),见示例 4.9。

示例 4.9 子类的对象作为基类的对象使用

```
Employee   employee = new Employee("Joe", "100 Ave", 3.0);
Person    person =   employee;
```

虽然基类的引用 person 可以指向子类 Employee 类型的对象,但是,通过 person 不能调用子类 Employee 所特有的方法,例如示例 4.10。person 虽然指向了 Employee 类型的对象,但是,通过 person 不能调用子类 Employee 所特有的方法 getSalary(),这是因为编译器会作静态语法检查,认为 Person 类没有定义方法 getSalary(),所以通过 Person 类型的引用调用方法 getSalary()是语法错误。

示例 4.10 基类对象的引用示例

```
Employee   employee = new Employee("Joe", "100 Ave", 3.0);
Person    person =   employee;
String name = person.getName();  //合法
String address = person.getAddress();   //合法
double salary = person.getSalary();  //非法,即编译器报错
```

2. 向下转型(downcasting)

向下转型是指把基类引用显式地强制转化为子类型的对象,见示例 4.11。向上转型总是合法的,但强制向下转型并非总是合法的。这里将向下转型分下述两种情况进行讨论:

1) 如果基类引用指向的是一个子类的对象,可以使用向下转型,把基类的引用显式地转型为一个子类的对象,见示例 4.11 中的最后一条语句。

2) 如果基类引用指向的是一个自身类型的对象,则不可以使用向下转型,见示例 4.12。

如果使用向下转型,则抛出 ClassCastException 类型的执行时异常。

示例 4.11 合法的向下转型

```
Employee   employee = new Employee("Joe", "100 Ave", 3.0);
Person    person =   employee;
String name = person.getName(); //合法
String address = person.getAddress();    //合法
double salary = ((Employee)person).getSalary(); //合法
```

示例 4.12 非法的向下转型

```
Person person = new Person ("Joe ", "10 Main Ave");
double salary = ((Employee) person).getSalary();//该句将抛出 ClassCastException 类型的异常
```

为了避免示例 4.12 所示的应用抛出异常 classCastException,向下强制类型转换通常与操作符 instanceof(instanceof 操作符的语法格式如示例 4.13 所示)结合使用,见示例 4.14。

示例 4.13 instanceof 操作符的语法格式

```
object instanceof ClassX
①如果 object 是 ClassX 的对象引用,返回为 true;
②如果 object 是 ClassX 的子类对象引用,返回为 true;
③如果 object 是 null,该表达式返回 false。
```

示例 4.14 向下强制类型转换与 instanceof 操作符结合使用

```
Person person =new Employee ("Joe Smith", "100 Main Ave",1);
……
if (person instanceof Employee) {
       salary = ((Employee) person).getSalary();
}
```

4.1.3 方法的覆写

方法的覆写(Overriding):在子类中定义一个与基类方法名、返回类型和参数类型均相同,但方法体不同的方法称为方法的重写或方法的覆写。

子类在继承基类的基础上,可以进行扩展,添加自己新的操作,子类也可以覆写基类中的操作,使得其操作的行为有别于基类。正是通过这两种方式,体现了子类虽然继承了基类的数据和操作,但是它是有别于基类的一种新的对象类型。例如,对于示例 4.15 和示例 4.16 中定义的类 Person 和 Employee,子类 Employee 在继承基类 Person 的基础上,添加了自己新的操作 getSalary,覆写了基类的操作 toString。

示例 4.15 扩展与覆写:基类 Person

```
/* *
 * 该类建模一个人
```

```java
 * @author author name
 * @version1.0.0
 */
public class Person {
    /* 人的名字 */
    private String   name;

    /* 人的住址 */
    private String   address;

    /**
     * 构造函数
     *
     * @param initialName 初始化人的名字
     * @param initialAddress 初始化人的住址
     */
    public Person(String initialName, String initialAddress) {

        name = initialName;
        address = initialAddress;
    }

    /**
     * 返回人的名字
     * @return 人的名字
     */
    public String getName() {

        return name;
    }

    /**
     * 返回人的住址
     * @return 人的住址
     */
    public String getAddress() {

        return address;
    }
    /**
     * 返回代表人的属性信息的字符串
     * @return 代表人的属性信息的字符串
```

```java
     */
    public String toString() {
        return "name: " + name + "_address: " + address;
    }
}
```

示例 4.16 扩展与重写：子类 Employee

```java
/**
 * 建模雇员的类
 * @author author name
 * @version1.0.0
 */
public class Employee extends Person {

    /* 雇员薪水 */
    private double salary;

    /**
     * 构造函数
     *
     * @param initialName 初始化雇员的名字
     * @param initialAddress 初始化雇员的地址
     * @param initialSalary 初始化雇员的薪水
     */
    public Employee (String initialName, String initialAddress,
        double initialSalary) {

        super(initialName, initialAddress);
        salary = initialSalary;
    }

    /**
     * 返回雇员的薪水
     * @return 雇员薪水
     */
    public double getSalary() {

        return salary;
    }

    /**
     * 更新雇员的薪水
```

```
 * @param newSalary 更新的薪水
 */
public void setSalary(double newSalary) {

    salary = newSalary;
}
/**
 * 返回代表雇员的属性信息的字符串
 * @return 代表雇员的属性信息的字符串
 */
public String toString() {
    return super.toString() + "_salary: " + salary;
}
}
```

方法覆写时应遵循下述原则:

子类中覆写的方法不能比基类中被覆写的方法有更严格的访问权限(可以相同)。例如，基类 Person 中的 toString()方法的访问权限为 protected 类型，那么在派生类中覆写该方法时，该方法的访问权限必须为 protected 或 public，而不能为 private。如果需要复用基类中被覆写的方法，则需要使用 super 指针调用基类中的方法，见示例 4.4。

4.2 方法的覆写

在 Java 中，程序员定义的或类库中提供的类都直接或间接地继承 java.lang.Object，它是所有类的基类，自然，Object 提供的所有方法都被程序员编写的类所继承，在实际应用中，Object 提供的 equals 方法和 toString 方法易被覆写。

4.2.1 equals()方法

Object 中的 equals()方法的定义格式如下:

```
public boolean equals(Object obj){
    ......
}
```

在 Object 的定义中，该方法比较两个对象(调用该方法的对象和参数中传递的对象)的引用是否相同，即比较两个对象是否是同一个对象，如果是同一个对象，返回为 true，否则返回 false。仍然使用示例 4.1 中的 Person 类，在示例 4.2 的基础上增加 main()方法形成示例 4.17，以验证 Object 中提供的 equals()方法与双等号"=="提供的功能是否一致。运行示例

4.17，可以看到示例4.18所示的结果。由于Employee和Person类都未提供自己的equals()方法，因而在Employee中的main()方法中，调用的Employee类的equals()方法是从Object中继承的，该方法实现的功能是比较两个Employee对象是否是同一个对象，程序的执行结果验证了这一点。

示例 4.17 Object中equals()方法功能的验证

```java
/**
 * 建模一般雇员的类 Employee
 * @author authorname
 * @version 1.0.0
 */
public class Employee extends Person  {

    /* 雇员的薪水 */
    private double salary;

    /**
     * 构造一个雇员对象
     *
     * @param initialName    初始化雇员的名字
     * @param initialAddress 初始化雇员的地址
     * @param initialSalary  初始化雇员的薪水
     */
    public Employee (String initialName, String initialAddress,
        double initialSalary) {

        super(initialName, initialAddress);
        salary = initialSalary;
    }

    /**
     * 返回雇员的薪水
     * @return 雇员薪水
     */
    public double getSalary() {

        return salary;
    }

    /**
     * 更新雇员的薪水
     * @param newSalary 更新的薪水
     */
```

```java
    public void setSalary(double newSalary) {

        salary = newSalary;
    }

    public static void main(String[] arg){

        Employee employee1 = new Employee("xiao","nwpu",200);
        Employee employee2 = new Employee("xiao","nwpu",200);
        Employee employee3 = employee1;
        //同一个 Employee 对象的比较
        if (employee1.equals(employee3)) {
            System.out.println("true");
        } else {
            System.out.println("false");
        }
        //内容相同的不同 Employee 对象的比较
        if (employee1.equals(employee2)) {
            System.out.println("true");
        } else {
            System.out.println("false");
        }
//同一个 Employee 对象的比较
        if (employee1 == employee3) {
            System.out.println("true");
        } else {
            System.out.println("false");
        }
        //内容相同的不同 Employee 对象的比较
        if (employee1 == employee2) {
            System.out.println("true");
        } else {
            System.out.println("false");
        }
    }
}
```

示例 4.18 示例 4.17 的运行结果

```
D:\bookExample>javac *.java
D:\bookExample>java Employee
True
false
```

```
true
false
```

在大部分应用场合中,比较两个对象是否是同一个对象一般是不实用的,例如,比较两个字符串是否相同,一般比较字符串的内容是否一致。所以,Java 类库中提供的字符串类 String 将从 Object 继承的 equals()方法进行覆写,其 equals()方法比较的是字符串的内容是否相等。类库中提供的很多类都对 Object 中提供的 euqals()方法进行了覆写,例如:日期类 Date,包装类 Boolean,Integer,Float 等等。

如果两个 Employee 对象是否相同取决于它们的属性内容是否一致,那么应该在 Employee 类中提供覆写的 equals()方法,如示例 4.19 所示,在该示例的 main()方法中有四处比较两个 Employee 对象是否相同。由于程序中前三处比较的两个 Employee 对象的内容都是相同的,因此,结果分别为 true;最后一处比较,由于是 Employee 对象和 Person 对象的比较,equals()方法传过来的参数不是一个 Employee 对象,因此,结果为 false。示例 4.19 的执行结果见示例 4.20。

示例 4.19 equals()方法的演示

```java
/**
 * 建模一般雇员的类 Employee
 * @author author name
 * @version1.0.0
 */
public class Employee extends Person  {

    /*雇员的薪水 */
    private double salary;
    /**
     * 构造一个雇员对象
     * @param initialName 初始化雇员的名字
     * @param initialAddress 初始化雇员的地址
     * @param initialSalary 初始化雇员的薪水
     */
    public Employee (String initialName, String initialAddress,
        double initialSalary) {

        super(initialName, initialAddress);
        salary = initialSalary;
    }

    /**
     * 返回雇员的薪水
     * @return 雇员薪水
     */
```

```java
public double getSalary() {
    return salary;
}

/**
 * 更新雇员的薪水
 * @param newSalary 更新的薪水
 */
public void setSalary(double newSalary) {
    salary = newSalary;
}

/**
 * 比较两个雇员对象是否相等,重写 Object 中的 equals 方法
 * @paramo 比较对象
 * @return ture 或 false
 */
public boolean equals(Object o) {
            if (o instanceof Employee) {
                                Employee e = (Employee)o;
                                return this.getName().equals(e.getName())
                                && this.getAddress().equals(e.getAddress())
                                && this.getSalary() == e.getSalary() ;
            } else {
        return false;
            }
}

public static void main(String[] arg){
    Employee employee1 = new Employee("xiao","nwpu",200);
    Employee employee2 = new Employee("xiao","nwpu",200);
    Employee employee3 = employee1;
    //1:同一个 Employee 对象的比较
    if (employee1.equals(employee3)) {
        System.out.println("true");
    } else {
        System.out.println("false");
    }
```

```java
        //2:内容相同的不同 Employee 对象的比较
        if (employee1.equals(employee2)) {
            System.out.println("true");
        } else {
            System.out.println("false");
        }
        Person person = employee2;
        //3:内容相同的不同 Employee 对象的比较,person 指向的是一个 Employee 对象
        if (employee1.equals(person)) {
            System.out.println("true");
        } else {
            System.out.println("false");
        }
        person = new Person("xiao","nwpu");
        //4:employee 对象和 Person 对象的比较,person 指向的是一个 Person 对象
        if (employee1.equals(person)) {
            System.out.println("true");
        } else {
            System.out.println("false");
        }
    }
}
```

示例 4.20　示例 4.19 的编译和运行结果

```
D:\bookExample>javac Employee.java
D:\bookExample>java Employee
true
true
true
false
```

4.2.2　toString()方法

Object 中的 toString()方法的定义格式如下:

```
public String toString(){
    ......
}
```

在 Object 的定义中,该方法返回格式为"ClassName@number"的字符串,即返回"类名@

对象哈希码的十六进制表示"。例如,对于示例4.21所示的Point2D并未提供toString()方法,程序中调用的toString()方法是Point2D从Object中继承的,执行该示例的结果见示例4.22。

示例4.21 Point2D.java

```java
public class Point2D {

    private float x;
    private float y;

    public Point2D(float initialX, float initialY) {

        x = initialX;
        y = initialY;
    }

    public float getX() {

        return x;

    }

    public float getY() {

        return y;

    }

    public static void main(String[] args) {

        Point2D pointOne = new Point2D(100,200);
        System.out.println(pointOne.toString());

    }
}
```

示例4.22 示例4.21的运行结果

```
D:\bookExample>javac Point2D.java
D:\bookExample>java Point2D
Point2D@35ce36
```

一般而言,对于System.out.println(object),object可以是任意类型的对象,该对象的toString方法会自动被激活,它相当于语句System.out.println(object.toString()),在实际应用中,一般会覆写toString()方法,实现将一个对象有关属性信息转换成一定格式、实用的字符串信息的功能。例如,在Point2D中,可以提供重写的toString()方法实现返回x和y坐标值的功能,其格式如下:

```java
publicString toString() {
    return "x = " + x + ", y = " + y;
}
```

另外,例如示例4.15和示例4.16,以及第3.4节中雇员管理系统部分类的实现也提供了覆写的toString()方法。

4.3 UML设计类图的部分实现

对于雇员信息管理系统的实现,根据本章所学知识,可以实现图2.17中的类GeneralEmployee,见示例4.23。

对于公共交通信息查询系统部分类的实现(图2.19中的类TransportLine),读者可以模仿雇员信息管理系统的实现,如果理解本章所讲内容,类似的编程实现很容易。

示例4.23 GeneralEmployee.java

```java
import java.sql.Date;
/*
 *普通雇员类,该类雇员每月拿固定的工资
 * @author machunyan
 */
public class GeneralEmployee extends Employee {

    protected double fixMonthSalary; //普通雇员的固定月薪

    /**
     *初始化雇员基本信息的构造函数
     * @paraminitId 雇员的唯一身份标识
     * @paraminitName 雇员的名字
     * @paraminitBirthday 雇员的出生日期
     * @paraminitMobileTel 雇员的联系方式
     * @paraminitMonthlySalary 普通雇员的月薪
     */
    public GeneralEmployee(String initId, String initName, Date initBirthday,
            String initMobileTel, double initMonthlySalary) {

        super(initId, initName, initBirthday, initMobileTel);
        fixMonthSalary = initMonthlySalary;
    }
```

```java
/**
 * 获得雇员的固定月薪
 */
public double getFixMonthSalary() {

    return fixMonthSalary;
}

/**
 * 获得雇员的每月的薪水
 */
public double getMonthSalary(Date day) {

    return fixMonthSalary;
}
}
```

第5章 多态性

多态性是面向对象的特点之一,它是继承机制引发的特点。通常,多态性包括变量的多态性和方法的多态性两个方面。

1)变量的多态性,是指子类的对象都可以赋给基类类型的变量,这样,基类类型的变量可以指向自身类型的对象,也可以指向其任意子类类型的对象,称基类类型的变量是多态的变量。

2)方法的多态性,是指在通过基类类型的变量调用方法时,要根据基类类型的变量指向的具体类型,绑定具体类型对象的方法体去执行。

本章将以 Java 程序为例从变量的多态性和方法的多态性两个方面讲解面向对象的多态性。

5.1 变量的多态性

向上类型转型允许子类类型的对象当作基类类型的对象使用。例如示例 4.9,Person 类型的变量 person 可以指向 Person 类型的对象,也可以指向 Employee 类型的对象,即下面两种情况都是合法的:

Person person = new Person("xiao", "nwpu");

Person person = new Employee("xiao", "nwpu", 200);

可以看出 Person 类型的变量不但可以指向自身类型的对象 new Person("xiao", "nwpu"),还可以指向其子类型的对象 new Employee("xiao", "nwpu", 200)。因此,基类 Person 类型的变量可以指向不同类型的对象,是多态的,或者说 Person 类型的变量是多态的变量。

为了更为深刻地理解变量的多态性,这里再举一个较复杂的例子。如示例 5.1 所示,类 Shape 表示可以被绘制、擦拭、移动和着色的一类几何形状。类 Circle、类 Square 和类 Triangle 分别继承类 Shape,它们分别代表可以被绘制、擦拭、移动和着色的特定几何形状:圆形、正方形和三角形。由于在 main()方法中,定义了 Shape 数组类型的变量 s,因此,变量 s[i] 不但可以指向自身类型的对象 new Shape(),还可以指向其子类型的对象 new Circle( ),new Square( )和 new Triangle( ),即基类 Shape 类型的变量 s[i]是多态的变量。

示例 5.1 多态变量的演示

```
/* *
    * 建模形状的类
    */
class Shape {
    /* *
    * 绘制
    */
    void draw() { }
```

```java
    /**
     * 擦除
     */
    void erase() { }
}
/**
 * 建模圆的类
 */
class Circle extends Shape {
    /**
     * 重写基类中绘制方法
     */
    void draw() {
        System.out.println("Circle.draw()");
    }
    /**
     * 重写基类中擦除方法
     */
    void erase() {
        System.out.println("Circle.erase()");
    }
}
/**
 * 建模矩形的类
 */
class Square extends Shape {
    /**
     * 重写基类中绘制方法
     */
    void draw() {
        System.out.println("Square.draw()");
    }
    /**
     * 重写基类中擦除方法
     */
    void erase() {
        System.out.println("Square.erase()");
    }
}
/**
 * 建模三角形的类
 */
```

```java
class Triangle extends Shape {
    /**
     * 重写基类中绘制方法
     */
    void draw() {
        System.out.println("Triangle.draw()");
    }
    /**
     * 重写基类中擦除方法
     */
    void erase() {
        System.out.println("Triangle.erase()");
    }
}
public class Shapes {
    /**
     * 随机创建 Shape 对象
     */
    public static Shape randShape() {
        switch((int)(Math.random() * 3)) {
            default:
            case 0: return new Circle();
            case 1: return new Square();
            case 2: return new Triangle();
        }
    }
    public static void main(String[] args) {
        //声明 Shape 类型的数组对象并初始化
        Shape[] s = new Shape[9];
        // 初始化数组元素
        for(int i = 0; i < s.length; i++){
            s[i] = randShape();
        }
    }
} ///:~
```

由示例 5.1 中 main 方法的代码可以看出，多态的变量（Shape）使得程序员"忘记"了不同子类（Circle，Square，Triangle）之间的差异，它们都可以当作基类型（Shape）的对象来用，所以程序员可以编写出示例 5.1 中 main()方法体的代码。

5.2 方法的多态性

对于示例 4.15 和示例 4.16,由于 Employee 类覆写了从 Person 类继承的 toString()方法,那么,对于示例 5.2 和示例 5.3,p.toString()执行的是 Person 类的 toString()方法体还是 Employee 类的 toString()方法体? 这就涉及方法的多态性。

示例 5.2 多态方法的演示 1

```
Employee  employee = new Employee("Joe", "100 Ave", 3.0);
Person p = employee;
p.toString();
```

示例 5.3 多态方法的演示 2

```
Person p = new Person("xiao", "nwpu");
p.toString();
```

对于语句 p.toString(),Java 虚拟机会根据变量 p 指向的具体数据类型确定调用哪个方法体。因此,对于示例 5.2,p.toString()执行的是 Employee 类的 toString()方法体,对于示例 5.3,p.toString()执行的是 Person 类的 toString()方法体;根据多态变量 p 指向的具体数据类型,同样的方法调用 p.toString 而执行不同的方法体,这就是方法的多态性。

在示例 5.1 中的 main()方法中,增加调用 draw()方法 for 循环语句,形成示例 5.4。

示例 5.4 多态方法的演示 3

```
/**
 * 建模形状的类
 */
class Shape {
    /**
     * 绘制
     */
    void draw() { }
    /**
     * 擦除
     */
    void erase() { }
}
/**
 * 建模圆的类
 */
class Circle extends Shape {
    /**
```

```java
     * 重写基类中绘制方法
     */
    void draw() {
        System.out.println("Circle.draw()");
    }
    /**
     * 重写基类中擦除方法
     */
    void erase() {
        System.out.println("Circle.erase()");
    }
}
/**
 * 建模矩形的类
 */
class Square extends Shape {
    /**
     * 重写基类中绘制方法
     */
    void draw() {
        System.out.println("Square.draw()");
    }
    /**
     * 重写基类中擦除方法
     */
    void erase() {
        System.out.println("Square.erase()");
    }
}
/**
 * 建模三角形的类
 */
class Triangle extends Shape {
    /**
     * 重写基类中绘制方法
     */
    void draw() {
        System.out.println("Triangle.draw()");
    }
    /**
     * 重写基类中擦除方法
     */
```

```java
    void erase() {
        System.out.println("Triangle.erase()");
    }
}
public class Shapes {
    /**
     * 随机创建 Shape 对象
     */
    public static Shape randShape() {
        switch((int)(Math.random() * 3)) {
            default:
            case 0: return new Circle();
            case 1: return new Square();
            case 2: return new Triangle();
        }
    }
    public static void main(String[] args) {
        //声明 Shape 类型的数组对象并初始化
        Shape[] s = new Shape[9];
        //初始化数组元素
        for(int i = 0; i < s.length; i++){
            s[i] = randShape();
        }
        //多态方法调用的演示
        for(int i = 0; i < s.length; i++){
            s[i].draw();
        }
    }
} ///:~
```

示例 5.5 示例 5.4 的运行结果

```
G:\test\源码演示>javac shapes.Java
G:\test\源码演示>Java Shapes
Square.draw()
Triangle.draw()
Circle.draw()
Triangle.draw()
Circle.draw()
Square.draw()
Circle.draw()
Square.draw()
Square.draw()
```

对于示例5.4，面向对象程序员无须考虑变量s[i]具体指向什么数据类型的对象，程序运行时根据变量s[i]指向的具体对象类型，方法s[i].draw()的调用和相应类型中的方法体进行绑定，如果s[i]指向Square类型的对象，方法s[i].draw()的调用就会去执行类Square中的方法体，其余同理，示例5.4的执行结果如示例5.5所示。

可以看出，多态的变量使程序员"忘记"了不同子类的差异，程序代码的大部分都只操作基类的对象，但是多态的方法可以表达不同子类操作的差异。

5.3 类图中采用继承还是关联的讨论

面向对象系统中功能复用的两种最常用技术是类继承和类与类之间的关联关系，设计人员熟悉了UML类图的语法，并在面向对象设计方面有一定的实践工作经验后，就会发现，有时类与类之间的关系可以建模为关联关系，也可以建模为继承关系，这时该怎么做？本节从一个实际应用项目出发，引导读者一起对该问题进行讨论。如果在面向对象设计的第2章进行讨论，由于读者对继承引发的多态问题的优势不理解，所以无法深刻体会，现在时机成熟，我们就该问题进行分析。

1. 顾客信息系统

现有一个顾客信息系统，本节采用英语描述，对重要单词进行汉语注释，并用黑体标示出该需求中的名词和名词短语，以便于分析设计类图。

The **customer information system** maintains information about two different kinds of **customers**：

Individual customers（个体顾客）：For these customers, the system stores an ID and the information about a **person**（**name**，**home telephone number**，and **email**）.

Institutional customers（机构顾客）：For these customers, the system stores an **ID** and provides the capability（能力）of defining one or more **contact people**（联系人）for the institution（机构）. The system stores the following information for each contact person：**name**，**home telephone number**，**email**，**work telephone number**（工作电话），and the **job position**（工作地址）of the contact in the institution.

Assume that each customer has a unique ID and that IDs cannot be modified. Assume each contact for an institution has a unique name.

The system provides the following functions（系统可以实现如下功能）：
- Add a customer into the system.
- Look up a customer given an ID.
- Remove a customer from the system given an ID.
- Add a new contact for an institutional customer.
- Look up a contact given the ID of the institution and the name of the contact.
- Remove a contact given the ID of the institution and the name of the contact.

读者可以根据第2章3个项目案例的建模方法对该顾客信息系统的案例进行设计，在顾客信息系统中，很显然，顾客可以作为基类，个体顾客和机构顾客是它的两个子类，而对于individualCustomer和Person的关系，有的设计者建模为1对1的关联关系，也有的设计者建模为继承关系。这时，哪个方案更好？

2. 关联关系和继承关系的讨论

类与类之间建模为继承，在编程语言中子类使用关键字可轻易复用父类的功能，而且系统可以任意扩展新的子类，代价较小。例如，对于顾客而言，除了 individual customer 和 institutional customer，还可以再增加其他类型的顾客，例如商业顾客等，但是，子类依赖于父类特定功能的实现细节。父类发生变化，即使子类的代码完全没有改变，子类也可能会受影响，一些功能无法正常实现，这是因为继承打破了基类封装，基类向子类暴露了实现细节。而类与类之间建模为关联，由于通过接口访问对象，因此并不破坏封装性，而且类操作是基于被包含类的公开操作接口而写的，所以实现上存在较少的依赖关系，使每个类专注于一个任务。所以，我们建议，除非用到向上转型、多态的优势（即继承的优势），否则优先使用关联关系建模，而不是类继承。在顾客信息系统中，图 5.1 所示的类图是很好的设计方案，因为 Customer 作为基类，系统要维护该基类的集合并提供相关操作，用户会用到向上转型和多态，这里的继承关系非常合适，对于 IndividualCustomer 和 Person 的关系，根据上述的指导思想，将 IndividualCustomer 和 Person 建模为关联关系是一个好主意。

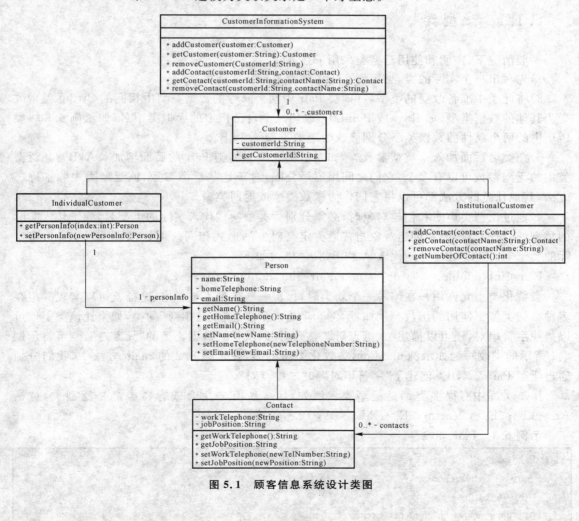

图 5.1　顾客信息系统设计类图

第 6 章 泛型和关联关系

6.1 泛 型

自 JDK1.5 版本以后,Java 引进了泛型机制,允许用户通过参数化类型(即保留一些类型不被指定)创建泛型类和泛型方法。C++实现泛型机制是通过模板,Java 实现泛型机制是通过类型擦除机制,本章举例说明 Java 泛型机制及其原理。

6.1.1 泛型类

一般情况下,声明和使用泛型类采用下述方法。
1)先写出一个实际的类,见示例 6.1 中的类 Pair。
2)将此类中准备改变的类型名(如类 Pair 中两个属性的数据类型由相同的 String 类型改变为其他的数据类型,如 float 或 Point2D)改用一个自己指定的虚拟类型名(如示例 6.2 将类 Pair 中的两个属性的数据类型分别修改为虚拟类型 A 和 B)。
3)在类名后面加入<类型参数>,如在示例 6.2 中的类 Pair 的后面增加<A,B>。泛型类中的泛型参数可以有多个,它们之间用逗号分隔,对于这些泛型参数,该泛型类中除了静态方法,其他任意的方法都可以将它们作为参数类型或返回类型。
4)通过泛型类声明和创建对象时,必须分别为类型参数代入实际的类型名,除了代入实际的类型外,泛型类声明和创建对象与普通类定义对象的形式相同。例如,对于泛类 Pair,将实际的类型 int 和 doulbe 分别代入 A 和 B,具体格式如下:

Pair<int,double>   obj= new Pair<int,double>(10,0.8);

参数化类型允许用户在编写一个新类时,保留一些类型不被指定,这样就可以实现一组在多种数据类型下使用的函数。例如,示例 6.1 是一个描述"字符串对"的类,如果让该类不仅可以描述字符串对,还可以描述"二维点对""整数对"以及任意数据类型的"元素对",则可将示例 6.1 所示的类改写为如示例 6.2 所示参数化类型的类,在示例 6.2 的 main 方法中,我们分别通过泛型 Pair<A,B>创建了"字符串对"和"二维点对"。

Java 类库中有很多类都是泛型类。例如,Java 所有的集合或容器类都是泛型类,包括 ArrayList<E>,Vector<E>,Map<A,B>,等等。

示例 6.1 Pair.java

```
class Pair{
    private String element1;
    private String element2;
    public Pair(String element1,String element2){
        this.element1 = element1;
```

```
            this.element2 = element2;
        }
        public String getElement1(){
            return element1;
        }
        public String getElement2(){
            return element2;
        }
        public static void main(String[] args) {
            Pair pairOne = new Pair("1","2");
            System.out.println(pairOne.getElement1()+"          "+
             pairOne.getElement2());
        }
}
```

示例 6.2 参数类 Pair<A,B>的实现

```
class Pair <A,B> {
    private A element1;
    private B element2;
    public Pair(A element1, B element2){
        this.element1 = element1;
        this.element2 = element2;
    }
    public A getElement1(){
        return element1;
    }
    public B getElement2(){

        return element2;
    }
}
    public static void main(String[] args) {
        Pair<String,String> pairOne =
            new Pair<String,String>("1","2");
        System.out.println(pairOne.getElement1()+" "
            + pairOne.getElement2());
        Pair<Point2D,Point2D> pairTwo =
            new Pair<Point2D,Point2D>(new Point2D(100,200),new Point2D(300,400));
        System.out.println(pairTwo.getElement1()+" "
            + pairTwo.getElement2());
    }
}
```

6.1.2 泛型方法

Java还提供了泛型方法。其函数类型和形参类型不具体指定，用一个参数类型来代表，凡是函数体相同的函数都可以用这个泛型方法来代替，不必定义多个函数，只需在泛型方法中定义一次即可。泛型方法声明格式与普通方法相比，要在其声明中增加一个"<类型参数列表>"。例如，public <K> K   someMethod() { … }，参数列表可以包含多个类型参数，每个类型参数之间用逗号分隔，这些类型参数可以作为方法的参数类型或返回类型运用。示例6.3定义了一个泛型方法f，并且在main()方法中进行了3次调用，每次调用所传实参的数据类型都不同。从该例可以看出，调用泛型方法与调用普通方法一样，不必指明参数类型，直接给出实参值即可，泛型方法可以看作被无限次重载过。示例6.4定义了一个用于求解最小值的泛型方法min()，该方法接收的两个参数是泛型K，而且泛型K必须继承Comparable，所以在调用该泛型方法时，为了实现计算最小值的功能，实参无论什么类型，都必须满足一个条件：该数据类型必须继承Comparable。

示例6.3 泛型方法示例（一）

```java
public class GenericMethods {
    public <T> void f(T x){
        System.out.println(x.toString());
    }
    public static void main(String[] args){
        genericMethods gm = new GenericMethods();
        gm.f("Hello");
        gm.f(new Product("coffee",27,"34"));
        gm.f(new Point2D(23,45));
    }
}
```

示例6.4 泛型方法示例（二）

```java
public class Comparison {
    public static <K extends Comparable> K min(K k1, K k2) {

        if (k1.compareTo(k2) > 0) {
            return k2;
        } else {
            return k1;
        }
    }
    public static void main(String[] args){
        int m =10, n=100;
        int i = min(n,m);
        float j =12.6f, k=21.9f;
```

```
        float f = min(j,k);
        System.out.println("the min value of m and n is " + i + "\n the
            min value of j and k is   " + f);
    }
}
```

6.1.3 讨论

如果使用泛型方法可以取代将整个类泛型化，就应该仅使用泛型方法，这样更灵活。对于 static() 方法，由于无法访问泛型类的类型参数，如果需要泛型能力，必须使其成为泛型方法。

Java 的编译器在编译 Java 源程序时，Java 泛型的擦除机制会将泛型中出现的类型参数用指定的"bound"代替。例如，对于示例 6.3，用户没有指定泛型的"bound"，则在编译时会用 Object 代替泛型 T。对于示例 6.4，用户指定了泛型 K 的"bound"为 Comparable，则在编译时会用 Comparable 代替泛型 K。示例 6.5 演示了 Java 泛型的擦除机制。在该示例中，我们编写了一个包含泛型方法的一个类 GenericMethod，并给出了编译时的擦除机制将上述包含泛型的类 GenericMethod 翻译之后的代码，可以看出，擦除机制将参数类型 T 用 Object 代替，擦除机制是 Java 泛型实现的原理。

示例 6.5 Java 泛型的擦除机制示例

```
//泛型方法示例
    public class GenericMethod{
        public static <T> T aMethod(T anObject){
            return anObject;
        }
        public static void main(String[] args){
        String greeting = "Hi";
        String reply = aMethod(greeting);
    }
}
//编译时的擦除机制将上述包含泛型的代码翻译为下述代码
public class GenericMethod{
    public static Object aMethod(Object anObject){
    return anObject;
    }
public static void main(String[] args){
    String greeting = "Hi";
    String reply = (String)aMethod(greeting);
    }
}
```

6.2 关联关系的 Java 编程实现

在 UML 类图中,类之间的关联关系要体现关联的数量,关联的引用和关联的方向性,以便用面向对象的语言编程实现。如果类 A 与类 B 是单向 1 对 1 的关联关系,并设关联的引用为 b,则 b 将作为类 A 的私有属性,其数据类型是类 B,对于这种关联关系的实现,第 3 章 Java 类的实现已讲述清楚;如果类 A 与类 B 是单向 1 对多的关联关系,并设关联的引用为 bs,则 bs 将作为类 A 的私有属性,其数据类型是集合类型,集合中元素的数据类型为 B,对于这种关联关系的实现,是本章的重点。

一般而论,就像关联关系的实现,有时类需要管理和维护很多对象作为其属性。例如,在雇员管理系统中,销售清单需要管理和维护很多销售项,假设可以维护最多 100 个销售项,那么在销售清单中,声明 100 个销售项类型的变量来存储和维护相应的销售项是不现实的,所以每种程序设计语言都提供了存储和管理一组对象的机制。例如,C 语言提供了数组,Java 语言提供了数组和集合(Collection)。

6.2.1 数组

Java 中数组的长度不允许动态改变,其下标索引从 0 开始。数组元素可以是基本数据类型,也可以是对象类型。

1. 数组的声明

Java 编程语言不允许声明时指定一个数组的大小。无论数组存储的是何种数据类型(即基本数据类型或对象类型),但都必须是同一种数据类型。

声明一个用来存储基本数据类型的数组 ages,格式为 int[] ages;该声明表示 ages 是 int[] 类型的对象变量,它是一个一维数组,数组元素的类型是 int。声明一个用来存储对象的数组,格式为 String[] names;该声明表示 names 是 String[] 类型的对象变量,它是一个一维数组,数组元素的类型是 String 对象类型的。在 Java 中,数组变量都是对象变量,所以数组变量存储的是引用,它的初始值为 null。

2. 数组变量的初始化

数组变量作为一种对象变量,必须用 new 关键字进行初始化,初始化时指定创建数组的大小。格式如下:

int[] ages = new int[5];
String[] names = new String[6];

当新的数组对象创建时,Java 保证该数组元素的内容一定会被初始化为"零"值,例如,上述 ages 数组元素的内容为 0,names 数组元素的内容为 null。

数组在声明时也可以对其数组变量和数组元素内容同时进行初始化,数组元素初始化的内容要用逗号分隔并用一对花括号括在一起。例如,以下格式的语法都是允许的:

int[]   ages = {21, 19, 35, 27, 55};

```
String[] names = {"Bob", "Achebe", null};
String[] names = new String[]{"Bob", "Achebe", null}
Point2D[] points = new Point2D[]{new Point2D(1,1),new Point2D(2,3)}
```

3. 数组的使用

所有的数组对象都包含一个 public 访问权限的实例变量 length,存储数组的长度,可以通过 length 属性对数组的长度进行访问。例如,下述代码通过访问数组的长度,实现对数组元素的遍历。

```
int[] ages = new int[5];
for(int index = 0; index < ages.length; index++){
        int x = ages[index]
}
```

在数组的使用中,受 C 语言数组的影响,往往认为数组长度不同的数组变量之间不能相互赋值,而在 Java 中,由于数组变量是对象变量,只要两个数组变量的数据类型相同,无论其初始化的数组对象的长度是否一致,都可以相互赋值。例如,示例 6.6 中对数组的使用是正确的,数组使用的语法格式是正确的。

示例 6.6 数组应用举例

```
public class ArraySize {
    public static void main(String[] args) {
        //对象数组,数组变量声明时对数组变量和数组内容同时初始化
        Point2D[] a = new Point2D[] {
          new Point2D(100,800), new Point2D(300,400)
        };
        //对象数组变量 b,c 的初始化,数组元素内容为 null
        Point2D[] b = new Point2D[5];
        Point2D[] c = new Point2D[4];
        //为对象数组 c 的元素赋值
        for(int i = 0; i < c.length; i++){
          c[i] = new Point2D(i,i);
        }
        // 基本数据类型数组 e 的声明,e 是空引用
        int[] e;
        //基本数据类型数组 f 的声明和初始化,数组元素内容为 0
        int[] f = new int[5];
        //基本数据类型数组 e 极其元素内容的初始化,数组元素内容分别为 1 和 2
        e = new int[] { 1, 2 };
        //为基本数据类型数组 f 的元素内容初始化
        for(int i = 0; i < f.length; i++){
          f[i] = i * i;
        }
        //基本数据类型数组 e 极其元素内容的初始化,数组元素内容分别为 11,47 和 93
        int[] g = { 11, 47, 93 };
        //由于 b 和 c 的数据类型一致,所以可以相互赋值
        b = c;
```

```
        //由于f和g的数据类型一致,所以可以相互赋值
        f = g;
        System.out.println("a.length=" + a.length);
        System.out.println("b.length = " + b.length);
        System.out.println("c.length = " + c.length);
        System.out.println("d.length = " + e.length);
        System.out.println("g.length = " + f.length);
        System.out.println("h.length = " + g.length);
    }
}
```

如果程序需要存储和操作一群同类型的对象,并且知道操作对象的最大数量,这时存储对象的第一选择应该是数组,另外如果需要存储和操作的是基本数据类型的集合,则选择数组作为存储的容器,操作效率最高。

6.2.2 容器和迭代器

在编写程序时,如果不知道程序究竟需要存储和维护多少对象,对象的数量是动态变化的,这时数组作为对象存储的容器就不能满足要求,为了解决这个问题,Java 提供了一套容器类库(即 java.util 包)。Java 容器库中的容器分为两类,一类容器的基类是 Collection<E>,该类容器每个位置存储一个元素;另一类容器的基类是 Map<K,V>,该类容器每个位置存储两个元素,像个小型数据库。在本书中,仅关注 Collection<E>类型的容器,主要是其子类 ArrayList<E>的使用,其他容器的使用方法与此类似,很容易触类旁通。

1. 容器 Java.util.ArrayList<E>

自 JDK1.5 版本以后,Java 提供的所有容器类均为参数化类型。

(1)容器类的变量的声明和初始化

ArrayList<E> a = new ArrayList<E>();

上述语句表示容器变量 a 中只能存放 E 类型的对象,假如试图将 E 类型对象以外的对象存入到 a 中,编译器将会报告这是一个错误。另外,容器 a 存储对象的个数没有限制。

(2)ArrayList 容器常用的方法

ArrayList 类常用的方法见表 6.1。

表 6.1 ArrayList 类常用的方法

方法	功能描述
ArrayList()	构建一个空的容器列表
int size()	返回容器中容纳的元素数
boolean add(E o)	将指定的元素 o 添加到列表末尾
E get(int index)	返回容器列表中指定位置的元素
boolean remove(Object o)	从容器列表中删除指定元素实例

(3) ArrayList<E>的遍历方法之一

通过类 ArrayList 提供的 size()和 get()方法可以实现对容器 ArrayList<E>元素的遍历,在遍历过程中,可以对容器中的元素进行访问对象和修改对象等操作,如示例 6.7 所示。

示例 6.7 ArrayList<E>容器遍历方法之一

```
import java.util.*;
public class ArrayListExample {

    public static void main(String args[]){

        ArrayList<String> a = new ArrayList<String>();

        a.add(new String("xiao1"));
        a.add(new String("xiao2"));
        a.add(new String("xiao3"));

        /*遍历容器*/
        for(int j = 0; j < a.size(); j++){
           String str = a.get(j);
           System.out.println(str);
        }
    }
}
```

2. 迭代器 Iterator<E>的使用

所有继承 java.util.Collection 的容器都提供了一个方法 iterator(),它可以返回一个 Iterator<E>对象,该对象用来遍历并访问 Collection 容器所容纳的对象序列。例如: Vector<E>和 ArrayList<E>提供了方法 iterator()返回自身的 Iterator<E>对象,用于从头至尾遍历并访问 Vector<E>和 ArrayList<E>中的每个元素,容器提供的返回 Iterator<E>对象的方法声明如下:

public Iterator<E> iterator()

下面对 Iterator<E>提供的方法和功能描述逐一说明。

(1) E next()

返回所访问容器中的下一个元素,第一次调用 next()方法时,它返回容器中的第一个元素。

(2) Boolean hasNext()

判断容器中是否还有元素可以通过 next()方法进行访问并返回。

(3) void remove()

在调用 remove()之前必须先调用一次 next()方法,因为 next()就像在移动一个指针, remove()删掉的就是指针刚刚跳过去的元素。即使连续删掉两个相邻的元素,也必须在每次删除之前调用 next()。

例如,运用迭代器遍历 ArrayList<E>容器的方法见示例 6.8。

示例 6.8　ArrayList<E>容器遍历方法之二

```java
import java.util.*;
public class ArrayListExample {

    public static void main(String args[]){

        ArrayList<String> a = new ArrayList<String>();

        a.add(new String("xiao1"));
        a.add(new String("xiao2"));
        a.add(new String("xiao3"));

        /* 遍历并访问容器中的元素 */
        Iterator<String> e = a.iterator();

        while(e.hasNext()){
            String str = e.next();
            System.out.println(str);
        }
    }
}
```

Iterator<E>对象可以把访问逻辑从不同类型的容器类中抽象出来,避免向客户端暴露容器的内部结构,它可以作为遍历容器类的标准访问方法。例如,ArrayList<String>,Vector<String>,HashSet<String>,LinkList<String>四种存储字符串的不同类型的容器,都可以使用 print 函数通过迭代器对其容器进行遍历访问,见示例 6.9。

示例 6.9　Iterator<E>对象的使用

```java
import java.util.*;
class PrintData {
    static void print(Iterator<String> e) {
        while(e.hasNext())
            System.out.println(e.next());
    }
}
public class Iterators {
    public static void main(String[] args) {
        ArrayList<String> arrayList = new ArrayList<String>();
        for(int i = 0; i < 5; i++) {
            arrayList.add(new String(String.valueOf(i)));
        }
```

```
            Vector<String> vector = new Vector<String>();
            for(int i = 0; i < 5; i++) {
                    vector.add(new String(String.valueOf(i)));
            }

            HashSet<String> hashSet = new HashSet<String>();
            for(int i = 0; i < 5; i++) {
                    hashSet.add(new String(String.valueOf(i)));
            }
            LinkedList<String> linkedList = new LinkedList<String>();
            for(int i = 0; i < 5; i++) {
                    linkedList.add(new String(String.valueOf(i)));
            }
            System.out.println("——————————ArrayList——————");
            PrintData.print(arrayList.iterator());
            System.out.println("——————————Vector————————");
            PrintData.print(vector.iterator());
            System.out.println("——————————HashSet———————");
            PrintData.print(hashSet.iterator());
            System.out.println("——————————LinkedList——————————");
            PrintData.print(linkedList.iterator());
        }
}
```

迭代器遍历容器期间,不允许通过容器变量和点运算符调用容器类的 add( )和 remove( )等修改容器元素的方法,否则程序会抛出一个运行时同步修改异常 java.util.ConcurrentModificationException,示例 6.10 所示黑体标记的代码是非法的。

示例 6.10 容器同步修改异常示例

```
import java.util.*;
public class Test {
    public static void main(String[] args){

        ArrayList<String> arrayList = new ArrayList<String>();
        arrayList.add("Vectors");
        arrayList.add(" and ");
        arrayList.add("Iterators");


        String result = "";
        Iterator<String> iterator = arrayList.iterator();
        while (iterator.hasNext()) {
            result = iterator.next();
```

```
            iterator.remove();
            arrayList.add("cat");//不允许,会抛出异常//java.util.ConcurrentModificationException
        }
        System.out.println(result);
    }
}
```

3. For–each 循环的使用

For–each 循环提供了一种遍历和访问 Collection 容器的更简洁的方法,其语法如示例 6.11 所示。For 循环括号中冒号右面的 c 表示 For 循环要遍历和访问的 Collection 类型的变量;冒号左边的 Point2D 表示所遍历的容器中存储的对象类型,在遍历容器的过程中,将容器中的元素逐个取出赋予变量 point。

示例 6.11 For–each 循环的语法

```
Collection<Point2D>  c;
for (Point2D  point :c) {
    int x = point.getX();//对于容器 c 中存储的每一个元素 point,作如下处理……
    ……
}
```

示例 6.7 和示例 6.8 对容器 ArrayList<E> 的遍历,可以修改为用 For–each 循环进行遍历,见示例 6.12。

示例 6.12 ArrayList<E> 容器遍历方法之三

```
import java.util.*;
publicclass ArrayListExample {
    publicstaticvoid main(String args[]){
        ArrayList<String> a = new ArrayList<String>();
        a.add(new String("xiao1"));
        a.add(new String("xiao2"));
        a.add(new String("xiao3"));

        /*遍历容器*/
        for (String str:a) {
            System.out.println(str);
        }
    }
}
```

For–each 循环的应用场合分为以下 3 种情况:
1)对数组的元素进行遍历和访问。

2)对Collection(包括其所有的子类)类型的容器进行遍历和访问。

3)对满足下面两个条件的类进行遍历和访问:①该类维护了一个容器类型的私有属性,即第2.2节描述的集合类;②该类实现了接口java.lang.Iterable<T>,关于Java接口,详见第7章7.2节中的描述。

例如,图6.1所示的类图,类Client是个集合类,如果Client实现了接口java.lang.Iterable<T>,对Client类中存储的若干BankAccount对象就可以使用For-each循环对其进行遍历和访问。为了对第3)种情况进行演示,本节编写了类Client,BankAccount和TestClient,见示例6.13~示例6.15,其中,类Client实现了接口java.lang.Iterable<T>,即为接口中的抽象方法iterator()提供了方法体,类TestClient中的代码块是通过For-each循环对Client对象进行访问。

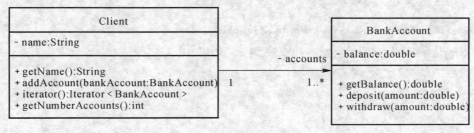

图6.1 集合模型

示例6.13 BankAccount.java

```java
/**
 * This class models a bankaccount.
 *
 * @authori Carnegie
 * @version1.0.0
 */
public class BankAccount {

    /* Balance of the account */
    private double balance;

    /**
     * Creates a new <code>BankAccount</code> object with an
     * initial balance of zero.
     */
    public BankAccount() {

        this.balance = 0.0;
    }

    /**
     * Returns the balance of this account.
```

```java
 *
 * @return the balance of this account
 */
public double getBalance() {

    return this.balance;
}

/**
 * Deposits money in this account. If the specified amount is
 * positive, the account balance is updated.
 *
 * @param a mount a mount of money to add to the balance.
 * @return<code>true</code>if the money is deposited;
 * <code>false</code>otherwise.
 */
public boolean deposit(double amount) {

    if (amount > 0) {
        this.balance += amount;

        return true;
    } else {

        return false;
    }
}

/**
 * Withdraws money from this account. If the specified a mountis
 * positive and the account has sufficien tfunds, the
 * account balance is updated.
 *
 * @param a mount amount of money to subtract from the balance.
 * @return<code>true</code>if the money is withdrawn;
 * <code>false</code>otherwise.
 */
public boolean withdraw(double amount) {

    if (amount > 0 && this.balance >= amount) {
        this.balance -= amount;

        return true;
```

```
        } else {

            return false;

        }

    }
}
```

示例 6.14 Client.java

```java
import java.util.*;

/**
 * This class models a bankclient. The following information is maintained:
 * <ol>
 * <li>The name of the client</li>
 * <li>The bankaccounts of the client</li>
 * </ol>
 *
 * @author Carnegie
 * @version 1.0.0
 */
public class Client implements Iterable<BankAccount>{

    /* Name of client */
    private String name;

    /* Collection of <code>BankAccounts</code> objects. */
    private ArrayList<BankAccount> accounts;

    /**
     * Constructs a <code>Client</code> object.
     * <p>
     * Creates an empty collection of bankaccounts.
     * </p>
     *
     * @param initialName the name of the client.
     */
    public Client(String initialName)    {

        this.name = initialName;
        this.accounts = new ArrayList<BankAccount>();

    }
```

```java
/**
 * Returns the name of this client.
 *
 * @return the name of this client.
 */
public String getName() {

    return this.name;
}


/**
 * Adds a bank account to this client.
 *
 * @param bankAccount the {@link BankAccount} object.
 */
public void addAccount(BankAccount bankAccount) {

    this.accounts.add(bankAccount);
}


/**
 * Returns an iterator over the bank accounts of this client.
 *
 * @return an {@link Iterator} over the bankaccounts of this
 * client.
 */
public Iterator<BankAccount> iterator() {

    return this.accounts.iterator();
}


/**
 * Returns the number of bank account of thisclient.
 *
 * @return the number of bankaccount of this client.
 */
public int getNumberOfAccounts() {

    return this.accounts.size();
}

}
```

示例 6.15 TestClient.java

```java
import java.util.*;
import java.io.*;

/**
 * This class tests the implementation of class <code>Client</code>.
 *
 * @authoriCarnegie
 * @version1.0.0
 */
public class TestClient {

    /* Standard output stream */
    private static PrintWriter stdOut =
        new PrintWriter(System.out, true);

    /* Standard error stream */
    private static PrintWriter stdErr =
        new PrintWriter(System.err, true);

    /**
     * Tests the implementation of class <code>Client</code>.
     *
     * @param args not used.
     */
    public static void main(String[] args) {

        BankAccount accountOne = new BankAccount();
        BankAccount accountTwo = new BankAccount();
        BankAccount accountThree = new BankAccount();

        accountOne.deposit(1000.0);
        accountTwo.deposit(2000.0);
        accountThree.deposit(3000.0);

        Client client = new Client("John Smith");

        client.addAccount(accountOne);
        client.addAccount(accountTwo);
        client.addAccount(accountThree);

        double totalBalance = 0.0;
```

```
        for (BankAccount account : client) {
            totalBalance += account.getBalance();
        }

        if (totalBalance != 6000.0) {
            stdErr.println("** Test failure");
        }
        stdOut.println("done");
    }
}
```

6.3 UML 设计类图的部分实现

对于雇员信息管理系统的实现,根据本章所学知识可以实现图 2.17 所示类图中的类 HourEmployee、类 NonCommissionedEmployee、类 CommissionedEmployee、类 NCEMonthRecord、类 CEMonthRecord、类 SaleRecord、类 SaleList,以及类 WeekRecord,见示例 6.16～示例 6.22。

对于公共交通信息查询系统部分类的实现(包括图 2.19 所示的类 LineList 和 StationSequence)和接口自动机系统部分类的实现(包括图 2.20 所示的类 StateSet,ActionSet 和 DeltaP),读者可以模仿雇员信息管理系统的实现,如果理解本章所讲内容,类似的编程实现很容易。

示例 6.16 WeekRecord.java

```java
import java.util.*;
import java.sql.Date;
/*
* 每周的工作记录,保存本周内所有的日工作记录
* @author machunyan
*/
public class WeekRecord implements Iterable<DayRecord> {

    private ArrayList<DayRecord> dayRecords;//本周的所有日工作记录

    public WeekRecord() {

        dayRecords = new ArrayList<DayRecord>();
    }

    /**
    * 为当前日工作记录添加新的日工作记录
```

* @paramdayRecord 将要被添加的新的工作记录
 */
public void addDayRecord(DayRecord dayRecord) {

    dayRecords.add(dayRecord);
}

/**
 * 按照给定日期检索雇员的日工作记录
 * @paramworkDay 被检索的周中的某一个日期
 */
public DayRecord getDayRecord(Date workDay) {

    for (DayRecord dayRecord : dayRecords) {
        if (workDay.equals(dayRecord.getWorkDay()))
            return dayRecord;
    }
    return null;
}
/**
 * 获得雇员日工作记录的数量
 * @return 雇员日工作记录的数量
 */
public int getNumberOfDayRecord() {

    return dayRecords.size();
}

/**
 * 返回迭代器访问 WeekRecord 中的 DayRecord
 *
 * @returnan{@link Iterator}of{@link DayRecord}
 */
public Iterator<DayRecord> iterator(){

    return dayRecords.iterator();

}

/**
 * 返回此工作记录的字符串表示形式
 */

```java
    public String toString() {
        String result = "";
        for (DayRecord dayRecord : dayRecords) {
            result += "\t" + dayRecord.toString();
        }
        return result;
    }
}
```

示例 6.17 HourEmployee.java

```java
import java.util.*;
import java.sql.Date;

/*
 * 工时雇员类,该类雇员按其工作时间得到工资,每周末结算
 * 如果某天其工作时间超过 8 小时,则超过部分按原工资的 150% 计算
 * @author author
 */
public class HourEmployee extends Employee {

    private double hourSalary; //工时雇员每小时的工资

    private ArrayList<WeekRecord> weekRecords; //工时雇员每周的工作记录

    /**
     * 初始化雇员基本信息的构造函数
     * @paraminitId 雇员的唯一身份标识
     * @paraminitName 雇员的名字
     * @paraminitBirthday 雇员的出生日期
     * @paraminitMobileTel 雇员的联系方式
     * @paraminitHourlySalary 工时雇员每小时的工资
     */
    public HourEmployee(String initId, String initName, Date initBirthday,
            String initMobileTel, double initHourlySalary) {

        super(initId, initName, initBirthday, initMobileTel);
        hourSalary = initHourlySalary;
        weekRecords = new ArrayList<WeekRecord>();
    }

    /**
     * 获得工时雇员每小时的工资
```

```java
 */
    public double getHourSalary() {
        return hourSalary;
    }

    /**
     * 为当前雇员添加新的周工作记录
     * @param weekRecord 将要被添加的新的工作记录
     */
    public void addWeekRecord(WeekRecord weekRecord) {
        weekRecords.add(weekRecord);
    }

    /**
     * 返回迭代器,以访问 HourlyEmployee 的周工作记录
     *
     * @return an {@link Iterator} of {@link DayRecord}
     */
    public Iterator<WeekRecord> iterator() {
        return weekRecords.iterator();
    }

    /**
     * 按照给定日期检索雇员的周工作记录,该周工作记录中包含给定的日期
     * @param workDay 被检索的周中的某一个日期
     * @return 该雇员的目标日期所在的周的工作记录
     */
    public WeekRecord getWeekRecord(Date workDay) {
        for (WeekRecord weekRecord : weekRecords) {
            if (weekRecord.getDayRecord(workDay) != null)
                return weekRecord;
        }
        return null;
    }

    /**
     * 获得雇员周工作记录的数量
```

```java
     */
    public int getNumberOfWeekRecord() {

        return weekRecords.size();
    }

    /**
     * 返回工时雇员当前可以领到的工资
     */
    public double getSalary(Date workDay) {

        double result = 0;
        //获得当前雇员目前所在周的工作记录
        WeekRecord weekRecord = getWeekRecord(workDay);
        for (DayRecord day : weekRecord)
            if (day.getHourCount() > 8) {
                result += 8 * hourSalary + (day.getHourCount() - 8) * 1.5
                    * hourSalary;
            } else {
                result += day.getHourCount() * hourSalary;
            }
        return result;
    }
}
```

示例 6.18 SaleRecord.java

```java
import java.util.ArrayList;
import java.util.Iterator;
/*
 * 佣金雇员的销售记录,用于记录销售信息并计算薪水
 * @author machunyan
 */
public class SaleRecord {

    private ArrayList<SaleItem> saleItems;

    /**
     * 构造一个空集合{@link SaleItem}
     */
    public SaleRecord() {

        saleItems = new ArrayList<SaleItem>();
```

```java
}

/**
 * 为当前销售记录添加新的销售项
 * @param saleItem 将要被添加的新的工作记录
 */
public void addSaleItem(SaleItem saleItem) {

    saleItems.add(saleItem);
}


/**
 * 返回迭代器遍历销售清单的销售项
 */
public Iterator<SaleItem> iterator() {

    return this.saleItems.iterator();
}


/**
 * 按照给定产品名检索雇员的销售项
 * @param productName 被检索的月中的某一个日期
 */
public SaleItem getSaleItem(String productName) {

    for (SaleItem saleItem : saleItems) {
        if (productName.equals(saleItem.getProductName()))
            return saleItem;
    }
    return null;
}


/**
 * 获得雇员销售项的数量
 */
public int getNumberOfSaleItem() {

    return saleItems.size();
}


/**
 * 返回此销售记录所涉及的销售总额
```

```java
 */
public double getSale() {

    double result = 0;
    for (SaleItem saleItem : saleItems) {
        result += saleItem.getPrice() * saleItem.getQuantity();
    }
    return result;
}
/**
 *返回此销售记录的字符串表示形式
 */
public String toString() {
    String result = "";
    for (SaleItem saleItem : saleItems) {
        result += "\t" + saleItem.toString();
    }
    result += "total sale : " + getSale() + "\n";
    return result;
}
}
```

示例 6.19 CEMonthRecord.java

```java
import java.util.*;
import java.sql.Date;
/*
 *每月的工作记录,为佣金雇员保存本月内所有的日工作记录
 * @author machunyan
 */
public class CEMonthRecord {

    private ArrayList<DayRecord> dayRecords;    //本月的所有日工作记录
    private SaleRecord saleRecord;

    /**
     *初始化成员属性的构造函数
     * @paraminitCommission 佣金雇员的佣金率
     */
    public CEMonthRecord(SaleRecord initSaleRecord) {

        dayRecords = new ArrayList<DayRecord>();
        saleRecord = initSaleRecord;
```

```java
}

/**
 * 返回当前记录中的销售记录
 */
public SaleRecord getSaleRecord() {

    return saleRecord;
}

/**
 * 为当前月工作记录添加新的日工作记录
 * @param dayRecord 将要被添加的新的工作记录
 */
public void addDayRecord(DayRecord dayRecord) {

    dayRecords.add(dayRecord);
}

/**
 * 返回迭代器访问 CEMonthRecord 中的 DayRecord
 *
 * @return an {@link Iterator} of {@link DayRecord}
 */
public Iterator<DayRecord> iterator(){

    return dayRecords.iterator();

}
/**
 * 按照给定日期检索雇员的日工作记录
 * @param workDay 被检索的月中的某一个日期
 */
public DayRecord getDayRecord(Date workDay) {

    for (DayRecord dayRecord : dayRecords) {
        if (workDay.equals(dayRecord.getWorkDay()))
            return dayRecord;
    }
    return null;
}
```

```java
/**
 *获得雇员日工作记录的数量
 */
public int getNumberOfDayRecord() {

    return dayRecords.size();
}
/**
 *返回此工作记录的字符串表示形式
 */
public String toString() {

    String result = "";
    for (DayRecord dayRecord : dayRecords) {
        result += "\t" + dayRecord.toString();
    }
    result += saleRecord.toString();
    return result;
}
```

示例 6.20　NCEMonthRecord.java

```java
import java.util.*;
import java.sql.Date;

/*
 *每月的工作记录,为非佣金雇员保存本月内所有的日工作记录
 * @author machunyan
 */
public class NCEMonthRecord {

    private ArrayList<DayRecord> dayRecords; //本月的所有日工作记录

    public NCEMonthRecord() {

        dayRecords = new ArrayList<DayRecord>();
    }

    /**
     *为当前日工作记录添加新的日工作记录
     * @param dayRecord 将要被添加的新的工作记录
     */
```

```java
public void addDayRecord(DayRecord dayRecord) {

    dayRecords.add(dayRecord);
}

/**
 * 返回迭代器访问 NCEMonthRecord 中的 DayRecord
 *
 * @return an {@link Iterator} of {@link DayRecord}
 */
public Iterator<DayRecord> iterator(){

    return dayRecords.iterator();

}

/**
 * 按照给定日期检索雇员的日工作记录
 * @param workDay 被检索的月中的某一个日期
 */
public DayRecord getDayRecord(Date workDay) {

    for (DayRecord dayRecord : dayRecords) {
      if (workDay.equals(dayRecord.getWorkDay()))
         return dayRecord;
    }
    return null;
}

/**
 * 获得雇员日工作记录的数量
 */
public int getNumberOfDayRecord() {

    return dayRecords.size();
}

/**
 * 返回此工作记录的字符串表示形式
 */
public String toString() {

    String result = "";
```

```java
        for (DayRecord dayRecord : dayRecords) {
            result += "\t" + dayRecord.toString();
        }
        return result;
    }
}
```

示例 6.21 CommissionEmployee.java

```java
import java.util.*;
import java.sql.Date;

/*
 * 普通雇员中的佣金雇员类,佣金雇员每月末结算薪水
 * @author machunyan
 */
public class CommissionEmployee extends GeneralEmployee {

    private ArrayList<CEMonthRecord> cEMonthRecords; //佣金雇员的月工作记录

    /**
     * 初始化雇员基本信息的构造函数
     * @paraminitId 雇员的唯一身份标识
     * @paraminitName 雇员的名字
     * @paraminitBirthday 雇员的出生日期
     * @paraminitMobileTel 雇员的联系方式
     * @paraminitMonthlySalary 普通雇员每月的工资
     */
    public CommissionEmployee(String initId, String initName,
            Date initBirthday, String initMobileTel, double initMonthlySalary) {

        super(initId, initName, initBirthday, initMobileTel, initMonthlySalary);
        cEMonthRecords = new ArrayList<CEMonthRecord>();
    }

    /**
     * 为当前雇员添加新的月工作记录
     * @paramcEMonthRecord 将要被添加的新的工作记录
     */
    public void addCEMonthRecord(CEMonthRecord cEMonthRecord) {

        cEMonthRecords.add(cEMonthRecord);
    }
```

```java
/**
 * 返回迭代器访问 WeekRecord 中的 DayRecord
 *
 * @returnan {@link Iterator} of {@link DayRecord}
 */
public Iterator<CEMonthRecord> iterator(){

    return cEMonthRecords.iterator();

}


/**
 * 按照给定日期检索雇员的月工作记录,该月工作记录中包含给定的日期
 * @paramworkDay 被检索的月中的某一个日期
 * @return 该雇员的目标日期所在的月的工作记录
 */
public CEMonthRecord getCEMonthRecord(Date workDay) {

    for (CEMonthRecord cEMonthRecord : cEMonthRecords) {
      if (cEMonthRecord.getDayRecord(workDay) != null)
         return cEMonthRecord;
    }
    return null;
}


/**
 * 获得雇员月工作记录的数量
 */
public int getNumberOfCEMonthRecord() {

    return cEMonthRecords.size();
}


/**
 * 返回佣金雇员当前可以领到的工资
 */
public double getMonthSalary(Date day) {

    double result = getFixMonthSalary();
    double sale;

    for (CEMonthRecord record : cEMonthRecords) {
```

```java
        sale = record.getSaleRecord().getSale();
        if (sale > 200000) {
            //超过20万的部分按照超过部分的15%作为佣金
            result += (sale - 200000) * 0.15;
            //超过10万到20万之间的部分:
            result += 10000;
        } elseif (sale > 100000) {
            //超过10万的部分按照超过部分的10%作为佣金
            result += (sale - 100000) * 0.1;
        }
    }
    return result;
}
```

示例 6.22 NonCommissionedEmployee.java

```java
import java.util.*;
import java.sql.Date;

/*
 * 普通雇员中的非佣金雇员类,非佣金雇员每月末结算薪水
 * @author machunyan
 */
public class NonCommissionEmployee extends GeneralEmployee {

    private ArrayList<NCEMonthRecord> nCEMonthRecords; //非佣金雇员的月工作记录

    /**
     * 初始化雇员基本信息的构造函数
     * @paraminitId 雇员的唯一身份标识
     * @paraminitName 雇员的名字
     * @paraminitBirthday 雇员的出生日期
     * @paraminitMobileTel 雇员的联系方式
     * @paraminitMonthlySalary 普通雇员每月的工资
     */
    public NonCommissionEmployee(String initId, String initName,
            Date initBirthday, String initMobileTel, double initMonthlySalary) {

        super(initId, initName, initBirthday, initMobileTel, initMonthlySalary);
        nCEMonthRecords = new ArrayList<NCEMonthRecord>();
    }
```

```java
/**
 * 为当前雇员添加新的月工作记录
 * @paramnCEMonthRecord 将要被添加的新的工作记录
 */
public void addNCEMonthRecord(NCEMonthRecord nCEMonthRecord) {

    nCEMonthRecords.add(nCEMonthRecord);
}


/**
 * 返回迭代器访问 WeekRecord 中的 DayRecord
 *
 * @returnan {@link Iterator} of {@link DayRecord}
 */
public Iterator<NCEMonthRecord> iterator(){

    returnn CEMonthRecords.iterator();


}


/**
 * 按照给定日期检索雇员的月工作记录,该月工作记录中包含给定的日期
 * @paramworkDay 被检索的月中的某一个日期
 * @return 该雇员的目标日期所在的月的工作记录
 */
public NCEMonthRecord getNCEMonthRecord(Date workDay) {

    for (NCEMonthRecord nCEMonthRecord : nCEMonthRecords) {
        if (nCEMonthRecord.getDayRecord(workDay) != null)
            return nCEMonthRecord;
    }
    return null;
}


/**
 * 获得雇员月工作记录的数量
 */
public int getNumberOfNCEMonthRecord() {

    returnnCEMonthRecords.size();
}

}
```

第7章 抽象类和接口

7.1 抽象类

有些事物是抽象存在的,是一个概念,不存在具体事物。比如动物,世界上没有一个具体的事物叫动物,但世界上却有很多动物,比如老虎、狮子等。动物是抽象的事物,而老虎、狮子却是具体的事物,为了描述一个抽象的事物,Java 提供了抽象类的概念,用于描述抽象的事物,而一般非抽象类用于描述具体的事物。在本节中,将学习抽象类的基本知识,并通过相关的实例讲解抽象类的使用方法。

7.1.1 抽象方法

一个方法通过添加 abstract 关键字可以定义为抽象方法,抽象方法只有方法声明,而没有方法体的定义。抽象方法仅包含方法的名称、参数列表、返回类型,但不含方法主体。例如定义一个抽象方法 sleep,格式如下:

public abstract void　sleep(int　hours);

7.1.2 抽象类

抽象方法必须被定义在抽象类中,即拥有抽象方法的类必须是抽象类。一个抽象类可以通过在 class 关键字前添加 abstract 关键字进行定义。类定义的格式如下:

public abstract class className {

}

在 UML 类图中,抽象类和抽象方法的表示有两种方式,一种方式是用斜体书写抽象类名和抽象方法,如图 7.1 所示的抽象类 Container;另一种方式是通过{abstract}属性对抽象类和抽象方法进行标记,如图 7.2 所示的抽象类 Container。

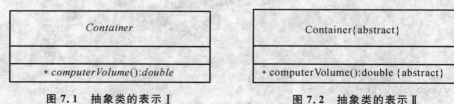

图 7.1　抽象类的表示Ⅰ　　　　　　图 7.2　抽象类的表示Ⅱ

示例 7.1 给出了抽象类 Container 的定义。抽象类也可以不包含抽象方法,见示例 7.2。

示例 7.1 抽象类 Container 的定义

```java
/**
 * 建模一个抽象意义容器
 * @author author name
 * @version1.0.0
 */
public abstract class Container {
    //计算容积的抽象方法
    public abstract double  computeVolume();
}
```

示例 7.2 抽象类 Person 的定义

```java
/**
 * 建模一个抽象意义的人
 * @author author name
 * @version1.0.0
 */
public abstract class Person  {
    /* 人的名字 */
    private String   name;

    /* 人的住址 */
    private String   address;

    /**
     * 构造函数
     *
     * @param initialName 初始化人的名字
     * @param initialAddress 初始化人的住址
     */
    public Person (String initialName, String initialAddress) {

        name = initialName;
        address = initialAddress;
    }

    /**
     * 返回人的名字
     * @return 人的名字
     */
    public String getName() {
```

```
        return name;
    }

    /**
     * 返回人的住址
     * @return 人的住址
     */
    public String getAddress() {

        return address;
    }
}
```

抽象类和一般类一样，也是一种对象类型，可以通过它声明对象类型的变量，但是，不能创建抽象类实例。例如：

Container container;//可以

container = new Container();//不可以

抽象类是一种只可作为基类的类型，可以被扩展/继承，创建子类，如图7.3所示，继承的语法和含义与4.1.1节讲述的语法类似。子类可以为继承的抽象方法提供方法体，如果子类没有为所继承的抽象方法提供方法体，则该子类也必须被定义为抽象类。示例7.3和示例7.4是继承抽象类 Container 的两个子类 Wagon 和 Tank 的代码，它们分别为抽象类的computeVolume()提供了方法体，成为一般类（即非抽象类）。

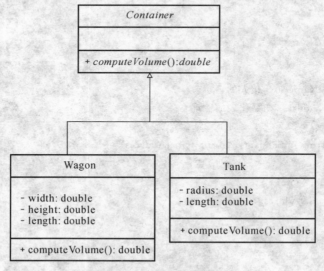

图 7.3 抽象类及其继承示例

示例 7.3 类 Wagon 的定义

```java
/**
 * 建模容器 Wagon,实现抽象意义的容器 Container
 * @author author name
 * @version1.0.0
 */
public class Wagon extends Container {

    /* 容器 Wagon 的宽度 */
    private double   width;
    /* 容器 Wagon 的高度 */
    private double   height;
    /* 容器 Wagon 的长度 */
    private double   length;
    /**
     * 构造函数,为容器 Wagon 的长、宽和高初始化
     * @param initialWidth 初始化容器 Wagon 的宽度
     * @param initialHeight 初始化容器 Wagon 的高度
     * @param initialLength 初始化容器 Wagon 的长度
     */
    public Wagon(double initialWidth,double initialHeight, double initialLength) {
        width = initialWidth;
        height = initialHeight;
        length = initialLength;
    }
    /**
     * 返回容器 wagon 的容积
     */
    public double   computeVolume() {
        return width * height * length;
    }
    /**
     * 返回容器 wagon 容积的字符串信息
     */
    public String toString(){
        return "Wagon.computeVolume():";
    }
}
```

示例 7.4 类 Tank 的定义

```java
/**
 * 建模容器 Tank,实现抽象意义的容器 Container
 * @author author name
```

```java
 * @version1.0.0
 */
public class Tank extends Container {

    /*容器 Tank 的半径*/
    private double radius;
    /*容器 Tank 的长度*/
    private double length;
    /**
     * 构造函数,为容器 Tank 的长度和半径初始化
     * @param initialRadius 初始化容器 Tank 的半径
     * @param initialLength 初始化容器 Tank 的长度
     */
    public Tank(double initialRadius,double initialLength) {
        radius = initialRadius;
        length = initialLength;
    }
    /**
     * 返回容器 Tank 的容积
     */
    public double computeVolume() {
        return Math.PI * radius * radius * length;
    }
    /**
     * 返回容器 Tank 容积的字符串信息
     */
    public String toString(){
        return "Tank.computeVolume();";
    }
}
```

所有继承抽象类的子类对象都可以赋值给抽象类的变量,例如:
Container container;
container = new Wagon(width, height, length);
container = new Tank((radius, length);

与一般类一样,基类 Container 类型的变量是多态的变量,抽象类中被子类继承并且提供方法体的方法 computeVolume()是多态的方法。即继承抽象类 Container 的子类中,所有与类 Container 所声明的函数特征 computeVolume()相符的函数,都会通过动态邦定的机制调用,即根据 container 指向的具体数据类型调用相应的方法体。

在示例 7.1、示例 7.3 和示例 7.4 的基础上,编写程序 ContainerDemo.java 演示多态性,

见示例 7.5。main 方法中数组 containers 中的每个元素 containers[i]($0\leqslant i\leqslant 9$)都是多态的变量,方法 containers[index].computeVolume()是多态的方法。该程序的运行结果参见示例 7.6,根据运行结果,可以帮助读者进一步理解多态的含义。由于数组 containers 中的元素是随机赋值的,所以程序每次的运行结果可能是不同的。

示例 7.5 ContainerDemo.Java

```java
/**
 *演示抽象类机制的多态性的类
 *@author author name
 *@version1.0.0
 */
public class ContainerDemo {
    private static final String NEW_LINE = System.getProperty("line.separator");//换行符
    /**
     *随机生成容器类型的对象
     */
    public static Container randContainer() {
        double width = Math.random() * 100;
        double height = Math.random() * 200;
        double length = Math.random() * 300;
        double radius = Math.random() * 400;
        switch((int)(Math.random() * 3)) {
            default:
            case 0: return new Wagon(width, height, length);
            case 1: return new Tank(radius, length);
        }
    }
    public static void main(String[] args){
        String out = "";
        //声明容器类型的数组,并初始化数组类型的对象
        Container[] containers = new Container[10];
        //为容器类型的数组元素赋值
        for (int index = 0; index<containers.length; index++){
            containers[index] = ContainerDemo.randContainer();
        }
        //为容器类型的数组元素赋值,多态方法的调用
        for (int index = 0; index<containers.length; index++){
            double volume = containers[index].computeVolume();
            out = out + containers[index] + volume + NEW_LINE;
        }
        System.out.println(out);
    }
}
```

示例 7.6 示例 7.5 的运行结果

```
G:\test\源码演示>javac Container.Java
G:\test\源码演示>javac Tank.Java
G:\test\源码演示>javac Wagon.Java
G:\test\源码演示>javac ContainerDemo.Java
G:\test\源码演示>Java ContainerDemo
Tank.computeVolume():2.973216949318617E7
Wagon.computeVolume():1333462.2399851186
Wagon.computeVolume():1005.1464550502815
Wagon.computeVolume():809208.682611333
Wagon.computeVolume():1583716.0336589299
Tank.computeVolume():3332329.711723496
Wagon.computeVolume():22158.511201474666
Wagon.computeVolume():483547.1602089258
Wagon.computeVolume():2492896.6304093124
Tank.computeVolume():5883440.844568507
```

7.1.3 抽象类的特点

本节将抽象类的特点总结如下：

1) 抽象类中可以没有抽象方法；

2) 含有抽象方法的类一定是抽象类；

3) 抽象类实例没有存在的意义，让客户端程序员无法创建抽象类的对象，并因此确保基类只是一个"接口"（而无实体），抽象类引用可以指向其子类型的对象；

4) 含有抽象方法的抽象类中，共同的函数特征建立了一个基本形式（例如示例 7.1 中的 computeVolume()），让程序员可以陈述所有继承该抽象类（Tank 和 Wagon）的共同点，任何子类都以不同的方法体（例如示例 7.3 和示例 7.4 分别为方法 computeVolume() 提供了方法体）来表现这一共同的函数特征。

7.2 接 口

Java 中的接口在语法上与类有些类似，定义了若干个抽象方法和常量，形成一个属性和方法的集合。该集合通常对应了某一组功能，其主要作用是可以帮助实现类似于类的多重继承的功能。本节将阐述接口的基本知识，在此基础上，将接口、抽象类以及一般具体类进行比较分析。

7.2.1 接口的定义

接口仅包含常量和抽象方法的定义,接口中的所有方法都默认是公共的和抽象的(public abstract),常量默认是公开的静态常量(即由 public static final 修饰的变量)。在 UML 类图中,接口的表示方法如图 7.4 所示,在 Java 程序设计中,接口的定义通过关键字 interface。接口 Device 的实现见示例 7.7。

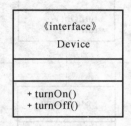

图 7.4　接口 **Device** 的表示

示例 7.7　接口 Device

```
/**
 * 建模抽象的设备
 * @author author name
 * @version 1.0.0
 */
public interface  Device {
/**
 * 关闭设备
    */
    void turnOff();
    /**
 * 关闭设备
    */
    void turnOn();
}
```

可以像定义一般类一样,在 interface 关键字前可以声明 public 或缺省的访问权限。和 public 类一样,public 接口也必须定义在与接口同名的文件中。

接口也是一种对象类型,可以声明该类型的变量,例如:

Device device;

7.2.2 接口的实现

接口被扩展/继承称之为接口的实现。接口的实现不是通过关键字 extends,而是通过关键字 implements,实现接口的类负责为接口的方法提供方法体。如果实现接口的类没有为接口中的所有方法提供方法体,则该类必须定义为抽象类。所有实现接口的方法都必须被声明为 public 的。例如,图 7.5 表示类 TV,LightBulb 和 Stopwatch 实现了接口 Device,成为一般类,示例 7.8 和示例 7.9 分别是类 TV 和 LightBulb 的实现代码。

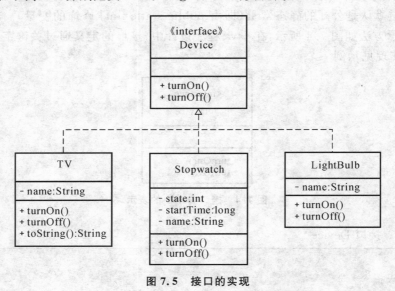

图 7.5　接口的实现

示例 7.8　实现接口 Device 的类 TV 的定义

```
import java.io.*;
/**
 * 建模具体的设备电视机
 * @author author name
 * @version 1.0.0
 */
public class TV implements Device {
    /* 设备名 */
    private String name;

    public static void main(String[] args) {
        Device device = new TV("TV");
        device.turnOn();
        device.turnOff();
        System.out.println(device);
    }
    /* 初始化设备名 */
    public TV(String initialName) {
        name = initialName;
    }
     /**
```

* 实现关闭设备的功能
     */
    public void turnOff() {
        stdOut.println("Turn off the device " + name);
    }
    /**
 * 实现打开设备的功能
     */
    public void turnOn() {
        stdOut.println("Turn on the device " + name);
    }
    /**
 * 返回字符串属性
     */
    public String toString() {
        return "TV";
    }
}
```

**示例 7.9** 实现接口 Device 的类 LightBulb 的定义

```
importJava.io.*;
importJava.io.*;
/**
 * 建模具体的设备电视机
 * @author author name
 * @version 1.0.0
 */
public class LightBulb implements Device {

    /* 设备名 */
    private String   name;
    public static void main (String[] args) {

        Device device = new LightBulb("LightBulb");
        device.turnOn();
        device.turnOff();
    }
    /* 初始化设备名 */
    public LightBulb (String initialName) {
        name = initialName;
    }
```
```

```
    /**
     *实现关闭设备的功能
     */
    public void turnOff() {
        stdOut.println("Turn off the device " + name);
    }
    /**
    *返回字符串属性
     */
    public void turnOn() {
        stdOut.println("Turn on the device " + name);
    }
}
```

对于所有实现接口的类,其对象都可以赋值给接口类型的变量。例如:
```
Device device = new TV("TV");
device = new LightBulb("LightBulb");
```
接口类型的变量(例如,device)和接口声明的方法(例如,turnOn 和 turnOff)都是多态的。实现该接口的子类中所有与接口所声明的方法特征相符的方法,都会通过动态邦定的机制来调用。例如示例7.10,通过该示例的运行结果(见示例7.11)可以理解接口类型的变量和接口声明的方法的多态性。由于数组 device 中的元素是随机赋值的,所以程序每次的运行结果可能是不同的。

示例7.10 接口类型的变量和方法多态的演示

```
importJava.io.*;
/**
*接口类型的变量和方法多态的演示类
* @author author name
* @version 1.0.0
*/
public class DeviceDemo {
    /**
     *随机生成 Device 类型的对象
     */
    public static Device randDevice() {
        switch((int)(Math.random() * 2)) {
            default:
            case 0: return new TV("TV");
            case 1: return new LightBulb("LightBulb");
        }
    }

    public static void main(String[] args) {
        //声明设备数组类型的变量,并初始化数组类型变量
```

```
        Device[] device = new Device[4];
        //初始化设备数组的元素
        for (int index=0; index<4; index++){
            device[index] = DeviceDemo.randDevice();
        }
        //演示多态的方法调用
        for (int index=0; index<4; index++){
            device[index].turnOn();
            device[index].turnOff();
        }
    }
}
```

示例 7.11　示例 7.9 的运行结果

```
G:\test\源码演示>javac TV.Java
G:\test\源码演示>javac LightBulb.Java
G:\test\源码演示>javac DeviceDemo.Java
G:\test\源码演示>Java DeviceDemo
Turn on the device TV
Turn off the device TV
Turn on the device TV
Turn off the device TV
Turn on the device LightBulb
Turn off the device LightBulb
Turn on the device TV
Turn off the device TV
```

一个类在继承另外一个类的同时,可以实现多个接口,例如示例 7.12。使用接口,能够实现子类型被向上转型至多个基类型。在示例 7.12 中,Hero 类型的对象可以被向上转型为 ActionCharacter,CanFight,CanSwim 或 CanFly 等 4 种类型的对象。

示例 7.12　实现多个接口的示例

```
interface CanFight {
    void fight();
}
interface CanSwim {
    void swim();
}
interface CanFly {
    void fly();
}
    class ActionCharacter {
```

```java
    public void fight() {
        System.out.println("ActionCharacter.fight()");
    }
}
//类 Hero 扩展类 ActionCharacter 的同时,实现接口 CanFight，CanSwim，CanFly
class Hero extends ActionCharacter   implements CanFight, CanSwim, CanFly {
    public void swim() {
        System.out.println("Hero.swim()");
    }

    public void fly() {
        System.out.println("Hero.fly()");
    }
}
public class Adventure {
    static void t(CanFight x) {
        x.fight();
    }
    static void u(CanSwim x) {
        x.swim();
    }
    static void v(CanFly x) {
        x.fly();
    }
    static void w(ActionCharacter x) {
        x.fight();
    }
    public static void main(String[] args) {
        Hero h = new Hero();
        t(h); //将 Hero 对象当作接口 CanFight 类型的变量使用
        u(h); //将 Hero 对象当作接口 CanSwim 类型的变量使用
        v(h); //将 Hero 对象当作接口 CanFly 类型的变量使用
        w(h); //将 Hero 对象当作接口 ActionCharacter 类型的变量使用
    }
} ///:~
```

7.2.3 接口之间的继承

Java 不允许类的多重继承,但允许接口之间的多继承,继承的多个接口之间用逗号分隔,例如下面的代码段:

```
public interface MyInterface extends
        Interface1, Interface2 {
            void aMethod();
}
```
示例7.12也可以通过接口之间的多继承实现,见示例7.13。该示例定义了一个新的接口Animal,该接口继承CanFight,CanSwim,CanFly等3个接口,这样,Hero仅需实现一个接口Animal即可。

示例7.13 接口之间的多继承示例

```
interface CanFight {
    void fight();
}
interface CanSwim {
    void swim();
}
interface CanFly {
    void fly();
}
//接口的多继承
interface Animal extends CanFight,CanSwim,CanFly {
    void run();
}
class ActionCharacter {
        public void fight() {
            System.out.println("ActionCharacter.fight()");
        }
}
//类Hero扩展ActionCharacter,实现接口Animal
class Hero extends ActionCharacter   implements Animal {
    public void swim() {
        System.out.println("Hero.swim()");
    }

    public void fly() {
        System.out.println("Hero.fly()");
    }
}
public class Adventure {
    static void t(CanFight x) {
        x.fight();
    }
    static void u(CanSwim x) {
        x.swim();
    }
```

```
    static void v(CanFly x) {
        x.fly();
    }
    static void w(ActionCharacter x) {
        x.fight();
    }
    public static void main(String[] args) {
        Hero h = new Hero();
        t(h); //将 Hero 对象当作接口 CanFight 类型的变量使用
        u(h); //将 Hero 对象当作接口 CanSwim 类型的变量使用
        v(h); //将 Hero 对象当作接口 CanFly 类型的变量使用
        w(h); //将 Hero 对象当作接口 ActionCharacter 类型的变量使用
    }
} ///:~
```

7.2.4 接口的特点

接口的特点主要体现在以下 3 个方面：

1) 接口可以实现子类型被向上转型至多个基类类型,例如示例 7.12 和示例 7.13 中的子类型 Hero；

2) 接口对象没有存在的意义,让客户端程序员无法产生接口类型的对象,并因此确保这只是一个"接口"(而无实体),例如示例 7.7、示例 7.12 和示例 7.13 中定义的接口 Device、CanFight、CanSwim、CanFly 和 Animal；

3) 接口建立了一个基本形式(例如示例 7.7 接口 Device),让程序员可以陈述所有实现该接口(例如,类 TV 和 LightBulb 实现了接口 Device)的共同方法特征(例如,实现接口的类都有 turnOn()和 turnOff()方法),任何实现该接口的子类(例如,类 TV 和 LightBulb)都以不同的方法体(例如示例 7.8 和示例 7.9 分别为方法 turnOn()和 turnOff()提供了不同的方法体)来表现接口中陈述的共同的方法特征。

7.3 接口、抽象类、一般类的比较

在面向对象的概念中,所有的对象都是通过类来描述的,但是反过来却不是这样的。并不是所有的类都是用来描述对象的,如果一个类中没有包含足够的信息来描述一个具体的对象,这样的类就是抽象类或接口。抽象类或接口常用来描述对问题领域进行分析、设计中得出的抽象概念,是对一系列看上去不同,但是本质上相同的具体概念的抽象。例如:进行一个图形编辑软件的开发,就会发现问题领域存在着圆(circle)、三角形(triangle)这样一些具体概念,它们是不同的,但是它们又都属于图形形状(shape)这样一个概念,形状这个概念在问题领域

也许是不存在的,它是一个抽象的概念。正是因为抽象的概念在问题领域没有对应的具体事物,因此用以描述抽象概念的抽象类或接口是不能够实例化的。

在面向对象领域,抽象类或接口主要用来实现类型隐藏。可以构造出一个固定的一组行为的抽象描述,但是这组行为却有任意的具体实现方式。这个抽象描述就是抽象类或接口,而这一组任意的具体实现则表现为所有可能的派生类。

抽象类与接口的主要区别如下:

1)抽象类可以定义成员变量,而接口定义的均是不能被修改的静态常量(隐含都是 static final 修饰的,不过在 interface 中一般不定义数据)。

2)抽象类可以有自己的实现方法(即为方法提供方法体),而接口定义的方法均是抽象的方法,没有方法体。

3)抽象类可以定义构造函数,虽然不能直接调用构造函数创建抽象类对象,而接口不包含构造函数的定义。

4)如果一个类继承一个抽象类,就不能再继承其他的具体的类或抽象类,而如果一个类实现一个接口,则还可以继承另外一个具体的类或抽象类,同时还可以实现许多其他的接口。

如果知道某个类将会成为基类,究竟应该使用接口、抽象类还是使用一般类?

如果编写的基类可以不带任何方法体定义或任何对象成员变量,应该优先考虑用接口,因为程序员能够藉以编写出"可被向上转型为多个基类型别"的类;只有在必须带有方法体定义或对象成员变量时,才使用抽象类;或者基类需要创建对象时,即基类对象有存在的意义时,才使用一般具体类。

7.4 应用案例分析

2.3 节通过雇员信息管理系统阐释了类图设计的基本步骤和经验,在设计的类图中,仅考虑基类是一般类,熟悉了接口和抽象类后,可以进一步考虑基类是否可以是抽象类或接口。例如,在雇员信息管理系统的静态类图设计中,基类的 Employee 和 GeneralEmployee 可以改为接口吗?不可以,原因是,它们中含有自己的实例变量和方法体定义,以便被其子类雇员所复用。基类 Employee 和 GeneralEmployee 可以改为抽象类吗?可以,因为 Employee 和 GeneralEmployee 对象没有存在的意义,用户关心的是它们的子类对象 HourEmployee,CommissionEmployee 以及 NonCommissionEmployee。因此,Employee 和 GeneralEmployee 最好建模为抽象类,以免用户由于误操作创建了它们的对象。对于公共交通信息查询系统而言,与之同理,TransportLine 也最好建模为抽象类。

根据图 2.15 所示的类图设计方案,FolderItem 是表述 File 和 Folder 两个类之间共性的基类,在该设计方案中,FolderItem 是一般类,由于 FolderItem 对象没有意义,所以它也可以是抽象类(见图 7.6),但不可以是接口(因为它有属性 name,date,size),所以图 7.6 所示的设计方案中将 FolderItem 建模为抽象类。

对于该文件系统,假设用户可以实现如下功能:

1)显示文件系统中每个文件或文件夹的相关信息;

2)显示指定文件夹中每个文件的相关信息。

在图 7.6 所示设计方案的基础上，增加驱动类 FileSystem，图 7.7 所示是文件系统的最终设计方案。

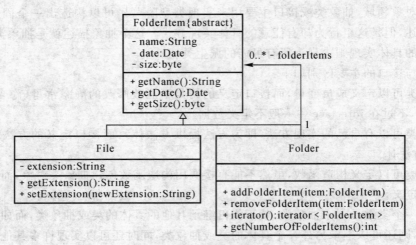

图 7.6　文件系统的设计方案Ⅲ

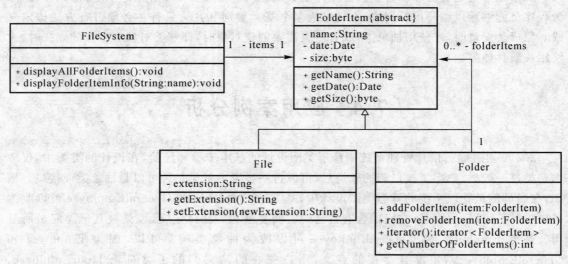

图 7.7　文件系统的最终设计方案

第8章 输入/输出(I/O)编程

输入/输出流是Java语言的重要组成部分,提供了Java程序与外部设备之间的数据通道。通过输入流,Java应用程序从文件等外界数据源读取数据;通过输出流,Java应用程序将计算结果等数据保存到外部设备。本章将系统介绍Java的输入/输出流编程技术。

8.1 Java I/O 概述

8.1.1 数据流基本概念

现代计算机具有多种类型的外部输入/输出设备,如键盘、鼠标、显示器、打印机、扫描仪、摄像头、硬盘等。这些设备能够处理不同类型的数据,如音频数据、视频数据、字符数据等。如图8.1所示,在现代操作系统中,通过提供独立的I/O服务,使得应用程序能够独立于具体物理设备,方便程序编写。Java语言在封装操作系统提供的I/O服务的基础上,提出数据流的抽象概念,以屏蔽不同数据类型和设备的差异,提供统一的数据读/写方式,方便软件编程。

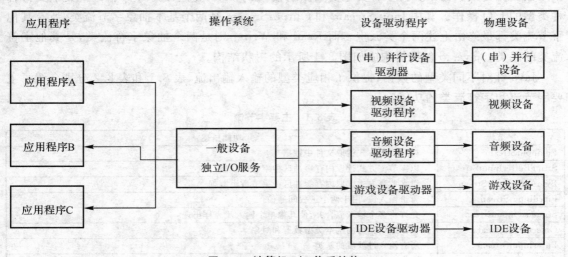

图 8.1 计算机 I/O 体系结构

在 Java 程序中,数据流根据其数据流向,分为输入流和输出流。输入流表示 Java 程序从外部设备中读取数据序列,即如图 8.2 所示,逐个字节或逐个字符将数据读入到程序内存。输出流则表示 Java 程序将数据输出到目标外设,即如图 8.3 所示,将程序内存中数据逐个字节或逐个字符输出到外设。

在数据流中,既可以是没有加工的原始数据,也可以是符合某种格式规则的数据,如字符流、对象流等。数据流可以处理多种类型的数据。但由于数据流是有顺序的数据序列,因此只能以先进先出方式进行数据读/写,不能随意选择数据读/写位置。

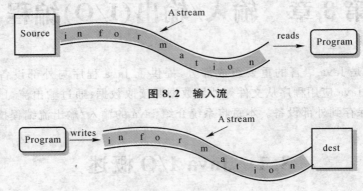

图 8.2 输入流

图 8.3 输出流

在 Java 语言中,根据数据流的数据单位不同,将其分为字节流和字符流。其中字节流是以 8 位字节为单位读/写,主要用于对图像、视频等多媒体数据的处理。而字符流以 16 位字节为单位读/写,每次读取一个字符,适合读/写字符串数据。

8.1.2 Java I/O 包介绍

在 Java 系统中,程序与外部设备之间、多线程之间以及网络节点之间的数据通信都统一采用数据流方式。为了支持多种类型的数据通信,在 java.io 包中,提供多个 I/O 类来支持各种类型的 I/O 操作。其中 InputStream 和 OutputStream 是两个基本抽象字节流类,所有其他字节流类都最终由上述两个类派生。而 Read 和 Writer 则是两个抽象字符流类,是其他字符流类的基类。java.io 包最终构成如图 8.4 所示的树状结构。

Java 针对不同类型的数据,提供了相应类型的输入输出流,表 8.1 和表 8.2 分别介绍了主要字节流和字符流类的功能。

表 8.1 主要字节流

字节流	功能描述
FileInputStream	以字节流方式读取文件中数据
StringBufferInputStream	以字节流方式读取内存缓冲区中字符串数据
ByteArrayInputStream	以字节流方式读取内存缓冲区中字节数组数据
PipedInputStream	管道输入流,用于两个进程间通信
SequenceInputStream	允许将多个输入流合并,使其像单个输入流一样出现
ObjectInputStream	读取序列化后的基本类型数据和对象
FilterInputStream	所有输入过滤流的基类
ByteArrayOutputStream	向内存缓冲区的字节数组写入数据的输出流
FileOutputStream	向文件输出字节数据的输出流
PipedOutputStream	一个线程通过管道输出流发送数据,而另一个线程通过管道输入流读取数据,实现两个线程间的通信
ObjectOutputStream	将 Java 对象中的基本数据类型和图元写入到一个 OutputStream 对象中
FilterOutputStream	是所有过滤器输出流的父类

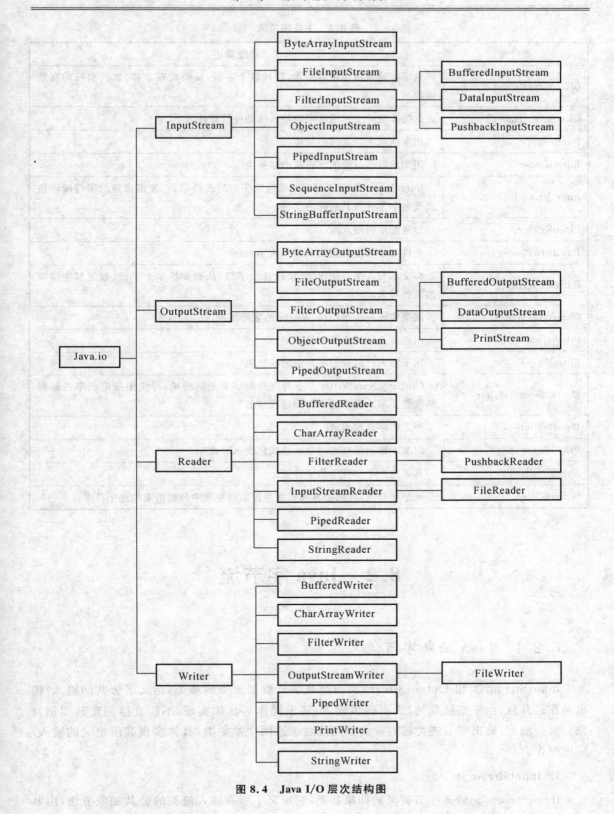

图 8.4 Java I/O 层次结构图

表 8.2 主要字符流

字符流	功能描述
CharArrayReader	从字符输入流中读取文本,缓冲各个字符,从而实现字符、数组和行的高效读取
CharArrayReader	此类实现一个可用作字符输入流的字符缓冲区
FileReader	用来读取字符文件的便捷类
FilterReader	用于读取已过滤的字符流的抽象类
InputStreamReader	InputStreamReader 是字节流通向字符流的桥梁,它使用指定的字符编码格式读取字节并将其解码为字符
PipedReader	传送的字符输入流
PushbackReader	允许将字符推回到流的字符流 reader
BufferedWriter	将文本写入字符输出流,缓冲各个字符,从而提供单个字符、数组和字符串的高效写入
CharArrayWriter	此类实现一个可用作 Writer 的字符缓冲区
FileWriter	用来写入字符文件的便捷类
FilterWriter	用于写入已过滤的字符流的抽象类
OutputStreamWriter	OutputStreamWriter 是字符流通向字节流的桥梁:可使用指定的字符编码格式将要写入流中的字符编码成字节
PipedWriter	传送的字符输出流
PrintWriter	向文本输出流打印对象的格式化表示形式
StringReader	其源为一个字符串的字符流
StringWriter	一个字符流,可以用其回收在字符串缓冲区中的输出来构造字符串

8.2 Java 字节流

8.2.1 Java 抽象字节流

InputStream 类和 OutputStream 类是所有字节数据流类的基类,定义了公共的输入/输出操作。并且,由于是抽象类,没有提供输入/输出操作的具体实现,不能直接创建其实例对象。其余输入/输出字节流类都直接或者间接继承这两个抽象类,具体实现其所定义的输入/输出操作。

1. InputStream

InputStream 是输入字节流类的抽象基类,它定义了所有输入流类的公共抽象方法,由其继承子类负责提供具体实现。表 8.3 介绍了 InputStream 类的主要方法。

表 8.3 InputStream 主要方法

方法定义	功　能
read()	从流中读取一个字节数,所有其他的带参数的 read()方法都不是抽象方法,它们都调用 read()方法
read(byte b[])	读多个字节到数组中,每次调用该方法,就从流中读取相应数据到缓冲区,同时返回读到的字节数目,如果读完则返回 −1
read(byte b[],int off,int len)	从输入流中读取长度为 len 的数据,写入数据 b 中从 off 开始并返回读取的字节数,如果读完则返回 −1
skip(long n)	跳过流中若干字节数
available()	返回流中不阻塞情况下还可用字节数(此方法通常需要子类覆盖,如果子类不覆盖,默认返回字节总为 0)
mark()	在流中标记一个位置,可调用 reset()重新定向到此位置,进而再读
reset()	返回标记过的位置
markSupported()	支持标记和复位操作,如果子类支持返回 true,否则返回 false
close()	关闭流并释放相关的系统资源

示例 8.1 定义了 InputE 类,从系统输入流读取键盘输入信息,然后将信息在控制台输出。

示例 8.1 InputE 应用示例

```java
import java.io.InputStream;
public class InputE{
    public void  m(InputStream in){
        try{
            while(true){
                int i = in.read();
                if(i == -1)
                    return;
                char c = (char)i;
                System.out.println(c);
            }
        }catch(Exception e){
        }
    }
    public static void main(String args[]){
        InputE i = new  InputE();
        i.m(System.in);
    }
}
```

2. OutputStream

OutputStream 是输出字节流类的基类,也是抽象类。类中仅定义了所有输出流类的公共抽象方法,没有具体方法实现。表 8.4 介绍了 OutputStream 类的主要方法。

表 8.4 OutputStream 主要方法

方法定义	功能
write(int b)抽象类	将一个整数输出到流中(只输出低 8 位字符)
write(byte b[])	将 b.length 个字节数组中的数据输出到流中
write(byte b[],int off,int len)	将数组 b 中从 off 制定的位置开始,长度为 len 的数据输出到流中
flush()	刷空输出流,并将缓冲区中的数据强制送出
close()	关闭流并释放相关的系统资源

示例 8.2 演示了如何使用 OutputE 类,以字节流方式输出字符串信息。

示例 8.2 OutputE 类应用示例

```
//引入 I/O 包
import java.io.OutputStream;
import java.io.IOException;
public class OutputE{
    public static void main(String args[]){
        String str = "Hello World!";
        byte[] b;
        OutputStream out = System.out;
        b=str.getBytes();
        try{
            out.write(b);
            out.flush();
        }catch(IOException e){
            System.err.println(e);
        }
    }
}
```

8.2.2 Java 基本字节流

在 java.io 包中,提供了多个具体数据流类,这些数据流类分别继承 InputStream 类和 OutputStream 类,实现对特定数据流的输入/输出处理。现在介绍几种主要的基本输入/输出字节流。

1. ByteArrayInputStream

ByteArrayInputStream 类用于读取程序内存的数据。该类将内存中字节数组作为数据缓冲区,构造为输入数据流,读取数据。在构造 ByteArrayInputStream 对象时,其构造函数需包含 byte[]类型数组作为数据源。该类覆写了 InputStream 类的 read(),available(),reset()和 skip()等方法。其中 read()方法覆写后,将不再抛出 IOException 异常。具体构造函数见表 8.5。

表 8.5 ByteArrayInputStream 的构造函数

构造函数	说 明
ByteArrayInputStream(byte[] buf)	创建一个新的字节数组输入流,从指定 buf 字节数组中读取数据
ByteArrayInputStream（byte [ ] buf, int offset, int length)	创建一个新字节数组输入流,从指定字节数组中读取数据。其中 buf 是包含数据的字节数组,offset 表示缓冲区中将读取的第一个字节的偏移量,length 表示从缓冲区中需要读取的最大字节数

2. FileInputStream

FileInputStream 是文件输入流,以字节方式读取文件中数据。在创建 FileInputStream 对象时,其构造方法中需要以文件名或者 File 对象作为参数,以指定文件数据源。其构造函数见表 8.6。

表 8.6 FileInputStream 的构造函数

构造函数	说 明
FileInputStream(String name)	通过打开一个到实际文件的连接来创建一个 FileInputStream,该文件通过文件系统中的 File 对象 file 指定
FileInputStream(File filename)	通过打开一个到实际文件的连接来创建一个 FileInputStream,该文件通过文件系统中的路径名 name 指定

在构造 FileInputStream 类对象时,必须指定一个实际存在的文件,否则将引发 FileNotFoundException 异常。FileInputStream 类覆写了 InputStream 的 read(),skip(),available(),close()等方法。

3. ByteArrayOutputStream

ByteArrayOutputStream 向字节数组缓冲区写入数据,它使用字节数组缓冲区存放数据。在构造方法中可以指定初始字节数组的长度,也可以使用默认值。当字节数组不能容纳所有输出数据时,系统将自动扩大该数组长度。ByteArrayOutputStream 的构造函数和新增函数见表 8.7。

表 8.7 ByteArrayOutputStream 的构造函数和新增函数

主要函数	说 明
ByteArrayOutputStream()	创建一个新的字节数组输出流
ByteArrayOutputStream(int size)	创建一个新的字节数组输出流,它具有指定大小的缓冲区容量(以字节为单位)
write(int b)	向输出流的字节数组缓冲区写入数据
write(byte[] b, int off, int len)	将指定 byte 数组中从偏移量 off 开始的 len 个字节写入此 byte 数组输出流
int size()	得到输出流中的有效字节数
void reset()	清除字节数组输出流的缓冲区
byte[] toByteArray()	得到字节数组输出流缓冲区中的有效内容
void writeTo(OutputStream out)	将字节数组输出流中的内容写入到另一个输出流中

4. FileOutputStream

FileOutputStream 提供向 File 或 FileDescriptor 输出数据的输出流。FileOutputStream 有 5 种构造函数,具体见表 8.8。

表 8.8 FileOutputStream 构造函数

方 法	说 明
FileOutputStream(File file)	创建一个向指定 File 对象表示的文件中写入数据的文件输出流
FileOutputStream(File file, boolean append)	创建一个向指定 File 对象表示的文件中写入数据的文件输出流
FileOutputStream(FileDescriptor fdObj)	创建一个向指定文件描述符处写入数据的输出文件流,该文件描述符表示一个到文件系统中的某个实际文件的现有连接
FileOutputStream(String name)	创建一个向具有指定名称的文件中写入数据的输出文件流
FileOutputStream(String name, boolean append)	创建一个向具有指定 name 的文件中写入数据的输出文件流

示例 8.3 给出了文件输入字节流的应用示例。首先创建文件输入流,逐个字节读取文件数据,并在屏幕上显示。

示例 8.3 文件输入字节流应用示例

```
//FileInputStreamDemo.java
import java.io.*;
public class FileInputStreamDemo {
    private static final String NEW_LINE =
            System.getProperty("line.separator");
    public static void main(String[] args) throws IOException {
        // 创建文件字节输入流
        FileInputStream readFile = new FileInputStream("FileInputStreamDemo.java");
        //字节方式读取文件数据
        int intTemp = readFile.read();
        while(intTemp! = -1){
            //屏幕输出所读取的字节数
            System.out.print((char)intTemp);
            intTemp = readFile.read();
        }
        readFile.close();
    }
}
```

8.2.3 Java 标准数据流

Java 语言提供了 3 种标准数据流,以方便 Java 应用程序与系统标准终端设备之间进行数据交换。在 java.lang 包中的 System 类,负责管理 Java 运行时的系统资源和系统信息,其中包括标准输入流、标准输出流和错误流。System 类的所有属性和方法都是静态的,调用其属性或者方法时,需要以类名 System 为前缀。

1. 标准输入流 System.in

标准输入流 System.in 继承 InputStream 类,用于从标准输入设备中读取数据,系统默认标准输入设备为键盘。标准输入流重写了 InputStream 类的有关方法。默认情况下,System.in 从键盘读取输入的数据。在调用 read()方法读取键盘输入时,每次读取一个字节,其返回值类型为 int 型,可以通过强制类型转换为字符型。键盘具有数据缓存功能,通过 available()方法可获取缓存区中有效字节数。

2. 标准输出流 System.out

标准输出流 System.out 用于向默认的输出设备写入数据,系统默认标准输出设备为显示屏。标准输出流 System.out 继承于 PrintStream 类,通过 print()和 println()方法向标准输出设备输出数据。其中,println()方法在输出数据后自动换行,而 print()方法则输出数据后不换行。

3. 标准错误流 System.err

标准错误流 System.err 继承 PrintStream 类,用于向默认输出设备输出错误信息,系统默认向屏幕输出程序异常信息。

示例 8.4 给出了标准数据流示例,通过标准输入流读取用户键盘输入信息,并通过标准输出流回显在屏幕。

示例 8.4 标准数据流示例

```java
//引入 I/O 包
import java.io.*;
public class StaticInput {
    public static void main (String[] args){
        char c;
        //标准输出流输出提示信息
        System.out.println("请输入用户信息:");
        try{
            //从标准输入流读取用户键盘输出
            c = (char)System.in.read();
            //获取标准输入流输入字节数
            int counter = System.in.available();
            for(int i=1;i<counter;i++){
                //读取标准输入流输入字节,并通过标准输出流回显在屏幕
                System.out.println("第"+i+"个用户信息为"+c);
                c = (char)System.in.read();
            }
        }catch(IOException e){
            System.out.println(e.getMessage());
        }
    }
}
```

8.2.4 Java 字节过滤流

基本的数据流仅支持对字节或字符数据简单读/写。如果需要对数据进行高级处理，如数据缓存、按照数据格式处理等，该如何处理？基于面向对象思想，可以为每种高级数据处理创建不同子类实现，但存在子类较多，以及难以将多个高级处理组合等问题。在 Java 语言中，则采用过滤器流实现对数据高级处理功能。

过滤器流（Filtered Stream）是一种数据加工流，用于在数据源和程序之间增加对数据高级处理步骤。如图 8.5 所示，一方面过滤器流和所依赖的数据流之间具有关联关系，即数据流是其内部私有成员，能够对数据流中的原始数据作特定的加工、处理和变换操作；另一方面，过滤器流也继承于抽象数据流，这样过滤器流能够组成如图 8.6 所示的管道，对数据进行嵌套组合处理。

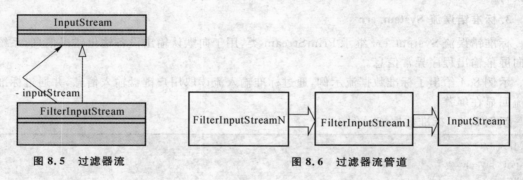

图 8.5 过滤器流　　　　　　　图 8.6 过滤器流管道

1. FilterInputStream

FilterInputStream 能对输入数据作指定类型或格式的转换，如可实现对二进制字节数据的编码转换。FilterInputStream 覆写了父类 InputStream 的所有方法，并且提供线程同步机制，避免多个线程同时访问同一 FilterInputStream 对象的冲突问题。

在使用过滤流时，首先必须将其连接到某个数据流上。通常在其构造方法参数中指定所要连接的数据流，FilterInputStream 构造函数如下：

```
protected FilterInputStream(InputStream in);
```

FilterInputStream 是抽象类，不能直接创建其实例。应使用其子类，对数据进行过滤处理。现在介绍主要的过滤器输入流。

（1）BufferedInputStream

BufferedInputStream 是具有数据缓冲功能的过滤流。通过提供缓冲机制，能够提高数据读取效率。在其初始化时，不仅要连接数据流，还需要指定缓冲区大小。通常，缓冲区大小应该为物理内存页面或者磁盘块的整数倍。其构造方法如下：

```
BufferedInputStream(InputStream in[, int size])
```

(2) DataInputStream

DataInputStream 则支持直接读取数据流中的 int，char，long 等基本类型数据。DataInputStream 自动完成数据流中二进制字节数据的类型转换，并提供完整方法接口，使应用程序能够直接读取基本类型数据。表 8.9 列出了 DataInputStream 常用方法。

表 8.9 DataInputStream 常用方法

方 法	说 明
int read(byte[] b)	从所包含的输入流中读取一定数量的字节，并将它们存储到缓冲区数组 b 中
int read(byte[] b, int off, int len)	从所包含的输入流中将 len 个字节读入一个字节数组中
int readInt()	从当前数据输入流中读取一个 int 值
boolean readBoolean()	从当前数据输入流中读取一个 boolean 值
byte readByte()	从当前数据输入流中读取一个有符号的 8 位数
char readChar()	从当前数据输入流中读取一个字符值
double readDouble()	从当前数据输入流中读取一个 double 值
float readFloat()	从当前数据输入流中读取一个 float 值
readFully(byte[], int, len)	从当前数据输入流中读取 len 个字节到该字节数组中
int skipBytes(int n)	跳过 n 个 byte 数据，返回的值为跳过的数据个数
String readLine()	从当前数据输入流中读取文本的下一行
staticString readUTF(DataInput in)	从当前数据输入流中读取一个已用"修订的 UTF-8 格式"编码的字符串

2. FilterOutputStream

FilterOutputStream 实现对输出数据流中数据的加工处理，实现对 OutputStream 方法覆写。FilterOutputStream 也是抽象类，不能直接创建其实例对象。FilterOutputStream 主要包括以下 3 个子类。

(1) BufferedOutputStream

BufferedOutputStream 提供对输出流数据的缓冲功能。数据输出时，首先写入缓冲区，当缓冲区满时，再将数据写入所连接的输出流。其 flush() 方法能够将缓冲区数据强制写入到输出流，清空缓冲区。通过缓冲区，能够实现数据的成块输出，有效提高数据输出性能。其构造方法如下：

```
BufferedOutputStream（OutputStream in[，int size]）
```

(2) DataOutputStream

DataOutputStream 支持将 Java 基本类型数据直接输出到输出流。DataOutputStream 自动完成基本类型数据格式转换，并通过输出流输出。在初始化 DataOutputStream 对象时，需要指定其所连接的输出流。其常用方法见表 8.10。

表 8.10 DataOutputStream 常用方法

方　法	说　明
void write(int b)	将指定字节(参数 b 的低 8 位)写入基础输出流
void write(byte[] b, int off, int len)	将指定字节数组中从偏移量 off 开始的 len 个字节写入基础输出流
void writeInt(int v)	将一个 int 值以 4-byte 值形式写入基础输出流中,先写入高字节
void writeBoolean(boolean v)	将一个 boolean 值以 1-byte 值形式写入基础输出流
void writeByte(int v)	将一个 byte 值以 1-byte 值形式写到基础输出流中
void writeBytes(String s)	将字符串按字节顺序写到基础输出流中
void writeChar(int v)	将一个 char 值以 2-byte 值形式写入基础输出流中,先写入高字节
void writeChars(String s)	将字符串按字符顺序写入基础输出流
void writeDouble(double v)	使用 Double 类中的 doubleToLongBits 方法将 double 参数转换为一个 long 值,然后将该 long 值以 8-byte 值形式写入基础输出流中,先写入高字节
void writeFloat(float v)	使用 Float 类中的 floatToIntBits 方法将 float 参数转换为一个 int 值,然后将该 int 值以 4-byte 值形式写入基础输出流中,先写入高字节
writeUTF(String)	使用独立于机器的 UTF-8 编码格式,将一个串写入该基本输出流

(3) PrintStream

PrintStream 将基本类型数据转换为字符串形式写入到输出流,即首先调用基本数据类型对应的 toString() 方法,将其转换为字符串,然后写入到连接的输出流中。在转换字符串时,默认使用平台缺省字符编码格式。PrintStream 提供两个主要方法:print() 和 println()。其中 println() 方法在输出数据后自动换行,而 print() 方法输出数据后不换行。

在示例 8.5 中,首先以 FileOutputStream 为数据源创建 DataOutputStream 输出流。然后向文件循环输出用户 id、用户名、薪水和密码等信息,最后调用其 size() 方法输出字符总数。

示例 8.5 过滤器流示例

```
//引入 I/O 包
import java.io.*;
public class DataOutput {
    public static void main(String[] args){
        try{
            DataOutputStream dataOut = new DataOutputStream(
            new FileOutputStream("Data"+File.separator+"Data.txt"));
            String s1 = "id";
            String[] str = {"userid","name","salary","password"};
            int[] members = {2,33,10000,111111};
            char in = System.getProperty("line.separator").charAt(0);
            dataOut.writeChars(s1);
            dataOut.writeChar(in);
            for(int i=0;i<members.length;i++){
                dataOut.writeChars(str[i]);
                dataOut.writeChar(in);
```

```
            dataOut.writeInt(members[i]);
        }
        System.out.println("总共输出:"+dataOut.size()+"个字符");
        dataOut.close();
    }catch(Exception e){
    }
  }
}
```

运行结果如下：

```
id :
userid : 2
name :33
salary :10000
password :111111
总共输出:40 个字符
```

8.3　Java 字符流

Java 字符有 Unicode，GBK，UTF-8 等多种编码格式，其长度也有 1 个字节、2 个字节等多种长度。在基于字节流读/写字符时，由于需要手工编码，程序编写复杂，易于出错，因此，在 JDK1.1 之后，Java.io 包中增加了 Reader 和 Writer 等字符流，简化对字符数据的 I/O 处理。

8.3.1　Java 抽象字符流

Java 语言中所提供的字符流类都是基于 java.io 包中的 Reader 和 Writer 类。这是两个抽象类，提供了一些用于处理字符流的接口，但不能生成相应的实例，只能通过使用其继承的子类对象来具体处理字符流。

字符流处理时，其核心问题是字符编码转换。Java 语言采用 Unicode 字符编码。对于每一个字符，Java 虚拟机为其分配两个字节的内存。而在文本文件中，字符可能采用其他类型的编码，比如 GBK，UTF-8 等字符编码。因此，Java 中的 Reader 和 Writer 类必须在本地平台字符编码和 Unicode 字符编码之间进行编码转换。

1. Reader 字符流类

Reader 类是处理所有字符流输入类的基类，是抽象类，不能实例化。Reader 提供的主要方法见表 8.11。

表 8.11 Reader 常用方法

方　　法	说　　明
int read()	从文件中读取一个字符
int read(char[ ] cbuf)	从文件中读取一串字符,并保存在字符数组 cbuf[]中
int read(char[ ] cbuf, int off, int len)	从文件中读取 len 个字符到数组 cbuf[]的第 off 个元素处
long skip(long n)	跳过字符,并返回所跳过字符的数量
void mark(int readAheadLimit)	标记目前在流内的所在位置,直到再读入 readAheadLimit 个字符为止
boolean	判断此数据流是否支持 mark()方法
void reset()	重新设定流
void close()	关闭输入流,该方法必须被子类实现。在一个流被关闭之后,再调用方法对该流进行操作,将不会产生任何效果

2. Writer 字符流类

Writer 类是处理所有字符流输出类的基类,提供的主要方法见表 8.12。

表 8.12 Writer 主要方法

方　　法	说　　明
void writer(int c)	输出单个字符,将 c 的低 16 位写入输出流
void writer(char[ ] cbuf)	将字符数组 cbuf[]中的字符写入输出流
void writer(char[ ] cbuf, int off, int len)	将字符数组 cbuf[]中从第 off 个元素开始的 len 个字符写入输出流
void writer(String str)	输出字符串,将字符串 str 中的字符写入流
void writer(String str, int off, int len)	将字符串 str 中从第 off 个字符开始的 len 个字符写入输出流
void flush()	刷空所有输出流,并输出所有被缓存的字节到相应的输出流
void close()	关闭输出流,该方法必须被子类实现。在一个流被关闭之后,再调用方法对该流进行操作,将不会产生任何效果

8.3.2　Java 字符输入流

Java 语言提供了多个具体字符输入流,它们继承于 Reader 字符流类,重写了 Reader 的抽象方法,实现对特定字符流的输入处理。现在介绍几种主要的字符输入流。

1. CharArrayReader

CharArrayReader 与 ByteArrayInputStream 相对应,在内存中构建缓冲区,用做字符输入流。在构建字符输入流时,需要指定其缓冲区。其构造方法见表 8.13,CharArrayReader 重写了 Reader 类的 mark(),reset(),skip()等方法。并且在调用其 close()方法后,将关闭数据流,不能再从此数据流读取数据。

表 8.13　CharArrayReader 常用方法

方　法	说　明
CharArrayReader(char[] buf)	用指定字符数组创建一个 CharArrayReader
CharArrayReader(char[] buf, int offset, int length)	用指定字符数组创建一个 CharArrayReader

2. StringReader

StringReader 与 StringBufferInputStream 对应。StringReader 将字符串作为数据源构造字符输入流。在构造 StringReader 时，需要指定其输入字符串对象。其构造函数如下：

StringReader(String)

3. FileReader

FileReader 与 FileInputStream 对应。FileReader 将数据文件作为数据源构造字符输入流，实现对文件的读取操作。在构造 FileReader 数据流时，必须指定其文件数据源。在读取文件时，将采用系统缺省字符编码。并且 FileReader 没有覆写 mark()、reset()、skip() 等方法。表 8.14 列出了 FileReader 的构造方法。

表 8.14　FileReader 构造函数表

构造函数	说　明
FileReader(File file)	建立一个 FileReader 流，并以 file 为源文件
FileReader(String fileName)	建立一个 FileReader 流，并以 fileName 为源文件的目录和名称

示例 8.6 构造了一个 FileReader 输入流，该输入流以字符方式读入文件 DataReader.java 内容，并将其在屏幕上输出。

示例 8.6　文件字符输入流示例

```java
//引入 I/O 包
import java.io.*;
public class DataReader {
    public static void main(String[] args) throws IOException {
        FileReader readFile = new FileReader("DataReader.java");
        int intTemp = readFile.read();
        System.out.println("The details of DataReader.java is as follow :");
        while(intTemp! = -1) {
            System.out.print((char)intTemp);
            intTemp = readFile.read();
        }
        readFile.close();
    }
}
```

8.3.3 Java 字符输出流

Java 语言提供了多个具体字符输出流,它们继承于 Writer 抽象字符流类,重写了 Writer 的抽象方法,实现对特定字符流的输出处理。下面介绍几种主要的字符输出流。

1. CharArrayWriter

CharArrayWriter 与 ByteArrayOutputStream 对应,其构造内存缓冲区,用于输出字符数组。在构造 CharArrayWriter 输出流时,系统将按照指定大小或者默认值构造字符数组。如果输出字符超过字符数组容量,系统将自动扩充字符数组。CharArrayWriter 构造函数和主要方法见表 8.15。

表 8.15　CharArrayWriter 主要函数

方　法	说　明
CharArrayWriter()	建立一个 CharArrayWriter 流,目的数组的初始化长度为默认值
CharArrayWriter(int initialSize)	建立一个 CharArrayWriter 流,目的数组的初始化长度为 initialSize
void reset()	将 CharArrayWriter 的 count 字段值设为 0
int size()	返回目的数组的长度
char[] toCharArray()	返回一个新建的 char[] 数组,其长度和数据与目的数组相同
String toString()	将目的数组的内容转换为一个字符串

2. StringWriter

StringWriter 将内存缓冲区数据输出为字符串。在构造 StringWriter 输出流时,系统将按照指定大小或者默认值初始化输出字符串。如果输出字符超过字符串长度,则系统将自动扩充字符串容量。StringWriter 构造函数见表 8.16。

表 8.16　StringWriter 构造函数

方　法	说　明
StringWriter()	建立一个 StringWriter 流,目的字符串的初始化长度为默认值
StringWriter(int initialSize)	建立一个 StringWriter 流,目的字符串的初始化长度为 initialSize

3. FileWriter

FileWriter 与 FileOutputStream 对应。FileReader 构造文件输出流,实现对文件的写操作。在构造 FileReader 数据流时,必须指定其目标文件。其构造函数见表 8.17。

表 8.17　FileWriter 构造函数

方　法	说　明
FileWriter(File file)	建立一个 FileWriter 流,目的文件为 file
FileWriter(File file, boolean append)	建立一个 FileWriter 流,目的文件为 file,如果 append 为 true 则数据接在 file 文件数据之后,否则写到 file 文件开头

示例 8.7 创建了 FileWriter 输出流,将字符串 s 中字符输出到文件中。

示例 8.7　Java 字符输出流应用示例

```
//引入 I/O 包
import java.io.*;
public class DataWriter {
private static final String NEW_LINE = System.getProperty("line.separator");
    public static void main(String[] args) throws IOException {
        FileWriter writeFile = new FileWriter("out.txt");
        String s = "This is a file about Writer," + NEW_LINE
            + "We can writer this to a new file." + NEW_LINE
            + "Now you can read the details...";
        for(int i=0;i<s.length();i++){
           writeFile.write(s.charAt(i));
        }
        writeFile.close();
    }
}
```

8.3.4　Java 字符过滤流

为了实现对字符数据高级处理功能,Java 语言提供相应的字符过滤流。这些字符过滤流与对应的字节过滤流具有相似功能,现在介绍几种常用的字符过滤流。

1. BufferedReader

BufferedReader 对应于 BufferedInputStream,提供对字符数据输入的缓冲功能。在构造 BufferedReader 时,需要指定其连接的数据流和缓冲区大小。其构造函数见表 8.18。

表 8.18　BufferedReader 构造函数

方　法	说　明
BufferedReader(Reader in)	创建一个使用默认大小输入缓冲区的缓冲字符输入流
BufferedReader(Reader in, int sz)	创建一个使用指定大小输入缓冲区的缓冲字符输入流

BufferedReader 提供 readLine()方法,支持读取一行文本。其返回值为行所包含字符串,不包含换行符。如果已读到数据流末尾,则返回"null"值。BufferedReader 常用于逐行读取键盘,或者文件数据。

在逐行读取键盘输入时,需要连接标准输入流,并调用 readLine()方法逐行读取键盘输入。其代码示例如下:

```
BufferedReader stdIn =
    NewBufferedReader(new InputStreamReader(System.in))
String input = stdIn.readLine();
```

在逐行读取文件数据时,首先构造输入流 FileReader 对象。FileReader 构造函数以文件名为参数,并负责打开文件。如果文件不存在,则会抛出异常 FileNotFoundException。然后构造 BufferedReader 数据流对象,连接到该 FileReader 数据流。最后调用 BufferedReader 数据流对象的 readLine() 方法,逐行读取文件数据。其代码示例如下:

```
BufferedReader fileIn=new BufferedReader(new FileReader(filename));
String   line =    fileIn.readLine();
while (line ! = null)  {
          // process line
          line = fileIn.readLine();
}
```

2. BufferdWriter

BufferdWriter 对应于 BufferedOutputStream,提供对字符数据输出的缓冲功能。在构造 BufferdWriter 时,需要指定其连接的输出字符数据流和缓冲区大小。其构造函数见表 8.19。

表 8.19 BufferdWriter 构造函数

方法	说明
BufferedWriter(Writer out)	创建一个使用默认大小输出缓冲区的缓冲字符输出流
BufferedWriter(Writer out, int sz)	创建一个使用给定大小输出缓冲区的新缓冲字符输出流

3. PrintWriter

PrintWriter 与 PrintStream 对应。PrintWriter 支持对象的格式化输出。PrintWriter 实现了 PrintStream 中所有 print 方法,并且在调用方法时,不会抛出 I/O 异常。如果需要检查是否存在错误,则需要调用其 checkError() 方法。PrintWriter 的构造函数和主要方法见表 8.20。

表 8.20 PrintWriter 主要函数

方法	说明
PrintWriter(File file)	使用指定文件创建不具有自动行刷新的新 PrintWriter
PrintWriter(String fileName)	建立一个 FileWriter 流,目的文件为 file,如果 append 为 true 则数据接在 file 文件数据之后,否则写到 file 文件开头
PrintWriter(Writer out)	根据现有的 Writer 创建不带自动行刷新的新 PrintWriter
PrintWriter(OutputStream out)	根据现有的 OutputStream 创建不带自动行刷新的新 PrintWriter
PrintWriter(File file, String csn)	创建具有指定文件和字符集且不带自动刷行新的新 PrintWriter
checkError()	如果流没有关闭,则刷新流且检查其错误状态
clearError()	清除此流的错误状态
format(String format, Object... args)	使用指定格式字符串和参数将一个格式化字符串写入此 writer 中
print(String s)	打印字符串
println(Object x)	打印 Object,然后终止该行

示例 8.8 中，构造 BufferedReader 对象，逐行读取源文件数据，然后构造 PrintWriter 对象，向目标文件逐行输出。

示例 8.8　Java 字符过滤流应用示例

```java
import java.io.*;

/**
 * Makes a copy of a file.
 *
 * @author    author name
 * @version   1.0
 */
public class CopyFile {

    /* Standard input stream */
    private static BufferedReader stdIn =
        new BufferedReader(new InputStreamReader(System.in));

    /* Standard output stream */
    private static PrintWriter stdOut =
        new PrintWriter(System.out, true);

    /* Standard error stream */
    private static PrintWriter stdErr =
        new PrintWriter(System.err, true);

    /**
     * Makes a copy of a file.
     *
     * @param args    not used.
     * @throws IOException  If an I/O error occurs.
     */
    public static void main(String[] args) throws IOException {

        stdErr.print("Source filename: ");
        stdErr.flush();
        BufferedReader input =
            new BufferedReader(new FileReader(stdIn.readLine()));
        stdErr.print("Destination filename: ");
        stdErr.flush();
        PrintWriter output =
            new PrintWriter(new FileWriter(stdIn.readLine()));
        String line = input.readLine();
```

```
while (line ! = null)  {
        output.println(line);
        line = input.readLine();
    }
    input.close();
    output.close();
    stdOut.println("done");
    }
}
```

8.4 Java I/O 编程

8.4.1 Java 文件编程

File 是文件和目录路径名的抽象表示形式。File 既可以代表一个特定文件的名称,也可代表一个文件目录。通常,File 类实例创建后,其所表示的文件路径名将不能改变。File 类的主要构造方法见表 8.21。

表 8.21 File 类构造函数

方 法	说 明
File(File parent, String child)	根据 parent 抽象路径名和 child 路径名字符串创建一个新 File 实例
File(String pathname)	通过将给定路径名字符串转换成抽象路径名来创建一个新 File 实例
File(String parent, String child)	根据 parent 路径名字符串和 child 路径名字符串创建一个新 File 实例
File(URI uri)	通过将给定的 file：URI 转换成一个抽象路径名来创建一个新的 File 实例

File 类不仅仅用于表示已有的目录路径、文件或者文件组,还可用于新建目录、文件,查询文件属性,检查是否是文件,以及删除文件等。File 类的主要方法见表 8.22。

表 8.22 File 类主要方法

方 法	说 明
String getName()	返回由此抽象路径名表示的文件或目录的名称
boolean canRead()	测试应用程序是否可以读取此抽象路径名表示的文件
boolean canWrite()	测试应用程序是否可以修改此抽象路径名表示的文件
boolean exists()	测试此抽象路径名表示的文件或目录是否存在
long length()	返回由此抽象路径名表示的文件的长度
String getAbsolutePath()	返回抽象路径名的绝对路径名字符串

续表

方　法	说　明
String getParent()	返回此抽象路径名的父路径名的路径名字符串,如果此路径名没有指定父目录,则返回 null
boolean isFile()	测试此抽象路径名表示的文件是否是一个标准文件
boolean isDirectory()	测试此抽象路径名表示的文件是否是一个目录
boolean isHidden()	测试此抽象路径名指定的文件是否是一个隐藏文件
long lastModified()	返回此抽象路径名表示的文件最后一次被修改的时间

示例 8.9 中,通过标准输入读取源文件名称和目标文件名称,分别构造源文件和目标文件 File 对象,最后通过构造文件输入流和文件输出流,将源文件数据复制到目标文件。

示例 8.9 Java 文件编程应用示例

```java
//引入 I/O 包
import java.io.*;

/**
 * 该类使用 File 类实现文件的打开复制
 *
 * @author author
 */
public class CopyFile {
    // 标准输入流
    private static BufferedReader stdIn = new BufferedReader(
            new InputStreamReader(System.in));
    // 标准输出流
    private static PrintWriter stdOut = new PrintWriter(System.out, true);
    // 标准错误输出流
    private static PrintWriter stdErr = new PrintWriter(System.err, true);

    public static void main(String[] args) throws IOException {

        // 读入源文件名
        stdErr.print("Source filename:");
        stdErr.flush();
        String sourceName = stdIn.readLine();
        // 读入目的文件名
        stdErr.print("Destination filename:");
        stdErr.flush();
        String destName = stdIn.readLine();
        copyFile(sourceName, destName);
    }
```

```
/**
 * 该方法实现将源文件的文件内容拷贝到目的文件中
 *
 * @param sourceName
 * 源文件的文件名
 * @param destName
 * 目的文件的文件名
 */
private static void copyFile(String sourceName, String destName) {
    try {
        int byteRead = 0;
        File sourceFile = new File(sourceName);
        // 如果源文件存在
        if (sourceFile.exists()) {
            // 读入源文件
            FileInputStream inStream = new FileInputStream(sourceName);
            // 写入目的文件
            FileOutputStream outStream = new FileOutputStream(destName);
            byte[] buffer = new byte[1024];
            while ((byteRead = inStream.read(buffer)) != -1) {
                outStream.write(buffer, 0, byteRead);
            }
            stdOut.println("The length of the source file is: "
                    + sourceFile.length());
            inStream.close();
            outStream.close();
            stdOut.println("Copy Done!");
        }
    } catch (Exception e) {
        stdErr.println("There is something wrong when copy the file.");
        e.printStackTrace();
    }
}
```

8.4.2 UML 设计类图相关的文件读/写实现

假设有雇员信息数据文件 Employee.dat，如示例 8.10 所示，那么可以根据本章所学的知识，增加雇员信息系统文件读/写的编程内容，完善图 2.18 所示类图中的驱动类 EmployeeManagerSystem，让该类可以实现根据用户的选择显示雇员信息，而雇员信息来自于文件 Employee.dat，所以 EmployeeManagerSystem 还要实现从数据文件 Employee.dat 读取数据、解析、创建 Employee 对象的功能，为此，这里专门构造一个类 EmployeeLoader，负责从数据文件 Employee.dat 读取数据、解析、创建 Employee 对象的功能。类 EmployeeManagerSystem 和类 EmployeeLoader 的实现见示例 8.11 和示例 8.12。

对于公共交通信息查询系统，假设存储公共交通线和公共交通站点的信息存储在相应的文件中，对于接口自动机系统，假设状态、步骤等信息也存储在相应的文件中，所有信息数据文件的存储格式与雇员信息数据文件 Employee.dat 类似，请读者模仿编写类似功能，以提高文件读/写的编程能力。

示例 8.10 Employee.dat

```
//雇员信息格式:雇员类型_雇员身份标识_雇员名字_雇员出生日期_雇员联系方式_工资
General_2010001_smith_19800802_88434490_5000.00
General_2010002_Erich Gamma_19811023_88434467_4500.00
Hour_2010003_Joshua Bloch_19810718_88434498_30.00
Hour_2010004_Martin Fowler_19830629_88434445_35.00
Commission_2010005_Steve C McConnell_19850414_88434423_6000.00
Commission_2010006_Stan Getz_19861227_88434447_5500.00
Commission_2010007_Joao Gilberto_19831022_88434497_5000.00
NonCommission_2010008_james_19840908_88434412_6500.00
NonCommission_2010009_Santana_19870415_88434418_6500.00
```

示例 8.11 EmployeeManagerSystem.java

```java
import java.io.*;
import java.text.ParseException;
import java.util.*;
/**
 * 该类建模一个信息管理系统
 * 根据用户不同的选择,以不同的格式显示雇员信息
 *
 * @author author
 * @version 1.0.0
 * @see Employee
 * @see EmployeesFormatter
 * @see PlainTextEmployeesFormatter
 * @see HTMLEmployeesFormatter
 * @see XMLEmployeesFormatter
 */
public class EmployeeManagerSystem {
    //标准的输入流
    private static BufferedReader stdIn =
        new BufferedReader(new InputStreamReader(System.in));
    //标准的输出流
```

```java
private static PrintWriter stdOut = new PrintWriter(System.out, true);
//标准的错误输出流
private static PrintWriter stdErr = new PrintWriter(System.err, true);
//
private static EmployeeLoader epp = new EmployeeLoader();
//以不同格式显示雇员信息的接口
private EmployeesFormatter employeesFormatter;

/**
 * 创建 EmployeeManagerSystem 类的实例,
 * 将数据读入 EmployeeLoader 并启动该应用程序
 * @param args
 *     字符串参数,未用到
 * @throws IOException
 *     读入数据出现问题,抛出该异常
 * @throws DataFormatException
 *     读入的数据格式有问题,抛出该异常
 * @throws ParseException
 *     雇员生日数据格式转换出现问题,抛出该异常
 */
public static void main(String[] args) throws
        IOException, DataFormatException, ParseException{
    EmployeeManagerSystem app = new EmployeeManagerSystem();
    app.run();
}


/**
 * 显示可选菜单,执行用户选择的要执行的任务
 *
 * @throws IOException
 *     读入数据出现问题,抛出该异常
 * @throws DataFormatException
 *     读入的数据格式有问题,抛出该异常
 * @throws ParseException
 *     雇员生日数据格式转换出现问题,抛出该异常
 */
private void run() throws IOException, DataFormatException, ParseException {
    // 获得用户选择
    int choice = getChoice();
    while(choice != 0){
        if (choice == 1){
            // 如果用户选择1,以文本形式显示雇员信息
```

```java
            setEmployeesFormatter(
                PlainTextEmployeesFormatter.getSingletonInstance());
        } else if (choice == 2){
            // 如果用户选择 2,以 html 形式显示雇员信息
            setEmployeesFormatter(
                HTMLEmployeesFormatter.getSingletonInstance());
        } else if (choice == 3){
            // 如果用户选择 3,以 xml 形式显示雇员信息
            setEmployeesFormatter(
                XMLEmployeesFormatter.getSingletonInstance());
        }
        displayEmployees();
        choice = getChoice();
    }
}

/**
 * 显示可选菜单,验证用户的选择
 *
 * @return [0,3]之间的一个整数
 * @throws IOException
 *         读入用户选择出现问题,抛出异常
 */
private int getChoice() throws IOException {
    int input;
    do{
        try{
            stdErr.println();
            // 输出显示可选菜单
            stdErr.print("[0]   Quit\n"
                + "[1]   Display Plain Text\n"
                + "[2]   Display HTML\n"
                + "[3]   Display XML\n"
                + "choice> ");
            stdErr.flush();
            // 将用户输入转化成整型数据
            input = Integer.parseInt(stdIn.readLine());
            stdErr.println();
            if (0 <= input && 3 >= input){
                break;
            } else {
                stdErr.println("Invalid choice: " + input);
            }
```

```
            } catch (NumberFormatException nfe) {
                stdErr.println(nfe);
            }
        } while (true);
        // 返回用户选择
        return input;
    }
    /**
     * 改变雇员信息显示的格式
     *
     * @param newFormatter
     *     雇员信息显示的格式
     */
    private void setEmployeesFormatter(EmployeesFormatter newFormatter){
        employeesFormatter = newFormatter;
    }


    /**
     * 使用用户选择的格式显示雇员信息
     *
     * @throws IOException
     *     读入数据出现问题,抛出异常
     * @throws DataFormatException
     *     读入的数据格式有问题,抛出异常
     * @throws ParseException
     *     雇员生日数据格式转换出现问题,抛出异常
     * @throws FileNotFoundException
     *     雇员信息文件不存在,抛出异常
     */
    private void displayEmployees() throws FileNotFoundException,
            IOException, DataFormatException, ParseException{
        ArrayList<Employee> employees =
                    epp.loadEmployee("Employee.dat"); stdOut.println(employeesFormatter.formatEmployees(employees));
    }
}
```

示例 8.12　EmployeeLoader.java

```
import java.text.*;
import java.util.*;
import java.io.*;
/**
```

```java
 * 类 FileEmployeeLoader 从文件中读取 Employee 对象的信息
 * 并存放在 ArrayList 中。
 *
 * @author author
 * @version 1.1.0
 */
public class EmployeeLoader {

    //定义员工类型前缀
    private final static String General_PREFIX = "General";
    private final static String Hour_PREFIX = "Hour";
    private final static String Commission_PREFIX = "Commission";
    private final static String NonCommission_PREFIX =
                                                       "NonCommission";
    //定义分隔符
    private final static String DELIM = "_";
    //定义日期格式
    private final static SimpleDateFormat format =
                                   new SimpleDateFormat("yyyyMMdd");

    /**
     * 方法 loadEmployee 从文件中读取员工信息,
     * 并将信息存放在 ArrayList<Employee>对象中返回
     *
     * @throws IOException
     *     读入数据出现问题,抛出异常
     * @throws DataFormatException
     *     读入的数据格式有问题,抛出异常
     * @throws ParseException
     *     雇员生日数据格式转换出现问题,抛出异常
     * @throws FileNotFoundException
     *     雇员信息文件不存在,抛出异常
     * @return employees 返回读取到的员工信息
     */
    public ArrayList<Employee> loadEmployee(String filename)
            throws IOException, FileNotFoundException,
            DataFormatException, ParseException {
        // 新建 ArrayList 对象存放员工信息
        ArrayList<Employee> employees = new ArrayList<Employee>();
        BufferedReader reader =
                new BufferedReader(new FileReader(filename));
        String line = reader.readLine();
        // 逐行读取员工信息
```

```java
        while (line ! = null) {

            Employee eitem = readEmployee(line);
            employees.add(eitem);
            line = reader.readLine();
        }
        reader.close();
                //返回读取到的所有员工信息
        return employees;
}

/**
 *将读取到的一行员工信息解析,并创建相应的员工对象返回
 *
 * @param line
 *     从文件中读取到的一行员工信息
 * @return Employee
 *     返回读取到的一个员工的信息
 * @throws DataFormatException
 *     读入的数据格式有问题,抛出异常
 * @throws ParseException
 *     雇员生日数据格式转换出现问题,抛出异常
 */
private Employee readEmployee(String line)
        throws DataFormatException,ParseException {
    // 使用 StringTokenizer 类解析员工信息
    StringTokenizer tokenizer = new StringTokenizer(line,DELIM);
    // 如果员工信息格式不正确或不完整则抛出异常
    if (tokenizer.countTokens() ! = 6) {
        throw new DataFormatException(line);
    } else {
        try {
            String prefix = tokenizer.nextToken();
            if (prefix.equalsIgnoreCase(General_PREFIX)) {
                // 如果员工信息前缀是 General_PREFIX 则返回
            //GeneralEmployee
                GeneralEmployee gEmployee =
                    new GeneralEmployee(tokenizer
                        .nextToken(), tokenizer.nextToken(), format
                        .parse(tokenizer.nextToken()), tokenizer
                        .nextToken(), Double.parseDouble(tokenizer
                        .nextToken()));
                return (Employee) gEmployee;
```

```java
            } else if (prefix.equalsIgnoreCase(Hour_PREFIX)) {
                // 如果员工信息前缀是 Hour_PREFIX 则返回 HourEmployee
                HourEmployee hEmployee = new HourEmployee(tokenizer
                    .nextToken(), tokenizer.nextToken(), format
                    .parse(tokenizer.nextToken()), tokenizer
                    .nextToken(), Double.parseDouble(tokenizer
                    .nextToken()));
                return (Employee) hEmployee;
            } else if (prefix.equalsIgnoreCase(Commission_PREFIX)){
                    // 如果员工信息前缀是 Commission_PREFIX 则返回
                    //CommissionEmployee
                    CommissionEmployee cEmployee =
                        new CommissionEmployee(tokenizer
                        .nextToken(), tokenizer.nextToken(),format
                        .parse(tokenizer.nextToken()), tokenizer
                        .nextToken(), Double.parseDouble(tokenizer
                        .nextToken()));
                    return (Employee) cEmployee;
                }else if (prefix.equalsIgnoreCase(NonCommission_PREFIX)){
                    // 如果员工信息前缀是 NonCommission_PREFIX
                    // 则返回 NonCommissionEmployee
                    NonCommissionEmployee ncEmployee =
                        new NonCommissionEmployee(tokenizer
                         .nextToken(), tokenizer.nextToken(),format
                         .parse(tokenizer.nextToken()), tokenizer
                         .nextToken(), Double.parseDouble(tokenizer
                         .nextToken()));
                    return (Employee) ncEmployee;
                }
        } catch (NumberFormatException nfe) {
            throw new DataFormatException(line);
        }
    }
    return null;
}}
```

第 9 章 界面编程

为了设计友好的人机交互界面,Java 语言提供了按钮、组合框、表格等多种功能强大的界面控制组件;支持顺序布局、网格布局等多种组件自动布局方式;以及具备完善的用户交互事件响应处理机制。本章将系统学习 Java 图形界面编程技术。

9.1 组件与容器

9.1.1 AWT 与 Swing 简介

图形用户界面(Graphics User Interface,GUI)以图形可视化方式,借助菜单、按钮等图形界面元素和鼠标、键盘操作,支持用户与计算机系统交互。图形用户界面包含一组图形界面元素,以及其位置关系、组合关系和逻辑调用关系,共同组成具有事件响应能力的图形界面系统。

初期,Java 提供图形界面系统为抽象窗口工具包(Abstract Window Toolkit,AWT),位于 java.awt 包中。AWT 提供容器类、丰富的组件类和多种布局管理。AWT 简单易用,并能与操作系统的图形界面完全集成。但也因此,其具有平台相关性,不同操作系统下将呈现不同外观。

JDK 1.2 以后,Java 引入新的 Swing 组件。Swing 组件是对 AWT 组件扩充,采用纯 Java 语言编写,不依赖于本地操作系统的 GUI,在不同操作系统上具有相同的外观。Java 推荐使用 Swing 组件,避免混合使用 AWT 组件和 Swing 组件。Swing 组件位于 javax.swing 包。

所有 AWT 和 Swing 组件都继承于公共基类 java.awt.Component。Component 类是抽象类,定义了所有图形组件的公共属性和操作。

1. 颜色 Color

Java 提供以下方法,用于设定图形组件的背景和前景颜色。其中,颜色定义为 java.awt.Color 类。Color 类提供上百个静态属性,例如,"RED,BULE,GREEN,WHITE,YELLOW,GRAY"等,用于表示特定的颜色。

- public void setBackground(Color c)
- public void setForeground(Color c)

2. 字体 Font

图形组件可以通过方法 setFont(Font font),设定其字体。Java 将字体定义为 java.awt.Font 类。通过其构造方法 Font(String name, int style, int size),可以定义新的字体。其中,参数 name 值可以为 Dialog,DialogInput,Monospaced,Serif 和 SansSerif;参数 style 值可以为 Font.PLAIN,Font.BOLD,Font.ITALIC;参数 size 定义了字体大小。也可以通过调

用 Toolkit 对象的 getFontList()方法,获取完整的系统字体列表。

3. 边框 Border

Swing 组件可以通过方法 setBorder(Border border)设定多种有趣的边框。其中,边框类位于包 javax.swing.border 中,主要的边框类示例如下:
- new TitledBorder("Title")
- new EtchedBorder()
- new LineBorder(Color.BLUE)
- new MatteBorder(5,5,30,30,Color.GREEN)
- new BevelBorder(BevelBorder.RAISED)
- new SoftBevelBorder(BevelBorder.LOWERED)
- new CompoundBorder(new EtchedBorder(),new LineBorder(Color.RED))

4. 可用性(Enablement)

在创建图形组件时,组件默认是激活状态。当用户与图形组件交互对特定应用程序状态没有意义时,可以禁用该组件。组件的激活和禁用,通过调用组件方法 setEnabled(boolean b)实现。当参数 b 值为"True"时,激活组件;当参数 b 值为"FALSE"时,禁用该组件。

5. 可见性(Visability)

在创建图形组件时,部分组件默认是可见的,另一些组件可见性与其所在容器可见性相同。通过调用组件方法 setVisible(false),可以在容器可见时,将组件设定为不可见。

除了基本图形组件外,Java 提供一种特殊的图形组件——容器。容器能够包含其他的图形组件,实现图形组件的多级嵌套。所有容器类的基类为 Container 类。默认情况下,组件按照其加入先后顺序存储于容器的内部数据结构。表 9.1 给出了描述容器类的常用方法。

表 9.1 Container 类的常用方法

方法定义	功 能
add(Component c)	添加组件 c 到容器的末尾
add(Component c, int index)	添加组件 c 到容器中,它的位置由 index 决定
remove(Component c)	从容器中删除组件 c
remove(int index)	从容器中删除由 index 指定位置处的组件
setLayout(LayoutManger m)	设置容器的布局管理器

根据图形组件功能不同,可以将其分为 3 类:原子组件、中间容器和顶层容器。

原子组件是最基本的图形界面元素,如 JButton(按钮)、JLabel(标签)等。原子组件具有独立功能,不能包含其他组件。原子组件具有特定的图形样式,能够接受用户输入,以及向用户显示信息。

中间容器可以包含原子组件,并能够嵌套包含其他中间容器。中间容器主要用于容纳和管理所包含的图形界面元素。中间层容器主要包括 JPanel、JScrollPane、JSplitPane、JTabbedPane、JToolBar、JLayeredPane、JDesktopPane、JInternalFrame、JRootPane 等。

顶层容器位于图形界面嵌套结构的最外层,提供图形用户界面的顶层框架,能够包含其他中间容器和原子组件。Swing 提供了 3 种主要顶层容器,即 JApplet、JDialog 和 JFrame,分别用于创建 Java 小程序、对话框和 Java 应用程序。

9.1.2 Java GUI 程序框架

Java GUI 程序采用层次嵌套结构,由顶层容器构造 GUI 应用程序外层框架。在顶层容器内包含中间容器,并且中间容器可以相互嵌套包含。最后由中间容器负责管理其所包含的原子组件,共同构成 GUI 程序层次框架。因此,典型的 Java GUI 程序设计主要包括:①创建 JFrame 应用程序框架;②继承 JPanel 创建用户界面程序。

1. 创建 JFrame 应用程序框架

JFrame 是 Java 应用程序的主框架,所有的 Java 应用程序图形界面都是在 JFrame 主框架之中进行设计。JFrame 窗口框架类似于 Windows 应用窗口,具有标题、边框、菜单等元素。如图 9.1 所示,典型的 JFrame 窗口由三部分组成:Frame(框架)、Menu Bar(菜单栏)和 Content Pane(内容面板)。

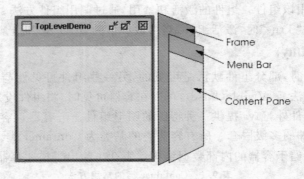

图 9.1 JFrame 窗口

创建 JFrame 应用程序框架的主要步骤包括:
1)构造 JFrame 框架对象,指定其标题(Title)。
2)设定 JFrame 框架尺寸。
3)默认情况下,JFrame 框架对象是不可见的,需要设定 JFrame 框架可见。
4)为 JFrame 框架设定菜单栏,菜单栏中可以包含多个菜单和菜单项。

示例 9.1 JFrame 的基本用法示例

```
//本例使用了 Color 类,因此引入 Color
importJava.awt.Color;
//引入 Swing 包中的 JFrame 类
import javax.swing.JFrame;
//声明当前类继承自 JFrame
public class FrameDemo extends JFrame
{
    public static void main(String[] args)
    {
```

```
//实例化一个 JFrame,并指定窗体标题
            FrameDemo fr = new FrameDemo("FrameDemo");
//设置 JFrame 窗体大小
            fr.setSize(400,150);
//设置窗体可见
            fr.setVisible(true);
//设置关闭窗口时的方式:关闭窗口并退出应用程序
            fr.setDefaultCloseOperation(JFrame.EXIT_ON_CLOSE);
        }
        public FrameDemo(String str)
        {
//调用父类的构造方法设置窗体标题
            super(str);
        }
}
```

运行结果如图 9.2 所示。

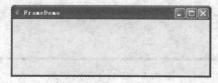

图 9.2　JFrame 示例演示

2. 继承 JPanel 创建用户界面程序

JPanel 是一个没有明显边界的中层容器,不能被单独使用,必须放置在另一个容器中。JPanel 提供 add()方法,可以将其他原子组件或者中级容器放置其中,方便对其内部元素的组织管理。

继承 JPanel 创建用户界面程序的主要步骤如下:

1)构建一个 JPanel 中级容器对象;

2)用 add()方法把该容器放置在 JFrame 的面板上;

3)将要显示的组件添加到 JPanel 中。

示例 9.2　JPanel 的基本用法示例

```
//本例使用了 Color 类,因此引入 Color
import java.awt.Color;
//引入 Swing 包中的 JPanel 类
import javax.swing.JPanel;

//声明当前类继承自 JPanel
public class PanelDemo extends JPanel {
    public staticvoid main(String[] args) {
```

```
    // 实例化一个 JPanel,并指定窗体标题
    PanelDemo P = new PanelDemo("PanelDemo");
        JFrame pa= new JFrame ("JPaneDemo");
        pa. add(p);
    // 设置 JFrame 窗体大小
    pa. setSize(400, 150);
    // 设置窗体可见
    pa. setVisible(true);
    // 设置关闭窗口时的方式:关闭窗口并退出应用程序
    pa. setDefaultCloseOperation(JFrame. EXIT_ON_CLOSE);
    }
}
```

运行结果如图 9.3 所示。

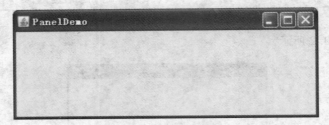

图 9.3 JPanel 示例演示

9.1.3 原子组件

Swing 组件提供了一套执行用户接口功能的原子组件。原子组件具有可定制的外观,能够向用户输出信息,或者接收用户的键盘、鼠标输入信息。下面介绍几个常见原子组件。

1. 标签组件(JLabel)

JLabel 是标签组件,可以显示文本、图标或者同时显示文本和图标。JLabel 类提供了多种构造方法,用于构造不同类型的标签(见表 9.2)。

表 9.2 JLabel 类的构造方法及常用方法

方法定义	功 能
JLabel()	创建无图标并且其标题为空的标签
JLabel(Icon image)	创建具有指定图标的标签
JLabel(Icon image, int horizontalAlignment)	创建具有指定图标和水平对齐方式的标签,支持的对齐方式包括 JLabel. LEFT, JLabel. CENTER, JLabel. RIGHT, JLabel. LEADING, JLabel. TRAILING
JLabel(String text)	创建具有指定文本的标签

续表

JLabel (String text, Icon image, int horizontalAlignment)	创建具有指定文本、图标和水平对齐方式的标签
JLabel(String text,int horizontalAlignment)	创建具有指定文本和对齐方式的标签
setText(String text)	设定标签显示的文本
setIcon(Icon icon)	指定标签显示的图标
etToolTipText(String toolTipText)	设定标签的工具提示信息,当鼠标光标停留在标签上时,将显示其工具提示信息

在 Java Swing 中,图标定义为类 ImageIcon。ImageIcon 提供多种构造方法,支持从图像文件、字节数组、Image 对象和 URL 地址等方式创建图标。例如,从图像文件创建图标:

ImageIcon icon = new ImageIcon("bananas.jpg","an image with bananas");

示例 9.3 中,分别创建了 3 个图标组件,并将其加入内容面板。

示例 9.3 JLable 的使用示例

```
//引入 awt 包
importJava.awt.*;
//引入 Swing 包
import javax.swing.*;
//声明 LableDemo 类继承自 JFrame
public class LabelDemo extends JFrame
{
    public static void main(String[] args)
    {
//声明一个 JFrame 类对象,并设置标题
        LabelDemo fr = new LabelDemo("FrameDemo");
//设置窗体大小
        fr.setSize(200,350);
//获得窗体的内容面板
        Container container = fr.getContentPane();
//设置内容面板的布局管理器
        container.setLayout(new FlowLayout());
//创建第一个标签组件
        JLabel jLabel1 = new JLabel();
//设置第一个标签显示文本
        jLabel1.setText("欢迎学习标签的用法");
//设置第一个标签的提示信息
        jLabel1.setToolTipText("工具提示:这是一个标签");
//将第一个标签填加到内容面板中
        container.add(jLabel1);
//创建一个图标
        Icon icon1 = new ImageIcon("E:/IconDemo1.png");
```

```java
//创建第二个标签,该标签同时有有文本和图标,并将图标放置于文本左边
        JLabel jLabel2 = new JLabel("放大镜",icon1,SwingConstants.LEFT);
//将第二个标签填加到内容面板中
        container.add(jLabel2);
//创建第三个标签
        JLabel jLabel3 = new JLabel();
//设置第三个标签的内容
        jLabel3.setText("笔记本");
//创建第二个图标
        Icon icon2 = new ImageIcon("E:/IconDemo2.png");
//设置第三个标签所使用的图标
        jLabel3.setIcon(icon2);
//设置水平对齐方式
        jLabel3.setHorizontalTextPosition(SwingConstants.CENTER);
//设置垂直对齐方式
        jLabel3.setVerticalTextPosition(SwingConstants.BOTTOM);
//将第三个标签填加到内容面板中
        container.add(jLabel3);
//设置 Frame 为可见
        fr.setVisible(true);
//设置关闭窗口时的方式:关闭窗口并退出应用程序
        fr.setDefaultCloseOperation(JFrame.EXIT_ON_CLOSE);
    }
    public LabelDemo(String str)
    {
//调用父类的构造方法设置窗体标题
        super(str);
    }
}
```

运行结果如图 9.4 所示。

图 9.4　JLable 示例演示

2. 按钮组件(JButton)

按钮 JButton 主要用于接受和响应用户的鼠标事件。按钮上可以显示文本、图标或者同时显示文本和图标。JButton 提供 setRolloverIcon()方法,可以设置在鼠标移入和移出 JButton 时显示的图片。JButton 类的构造方法及常用方法见表 9.3。

表 9.3 JButton 类的构造方法及常用方法

方法定义	功 能
JButton()	创建一个没有文本和图标的按钮
JButton(Icon icon)	创建一个带图标的按钮
JButton(String text)	创建一个带文本的按钮
JButton(String text,Icon icon)	创建一个带初始文本和图标的按钮
setLabel(String text)	指定该按钮的标签
setRolloverIcon(Icon rolloverIcon)	该方法用来指定当用户将鼠标置于按钮上方时,该按钮所显示的图标

示例 9.4 中,分别创建一个文本按钮和图标按钮,并为图标按钮设置鼠标置于按钮上方时所显示的图标。

示例 9.4 JButton 的使用方法

```
//引入所需图形包
import java.awt.*;
import javax.swing.*;
//创建 ButtonDemo 类,并使其继承自 JFrame
public class ButtonDemo extends JFrame
{
    public static void main(String[] args)
    {
//声明一个 JFrame 并设置标题
        ButtonDemo fr = new ButtonDemo("Demo");
//设置窗体大小
        fr.setSize(200,250);
//得到内容面板
        Container container = fr.getContentPane();
//设置内容面板的布局管理器
        container.setLayout(new FlowLayout());
//创建第一个图标
        Icon icon1 = new ImageIcon("c:/IconDemo3.png");
//创建第二个图标
        Icon icon2 = new ImageIcon("c:/IconDemo4.png");
//创建第一个按钮
        JButton button1 = new JButton("button");
//添加第一个按钮到容器
        container.add(button1);
```

```
//创建第二个按钮
        JButton button2 = new JButton(icon1);
//指定当用户将鼠标置于按钮上方时,该按钮所显示的图标。
        button2.setRolloverIcon(icon2);
//添加第二个按钮到容器
        container.add(button2);
//设置 Frame 为可见
        fr.setVisible(true);
//设置关闭窗口时的方式:关闭窗口并退出应用程序。
        fr.setDefaultCloseOperation(JFrame.EXIT_ON_CLOSE);
    }
    public ButtonDemo(String str)
    {
//调用父类的构造方法
        super(str);
    }
}
```

运行结果如图 9.5 所示。

图 9.5　JButton 示例演示

3. 复选框组件(JCheckBox)

复选框可以让用户做出多项选择,主要用于用户选择属性。JCheckBox 类的构造方法及常用方法见表 9.4。

表 9.4　JCheckBox 类的构造方法及常用方法

方法定义	功　能
JCheckBox()	创建一个没有文本、没有图标并且最初未被选定的复选框
JCheckBox(Action a)	创建一个复选框,其属性从所提供的 Action 获取
JCheckBox(Icon icon)	创建有一个图标、最初未被选定的复选框
JCheckBox(Icon icon,boolean selected)	创建一个带图标的复选框,并指定其最初是否处于选定状态
JCheckBox(String text)	创建一个带文本的、最初未被选定的复选框

续表

方法定义	功 能
JCheckBox(String text,boolean selected)	创建一个带文本的复选框,并指定其最初是否处于选定状态
JCheckBox(String text,Icon icon)	创建带有指定文本和图标的、最初未选定的复选框
JCheckBox(String text, Icon icon, boolean selected)	创建一个带文本和图标的复选框,并指定其最初是否处于选定状态
setLabel(String text)	指定该复选框的标签
setSelected(boolean b)	将该复选框设置为是否被选中。如果参数 b 为 true,则复选框被选中;如果参数 b 为 false,则复选框未被选中。缺省情况下,参数 b 的值为 false

示例 9.5 JCheckBox 演示

```java
//引入图形包
importJava.awt.*;
import javax.swing.*;
//声明一个 CheckBoxDemo 类继承自 JFrame
public class CheckBoxDemo extends JFrame
{
    public static void main(String[] args)
    {
//创建一个 JFrame 窗体,并设置标题
        CheckBoxDemo fr = new CheckBoxDemo("Demo");
//设置窗口大小
        fr.setSize(200,120);
//得到内容面板
        Container container = fr.getContentPane();
//设置内容面板的布局管理器
        container.setLayout(new FlowLayout());
//创建一个标签
        JLabel jLabel = new JLabel("请选择要显示的文字效果");
//创建一个复选框
        JCheckBox jCheckBox1 = new JCheckBox("粗体");
//创建一个复选框
        JCheckBox jCheckBox2 = new JCheckBox("斜体");
//设置该复选框为默认被选中
        jCheckBox2.setSelected(true);
//创建一个复选框
        JCheckBox jCheckBox3 = new JCheckBox("下画线");
        //将该复选框设置为被选中
        jCheckBox3.setSelected(true);
//添加标签到容器
        container.add(jLabel);
```

```
//添加复选框到容器
        container.add(jCheckBox1);
//添加复选框到容器
        container.add(jCheckBox2);
//添加复选框到容器
        container.add(jCheckBox3);
//设置 Frame 为可见
        fr.setVisible(true);
//设置关闭窗口时的方式:关闭窗口并退出应用程序
        fr.setDefaultCloseOperation(JFrame.EXIT_ON_CLOSE);
    }
    public CheckBoxDemo(String str)
    {
//调用父类的构造方法
        super(str);
    }
}
```

运行结果如图 9.6 所示。

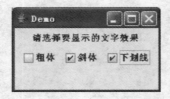

图 9.6　JCheckBox 示例演示

4. 单选按钮 JRadioButton

单选按钮(JRadioButton)具有选中和未选中两种状态。当多个单选按钮未组成一组时，可以同时选中多个单选按钮。当多个单选按钮被组成一组时，同一组单选按钮中同时只能有一个被选中。JRadioButton 类的构造方法及常用方法见表 9.5。

表 9.5　JRadioButton 类的构造方法及常用方法

方法定义	功　能
JRadioButton()	创建一个初始化为未选择的单选按钮,其文本未设定
JRadioButton(Icon icon)	创建一个初始化为未选择的单选按钮,其具有指定的图像但无文本
JRadioButton(Icon icon,boolean selected)	创建一个具有指定图像和选择状态的单选按钮,但无文本
JRadioButton(String text)	创建一个具有指定文本的状态为未选择的单选按钮
JRadioButton(String text,Icon icon)	创建一个具有指定的文本和图像并初始化为未选择的单选按钮
JRadioButton(String text, Icon icon, boolean selected)	创建一个具有指定的文本、图像和选择状态的单选按钮

续表

方法定义	功　　能
setLabel(String text)	指定该单选按钮的标签
setSelected(boolean b)	将该单选按钮设置为是否被选中。如果参数 b 为 true,则单选按钮被选中;如果参数 b 为 false,则单选按钮未被选中。缺省情况下,参数 b 的值为 false

在 Java Swing 中,ButtonGroup 容器类负责组织和管理多个按钮,将按钮组成一组,并维护按钮之间的逻辑关系。当多个单选按钮添加到同一个 ButtonGroup 容器时,如果选中其中某一个单选按钮,则会自动取消其他按钮选中状态。示例 9.6 演示了创建 3 个单选按钮,并将其置于同一 ButtonGroup 容器。

示例 9.6 JRadioButton 的使用示例

```java
//引入相关包
importJava.awt.*;
import javax.swing.*;
//创建 RadioButtonDemo 类并继承 JFrame 类
public class RadioButtonDemo extends JFrame
{
    public static void main(String[] args)
    {
//创建窗口类实例
        RadioButtonDemo fr = new RadioButtonDemo("Demo");
//设置窗口大小
        fr.setSize(200,120);
//得到内容面板
        Container container = fr.getContentPane();
//设置内容面板布局管理器
        container.setLayout(new FlowLayout());
//创建一个标签
        JLabel jLabel = new JLabel("请选择要进行的操作");
//创建一个单选框
        JRadioButton jRadioButton1 = new JRadioButton("查询");
//创建一个单选框
        JRadioButton jRadioButton2 = new JRadioButton("取款");
//创建一个单选框
        JRadioButton jRadioButton3 = new JRadioButton("转帐");
//添加标签到容器
        container.add(jLabel);
//添加单选框到容器
        container.add(jRadioButton1);
//添加单选框到容器
        container.add(jRadioButton2);
```

```
//添加单选框到容器
        container.add(jRadioButton3);
//创建一个按钮组
        ButtonGroup radioButtonGroup = new ButtonGroup();
//将所有相关单选按钮组织在为一组
        radioButtonGroup.add(jRadioButton1);
        radioButtonGroup.add(jRadioButton2);
        radioButtonGroup.add(jRadioButton3);
//设置 Frame 为可见
        fr.setVisible(true);
//设置关闭窗口时的方式:关闭窗口并退出应用程序
        fr.setDefaultCloseOperation(JFrame.EXIT_ON_CLOSE);
    }
    public RadioButtonDemo(String str)
    {
//调用父类的构造方法
        super(str);
    }
}
```

运行结果如图 9.7 所示。

图 9.7　JRadioButton 示例演示

5. 文本输入组件(JTextField,JTextArea)

Java 提供两种文本输入组件:文本区(JTextField)和文本域(JTextArea)。其中,JTextField 主要用于输入单行文本,不支持换行;JTextArea 则支持多行文本输入,支持换行。JTextField 和 JTextArea 均提供显示文本、获取当前文本、设置是否允许编辑等方法。

JTextArea 本身不提供滚动条,但其实现了 Scrollable 接口,可以将其包含在 JScrollPane 中,从而控制使用滚动条,包括垂直滚动条、水平滚动条、两者兼得或两者都不许。

JTextField 和 JTextArea 类的构造方法及常用方法分别见表 9.6 和表 9.7。

表 9.6　JTextField 类的构造方法及常用方法

方法定义	功　能
JTextField()	创建一个空的文本输入框
JTextField(int columns)	创建一个指定列数 columns 的文本输入框
JTextField(String text)	创建一个显示文本 text 的文本输入框

续表

方法定义	功 能
JTextField(String text, int columns)	创建一个具有指定列数 columns，并显示文本 text 的文本输入框
setText(String t)	设定文本框显示的文本
setEditable(boolean b)	设定文本框是否允许编辑
setHorizontalAlignment(int alignment)	设置文本的水平对齐方式，有效值包括： • JTextField.LEFT • JTextField.CENTER • JTextField.RIGHT • JTextField.LEADING • JTextField.TRAILING

表 9.7　JTextArea 类的构造方法及常用方法

方法定义	功 能
JTextArea()	构造新的 TextArea
JTextArea(int rows, int columns)	构造具有指定行数 rows 和列数 columns 的新的空 TextArea
JTextArea(String text)	构造显示指定文本 text 的新的 TextArea
JTextArea（String text, int rows, int columns)	构造具有指定文本、行数和列数的新的 TextArea
setText(String t)	设定文本域显示的文本
setEditable(boolean b)	设定文本域是否允许编辑
append(String str)	将给定文本追加到文档结尾
insert(String str, int pos)	将指定文本插入指定位置
setWrapStyleWord(boolean word)	设置换行方式。如果设置为 true，则当行的长度大于所分配的宽度时，将在单词边界处自动换行。如果设置为 false，则将在字符边界处换行。此属性默认为 false

示例 9.7 演示了如何创建 JTextField 和 JtextArea，并将其加入框架。

示例 9.7　文本输入组件综合示例

```
//引入相关软件包
importJava.awt.*;
import javax.swing.*;
//声明一个 TextDemo 类并继承自 JFrame 类
public class TextDemo extends JFrame
{
    public static void main(String[] args)
    {
//创建窗体
        TextDemo fr = new TextDemo("Demo");
//设置窗口大小
        fr.setSize(270,270);
```

```java
//得到内容面板
        Container container = fr.getContentPane();
//设置布局管理器
        container.setLayout(new FlowLayout());
//创建一个单行文本框
        JTextField jTextField = new JTextField("单行文本框",20);
//创建一个密码框
        JPasswordField jPasswordField = new JPasswordField("输入密码",20);
//设置密码框的显示字符
        jPasswordField.setEchoChar('#');
//创建一个多行文本框
        JTextArea jTextArea = new JTextArea("多行文本框:JTextField 和 JPasswordField"+"提供一个处理单行文本的区域,用户可以通过键盘在该区域中输入文本,"+"或者程序将运行结果显示在该区域中。JPasswordField 是 JTextField 的"+"子类,主要用于用户密码的输入,因此它会隐藏用户实际输入的字符。"+"与 JTextField(包括 JPasswordField) 只能处理单行文本不同,"+" JTextArea 可以处理多行文本。",6,20);
//允许自动换行
        jTextArea.setLineWrap(true);
//添加单行文本框到容器
        fr.add(jTextField);
//添加密码框到容器
        fr.add(jPasswordField);
//添加多行文本框到容器,并为其设置默认滚动条
        fr.add(new JScrollPane(jTextArea));
//设置窗体为可见
        fr.setVisible(true);
//设置关闭窗口时的方式:关闭窗口并退出应用程序
        fr.setDefaultCloseOperation(JFrame.EXIT_ON_CLOSE);
    }
    public TextDemo(String str)
    {
        //调用父类的构造方法
        super(str);
    }
}
```

运行结果如图 9.8 所示。

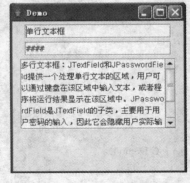

图 9.8　文本输入组件示例结果

6. 组合框(JComboBox)

组合框提供一个下拉选择列表。当用户鼠标单击组合框时,将下拉出现选择项列表,用户可以从中单项选择某个选项。JComboBox 还可设置为支持编辑,允许用户选择或者输入值。JComboBox 类的构造方法及常用方法见表 9.8。

表 9.8 JComboBox 类的构造方法及常用方法

方法定义	功　能
JComboBox()	创建具有默认数据模型的 JComboBox
JComboBox(Object item[])	创建包含指定数组中的元素的 JComboBox
JComboBox(Vector<?> item)	创建包含指定 Vector 中的元素的 JComboBox
addItem(Object o)	为项列表添加项
setSelectedItem(int index)	将组合框显示区域中所选项设置为参数中的对象
setMaximumRowCount(int count)	设置 JComboBox 显示的最大行数
getSelectedItem()	返回当前所选项

在示例 9.8 中,创建组合框,并将字符串数组设置为其选择项。

示例 9.8 JComboBox 的用法

```
//引入相关软件包
import java.awt.*;
import javax.swing.*;
//声明 ComboBoxDemo 类并继承 JFrame 类
public class ComboBoxDemo extends JFrame
{
        public static void main(String[] args)
        {
//创建窗体
            ComboBoxDemo fr = new ComboBoxDemo("Demo");
//设置窗口大小
            fr.setSize(200,160);
//得到内容面板
            Container container = fr.getContentPane();
//设置布局管理器
            container.setLayout(new FlowLayout());
//创建一个标签
            JLabel jLabel = new JLabel("请选择一种搜索引擎");
//添加标签到容器中
            container.add(jLabel);
//定义一组字符串
            String strNames[] = {"google","yahoo","baidu","sohu"};
//创建一个 JComboBox 的实例
```

```
        JComboBox jComboBox = new JComboBox(strNames);
//添加一个选项
        jComboBox.addItem("fast");
//设置第三个选项默认被选中
        jComboBox.setSelectedIndex(2);
//设置组合框能显示的选项的最大数目
        jComboBox.setMaximumRowCount(3);
//将组件添加到容器中
        container.add(jComboBox);
//设置窗体为可见
        fr.setVisible(true);
//设置关闭窗口时的方式:关闭窗口并退出应用程序
        fr.setDefaultCloseOperation(JFrame.EXIT_ON_CLOSE);
    }
    public ComboBoxDemo(String str)
    {
//调用父类的构造方法设置标题
        super(str);
    }
}
```

运行结果如图 9.9 所示。

图 9.9　JComboBox 示例演示

7. 列表框(JList)

JList 在屏幕上以固定行数显示列表项,用户可以从中选择一个或者多个选项。JList 组件均有对应的数据模型对象 ListModel,用于管理数据选项。当 ListModel 中数据选项变化时,将立即通知所注册的 JList 组件刷新其显示。在构造 JList 组件时,可以指定其数据模型对象 ListModel。如果没有指定,则系统自动为其创建一个 DefaultListModel 对象实例。JList 本身不提供滚动条,但可以将其包含在 JScrollPane 中,来支持滚动。JList 类的构造方法及常用方法见表 9.9。

表 9.9　JList 类的构造方法及常用方法

方法定义	功　能
JList()	构造一个具有空的、只读模型的 JList
JList(ListModel dataModel)	根据指定的非 null 数据模型构造一个显示元素的 JList
JList(Object[] listData)	构造一个 JList,使其显示指定数组中的元素
JList (Vector<?> listData)	构造一个 JList,使其显示指定 Vector 中的元素
getSelectedIndices()	返回所选的全部索引的数组(按升序排列)
getSelectedValues()	返回所有选择值的数组,根据其列表中的索引顺序按升序排序
isSelectionEmpty()	如果什么也没有选择,则返回 true;否则返回 false
setSelectedIndex(int index)	选择单个数据项
setSelectionMode (int selectionMode)	设置列表的选择模式,包括: • SINGLE_SELECTION :一次只能选择一个列表索引; • SINGLE_INTERVAL_SELECTION :一次只能选择一个连续间隔; • MULTIPLE_INTERVAL_SELECTION:在此模式中,不存在对选择的限制,是默认设置

示例 9.9　JList 的用法

```
//引入相关软件包
import java.awt.*;
import javax.swing.*;

//声明 ListDemo 类并继承 JFrame 类
public class ListDemo extends JFrame {

    public static void main(String[] args) {
        // 创建窗体
        ListDemo fr = new ListDemo("Demo");
        // 设置窗口大小
        fr.setSize(200,160);
        // 得到内容面板
        Container container = fr.getContentPane();
        // 设置布局管理器
        container.setLayout(new FlowLayout());
        // 创建一个标签
        JLabel jLabel = new JLabel("请选择一种搜索引擎");
        // 添加标签到容器中
        container.add(jLabel);
        // 定义一组字符串
        String strNames[] = { "google", "yahoo", "baidu", "sohu", "fast" };
        // 创建一个 JList 的实例
```

```
        JList jList = new JList(strNames);
        // 设置第三个选项默认被选中
        jList.setSelectedIndex(2);
        // 设置列表的选择模式:一次只能选择一个列表索引
      jList.setSelectionMode(ListSelectionModel.SINGLE_SELECTION);
        // 将组件添加到容器中
        container.add(jList);
        // 设置窗体为可见
        fr.setVisible(true);
        // 设置关闭窗口时的方式:关闭窗口并退出应用程序。
        fr.setDefaultCloseOperation(JFrame.EXIT_ON_CLOSE);
    }

    public ListDemo(String str) {
        // 调用父类的构造方法设置标题
        super(str);
    }
}
```

运行结果如图 9.10 所示。

图 9.10 JList 示例演示

9.1.4 中间容器

在 Java GUI 程序中,中间容器用于组织和管理其内部包含的图形界面元素。Swing 提供多种中间容器,分别具有不同的特殊功能。现在介绍几种常用的中间容器。

1. JScrollPane

JScrollPane 提供带有滚动条的容器,能够容纳大于其大小的内容。JScrollPane 提供可选的垂直滚动条、水平滚动条、行标题和列标题。JScrollPane 类的构造函数及常用方法见表 9.10。

表 9.10 JScrollPane 类的构造方法及常用方法

方法定义	功　能
JScrollPane()	构造一个空的 JScrollPane 对象
JScrollPane(Component view)	建立一个新的 JScrollPane 对象,当组件内容大于显示区域时会自动产生滚动轴
JScrollPane (Component view, int vsbPolicy,int hsbPllicy)	建立一新的 JScrollPane 对象,里面含有显示组件,并设置滚动轴出现时机: • HORIZONTAL_SCROLLBAR_ALAWAYS:显示水平滚动轴; • HORIZONTAL_SCROLLBAR_AS_NEEDED:当组件内容水平区域大于显示区域时出现水平滚动轴; • HORIZONTAL_SCROLLBAR_NEVER:不显示水平滚动轴; • VERTICAL_SCROLLBAR_ALWAYS:显示垂直滚动轴; • VERTICAL_SCROLLBAR_AS_NEEDED:当组件内容垂直区域大于显示区域时出现垂直滚动轴; • VERTICAL_SCROLLBAR_NEVER:不显示垂直滚动轴
JScrollPane(int vsbPolicy,int hsbPolicy)	建立一个新的 JScrollPane 对象,不含有显示组件,但设置滚动轴出现时机
setViewportView(Component view)	设置 JScrollPane 中心要显示的组件
setWheelScrollingEnabled (boolean handleWheel)	允许/禁止在鼠标滑轮滚动时出现滚动条
setColumnHeaderView(Component view)	创建一个行标题视口组件
setRowHeaderView(Component view)	创建一个列标题视口组件

示例 9.10 中,创建一个图标标签,将其添加到 JscrollPane 中,然后将 JscrollPane 嵌套添加到框架中。

示例 9.10 JScrollPane 的应用示例

```java
//引入相关软件包
import java.awt.*;
import javax.swing.*;

//声明 ListDemo 类并继承 JFrame 类
public class ScrollPaneDemo extends JFrame {

    public static void main(String[] args) {
        // 创建窗体
        ListDemo fr = new ListDemo("Demo");
        // 设置窗口大小
        fr.setSize(300, 300);
        // 得到内容面板
        Container container = fr.getContentPane();
        // 创建一个图标
        Icon icon = new ImageIcon("E:/IconDemo.png");
        // 创建一个标签,并在标签中插入了一个图标
```

```
            JLabel label = new JLabel(icon);
            // 创建一个 JScrollPane 对象,并将标签 label 放入 scrollPane 中
            JScrollPane scrollPane = new JScrollPane(label);
            // 设定 scrollPane 的水平滚动轴一直显示
scrollPane.setHorizontalScrollBarPolicy(JScrollPane.HORIZONTAL_SCROLLBAR_ALWAYS);
            // 设定 scrollPane 的垂直滚动轴一直显示
scrollPane.setVerticalScrollBarPolicy(JScrollPane.VERTICAL_SCROLLBAR_ALWAYS);
            // 将组件添加到容器中
            container.add(scrollPane);
            // 设置窗体为可见
            fr.setVisible(true);
            // 设置关闭窗口时的方式:关闭窗口并退出应用程序
            fr.setDefaultCloseOperation(JFrame.EXIT_ON_CLOSE);
        }

        public ScrollPaneDemo(String str) {
            // 调用父类的构造方法设置标题
            super(str);
        }
}
```

运行结果如图 9.11 所示。

图 9.11　JScrollPane 示例演示

2. JSplitPane

JSplitPane 能够将 GUI 视图分为两个区域,分别显示不同的组件。JSplitPane 允许设置水平分隔或者垂直分隔,允许用户动态调整其大小,以及设置动态拖曳。在拖动分隔线时,区域内组件大小将随之变动。为了显示全部内容,通常在 JSplitPane 中放置 JScrollPane。JSplitPane 类的构造方法及常用方法见表 9.11。

表 9.11　JSplitPane 类的构造方法及常用方法

方法定义	功　能
JSplitPane()	创建一个 JSplitPane，水平方向排列，两边各是一个按钮，不支持动态拖曳
JSplitPane(int newOrientation)	创建一个指定分隔方向的 JSplitPane，不支持动态拖曳。参数如下： • JSplitPane. HORIZONTAL_SPLIT • JSplitPane. VERTICAL_SPLIT
JSplitPane(int newOrientation, boolean newContinuousLayout, Component newLeftComponent, Component newRightComponent)	创建一个指定分隔方向的 JSplitPane，同时设定其左边组件和右边组件，并指定是否支持动态拖曳
JSplitPane(int newOrientation, Component newLeftComponent, Component newRightComponent)	创建一个指定分隔方向的 JSplitPane，并设定其左边和右边组件
setDividerLocation(int location)	设置分隔条的位置，单位为像素点
setDividerLocation(double proportionalLocation)	设置分隔条的位置为 JSplitPane 大小的一个百分比
setDividerSize(int newSize)	设置分隔条的大小
setLeftComponent(Component comp)	将组件设置到分隔条的左边（或者上面）
setRightComponent(Component comp)	将组件设置到分隔条的右边（或者下面）

示例 9.11 通过构造两个 JsplitPane，首先将主框架窗口拆分为上、下两部分，再将上部进行左、右拆分，最后形成 3 个窗口。

示例 9.11　JSplitPane 的用法

```
//引入相关软件包
import java.awt.*;
import javax.swing.*;

//声明 SplitPaneDemo 类并继承 JFrame 类
public class SplitPaneDemo extends JFrame {

    public static void main(String[] args) {
        // 创建窗体
        SplitPaneDemo fr = new SplitPaneDemo("Demo");
        // 设置窗口大小
        fr.setSize(200, 160);
        // 得到内容面板
        Container container = fr.getContentPane();
        // 创建第一个标签
        JLabel label1 = new JLabel("Label 1", JLabel.CENTER);
        // 创建第二个标签
```

```
        JLabel label2 = new JLabel("Label 2", JLabel.CENTER);
        // 创建第三个标签
        JLabel label3 = new JLabel("Label 3", JLabel.CENTER);

        // 加入 label1,label2 到 splitPane1 中
        JSplitPane splitPane1 = new JSplitPane(JSplitPane.HORIZONTAL_SPLIT, true, label1, label2);
        // 加入 splitPane1, label3 到 splitPane2 中
        JSplitPane splitPane2 = new JSplitPane(JSplitPane.VERTICAL_SPLIT, true, splitPane1, label3);

        // 设置分隔线位置
        splitPane1.setDividerLocation(100);
        splitPane2.setDividerLocation(40);
        // 设置分隔线宽度的大小,以像素为计算单位
        splitPane1.setDividerSize(5);
        splitPane2.setDividerSize(5);

        // 将组件添加到容器中
        container.add(splitPane2);
        // 设置窗体为可见
        fr.setVisible(true);
        // 设置关闭窗口时的方式:关闭窗口并退出应用程序
        fr.setDefaultCloseOperation(JFrame.EXIT_ON_CLOSE);
    }

    public SplitPaneDemo(String str) {
        // 调用父类的构造方法设置标题
        super(str);
    }
}
```

运行结果如图 9.12 所示。

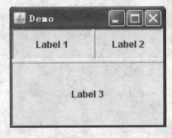

图 9.12　JSplitPane 示例演示

3. JTabbedPane

JTabbedPane 允许用户创建具有给定标题/图标的选项卡。在用户单击某个标题时,可以切换显示不同的选项卡。通过 addTab 和 insertTab 方法,可以为 JTabbedPane 增加选项卡。每个选项卡都有其位置索引,其中第一个选项卡的索引为 0,最后一个选项卡的索引为选项卡总数减 1。JTabbedPane 类的构造方法及常用方法见表 9.12。

表 9.12 JTabbedPane 类的构造方法及常用方法

方法定义	功 能
JTabbedPane()	创建一个具有默认的 JTabbedPane.TOP 选项卡布局的空 TabbedPane
JTabbedPane(int tabPlacement)	创建一个空的 TabbedPane,使其具有如下指定选项卡布局: • JTabbedPane.TOP • JTabbedPane.BOTTOM • JTabbedPane.LEFT • JTabbedPane.RIGHT
JTabbedPane(int tabPlacement, int tabLayoutPolicy)	创建一个空的 TabbedPane,使其具有指定的选项卡布局和选项卡布局策略。布局策略如下: • JTabbedPane.WRAP_TAB_LAYOUT • JTabbedPane.SCROLL_TAB_LAYOUT
addTab(String title, Icon icon, Component component, String tip)	添加一个标签组件,其中标题、图标和 tip 均可以为 null
getTabCount()	返回此 tabbedpane 的选项卡数
indexOfTab(String title)	返回具有给定 title 的第一个选项卡索引,如果没有具有此标题的选项卡,则返回 -1
insertTab(String title, Icon icon, Component component, String tip, int index)	在指定位置插入一个新的选项卡
setEnabledAt(int index, boolean enabled)	设置是否启用 index 位置的选项卡
setSelectedIndex(int index)	设置所选择的此选项卡窗格的索引。索引必须为有效的选项卡索引或为 -1
remove(int index)	移除对应于指定索引的选项卡和组件

示例 9.12 中,创建 JtabbedPane,并为其添加 3 个 Tab 标签页面,每个标签页面中内置一个文本标签。

示例 9.12 JTabbedPane 用法示例

```
//引入相关软件包
import java.awt.*;
import javax.swing.*;

//声明 TabbedPaneDemo 类并继承 JFrame 类
```

```java
public class TabbedPaneDemo extends JFrame {

    public static void main(String[] args) {
        // 创建窗体
        TabbedPaneDemo frame = new TabbedPaneDemo("Demo");
        // 设置窗口大小
        frame.setSize(300, 150);
        // 得到内容面板
        Container container = frame.getContentPane();
        // 创建 TabbedPane
        JTabbedPane tabbedPane = new JTabbedPane();

        // 创建三个新的 label 分别编号
        JLabel label0 = new JLabel("Tab #0", SwingConstants.CENTER);
        JLabel label1 = new JLabel("Tab #1", SwingConstants.CENTER);
        JLabel label2 = new JLabel("Tab #2", SwingConstants.CENTER);

        // 将三个 label 加入到 TabbedPane 中
        tabbedPane.addTab("Tab #0", label0);
        tabbedPane.addTab("Tab #1", label1);
        tabbedPane.addTab("Tab #2", label2);
        // 设置显示第一个选项卡
        tabbedPane.setSelectedIndex(0);
        // 将组件添加到容器中
        container.add(tabbedPane);
        // 设置窗体为可见
        frame.setVisible(true);
        // 设置框架窗体的事件监听(关闭窗体事件)
        frame.setDefaultCloseOperation(JFrame.EXIT_ON_CLOSE);
    }

    public TabbedPaneDemo(String str) {
        // 调用父类的构造方法设置标题
        super(str);
    }
}
```

运行结果如图 9.13 所示。

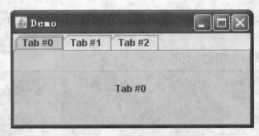

图 9.13 JTabbedPane 示例演示

4. JDesktopPane 和 JInternalFrame

JDesktopPane 和 JinternalFrame 是用于创建多文档界面或虚拟桌面的容器。首先创建多个 JInternalFrame 对象，并将其添加到 JDesktopPane。JDesktopPane 扩展于 JLayeredPane，能够管理可能重叠的内部窗体。JInternalFrame 类似于 JFrame，具有拖动、关闭、变成图标、调整大小、标题显示和支持菜单栏等功能。但其不能被独立使用，必须依附于其他容器内。JDesktopPane 和 JInternalFrame 的构造函数和常用方法分别见表 9.13 和表 9.14。

表 9.13   JDesktopPane 类的构造方法及常用方法

方法定义	功 能
JDesktopPane()	创建一个新的 JDesktopPane
getAllFrames()	返回桌面中当前显示的所有 JInternalFrames
getSelectedFrame()	返回此 JDesktopPane 中当前活动的 JInternalFrame，如果当前没有活动的 JInternalFrame，则返回 null
selectFrame(boolean forward)	选择此桌面窗格中的下一个 JInternalFrame
setSelectedFrame(JInternalFrame f)	设置此 JDesktopPane 中当前活动的 JInternalFrame

表 9.14   JInternalFrame 类的构造方法及常用方法

方法定义	功 能
JInternalFrame()	创建不可调整大小的、不可关闭的、不可最大化的、不可图标化的、没有标题的 JInternalFrame
JInternalFrame(String title, boolean resizable, boolean closable, boolean maximizable, boolean iconifiable)	创建具有指定标题、可调整、可关闭、可最大化和可图标化的 JInternalFrame
getDesktopPane()	获取其所在的 JDesktopPane 实例
setLocation(int x, int y)	设定其相对于父窗口位置
setSelected(boolean selected)	设置是否激活显示该内部窗体
setBoundsmk;)(int x, int y, int width, int hight)	设定窗体位置和大小

示例 9.13 中，创建两个 JinternalFrame 对象，并将其添加到 JdesktopPane 中进行管理。

示例 9.13   JDesktopPane 和 JInternalFrame 的用法

```
//引入相关软件包
import java.awt.*;
import javax.swing.*;

//声明 DesktopPaneDemo 类并继承 JFrame 类
public class DesktopPaneDemo extends JFrame {

    public static void main(String[] args) {
```

```java
        // 创建窗体
        DesktopPaneDemo frame = new DesktopPaneDemo("JDesktopPane and JInternalFrame");
        // 设置窗口大小
        frame.setSize(300,300);
        // 得到内容面板
        Container container = frame.getContentPane();
        // 创建 JDesktopPane 对象
        JDesktopPane desktopPane = new JDesktopPane();
        // 创建 JInternalFrame 对象
        JInternalFrame iFrame1 = new JInternalFrame("Internal Frame 1", true,true, true, true);
        JInternalFrame iFrame2 = new JInternalFrame("Internal Frame 2", true,true, true, true);
        // 设置 JInternalFrame 对象的位置
        iFrame1.setLocation(25,25);
        iFrame2.setLocation(50,50);
        // 设置 JInternalFrame 对象的大小
        iFrame1.setSize(200,150);
        iFrame2.setSize(200,150);
        // 设定 JInternalFrame 对象可见
        iFrame1.setVisible(true);
        iFrame2.setVisible(true);
        // 将组件 JInternalFrame 对象添加到 desktopPane 中
        desktopPane.add(iFrame2);
        desktopPane.add(iFrame1);
        // 将组件 desktopPane 添加到容器中
        container.add(desktopPane);
        // 设置窗体为可见
        frame.setVisible(true);
        // 设置关闭窗口时的方式:关闭窗口并退出应用程序
        frame.setDefaultCloseOperation(JFrame.EXIT_ON_CLOSE);
    }

    public DesktopPaneDemo(String str) {
        // 调用父类的构造方法设置标题
        super(str);
    }
}
```

运行结果如图 9.14 所示。

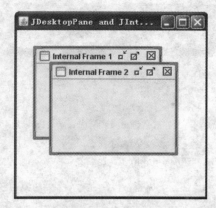

图 9.14　JDesktopPane 和 JInternalFrame 示例演示

9.2　对话框和菜单

对话框是图形用户界面中常见的窗口对象,应用十分广泛。在 Swing 中,可以使用 JOptionPane 类提供的方法来生成各种标准的对话框,也可以根据实际需要生成自定义对话框。菜单则由菜单条、菜单项等组成,主要用于控制窗口对象。

9.2.1　对话框基础

对话框是 GUI 中常见窗口对象,主要用于向用户展示信息、提问等。通常对话框从某个窗口中弹出,并依附于该窗口。即当窗口关闭时,对话框也随之关闭。在应用对话框处理特殊问题时,不会破坏原始窗口,因此被广泛应用。

在 Swing 中,JDialog 是所有对话框基类。通过继承 JDialog 类,可以创建自定义对话框。对话框 JDialog 类是一个顶级容器,缺省包含一个 JRootPane 作为其唯一的子组件。通过调用 JDialog 类的 add()方法,可以为 JRootPane 增加子组件。缺省情况下,对话框采用 BorderLayout 布局管理器。

在创建对话框 JDialog 对象时,需要指定对话框工作模式:无模式对话框和模式对话框。其中,在无模式对话框打开时,仍可以切换处理其余窗口。而在模式对话框打开时,只能操作对话框。默认情况下,创建无模式对话框。

在创建对话框后,对话框并不能立即显示。必须调用对话框的 setVisible(true)方法,显示该对话框。在对话框不再使用时,必须调用其 dispose()方法,释放对话框所占用的资源。对话框使用见示例 9.14。

示例 9.14　对话框使用示例

```
//引入所需软件包
import javax.swing.*;
//声明 DialogDemo 类并继承自 JFrame 类
class DialogDemo extends JFrame
```

```java
{
    public static void main(String[] args)
    {
//生成窗体
    DialogDemo fr = new DialogDemo("Demo");
//构造一个模式对话框
    JDialog jDialog = new JDialog(fr,"Demo",true);
//创建一个标签
    JLabel jLabelID = new JLabel("Please input ID:");
//创建一个标签
    JLabel jLabelPWD = new JLabel("Please input password:");
//创建一个单行文本框
    JTextField jTextFieldID = new JTextField(50);
//创建一个密码框
    JPasswordField jPasswordField = new JPasswordField(50);
//创建一个按钮
    JButton jButtonOK = new JButton("OK");
//创建一个按钮
    JButton jButtonCancel = new JButton("Cancel");
//设置对话框的大小。
    jDialog.setSize(340,200);
//不使用布局管理器
    jDialog.setLayout(null);
//添加标签到对话框中
    jDialog.add(jLabelID);
//添加标签到对话框中
    jDialog.add(jLabelPWD);
//设置标签在对话框中的位置和大小
    jLabelID.setBounds(20,30,140,20);
//设置标签在对话框中的位置和大小
    jLabelPWD.setBounds(20,60,140,20);
//添加单行文本框到对话框中
    jDialog.add(jTextFieldID);
//添加密码框到对话框中
    jDialog.add(jPasswordField);
//设置单行文本框在对话框中的位置和大小
    jTextFieldID.setBounds(160,30,150,20);
//设置密码框在对话框中的位置和大小
    jPasswordField.setBounds(160,60,150,20);
//添加按钮到对话框中
    jDialog.add(jButtonOK);
//添加按钮到对话框中
```

```
        jDialog.add(jButtonCancel);
//设置按钮在对话框中的位置和大小
        jButtonOK.setBounds(60,100,80,25);
//设置按钮在对话框中的位置和大小
        jButtonCancel.setBounds(170,100,80,25);
//设置该对话框为可见
        jDialog.setVisible(true);
//设置关闭窗口时的方式:关闭窗口并退出应用程序。
        fr.setDefaultCloseOperation(JFrame.EXIT_ON_CLOSE);
    }
    public DialogDemo(String str)
    {
//调用父类的构造方法设置标题
            super(str);
    }
}
```

运行结果如图 9.15 所示。

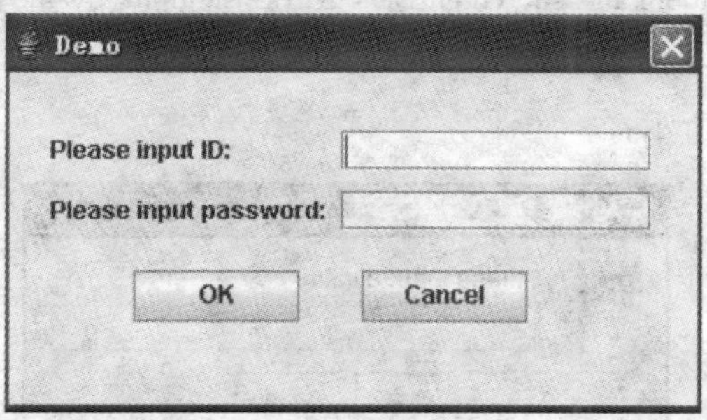

图 9.15 自定义对话框

9.2.2 标准对话框

在 Java Swing 中,提供了 4 种标准对话框,分别支持信息显示、提出问题、警告、用户参数输入等功能。在 JOptionPane 类中,提供了 4 个静态方法,分别用于显示 4 种标准对话框(见表 9.15)。

表 9.15 标准对话框显示方法

方法名称	方法功能
showConfirmDialog(…)	显示确认对话框,请求用户确认操作
showInputDialog(…)	显示输入文本对话框,提示用户输入参数
showMessageDialog(…)	显示消息对话框,向用户展示信息
showOptionDialog(…)	显示选择性的对话框,请求用户选择确认

在创建标准对话框时,需要指定该对话框的父窗口。由于标准对话框都是模式对话框,在关闭标准对话框前,不能操作其他窗口。在创建标准对话框方法参数中,可以定制该对话框标题、显示图标、信息类型、显示消息以及内部组件(如按钮)等。其中,部分参数可以省略。

下面分别给出创建 4 种标准对话框的示例代码。

显示一个确认对话框:

JOptionPane.showConfirmDialog(null,"chooseone","choose one",JOptionPane.YES_NO_OPTION);

运行结果如图 9.16 所示。

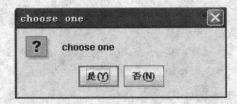

图 9.16　showConfirmDialog 演示

显示一个输入文本对话框:

String strInputValue = JOptionPane.showInputDialog("Please input a value");

运行结果如图 9.17 所示:

图 9.17　showInputDialog 演示

显示一个消息对话框:

JOptionPane.showMessageDialog(null,"alert","alert",JoptionPane.ERROR_MESSAGE);

运行结果如图 9.18 所示。

图 9.18　showMessageDialog 演示

显示一个选择对话框:

```
Object[] options = { "OK", "CANCEL" };
    JOptionPane.showOptionDialog(null,"Click OK to continue", "Warning",JOptionPane.DEFAULT_OPTION, JOptionPane.WARNING_MESSAGE,null, options, options[1]);
```

运行结果如图9.19所示。

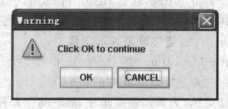

图 9.19　showOptionDialog 演示

9.2.3　菜单

菜单是图形用户界面的重要组成部分,如图 9.20 所示,由菜单栏(Menu Bar)、菜单(Menu)、菜单项(Menu Item)等组成。首先在容器中创建菜单栏,将菜单添加到菜单栏上,再将菜单项添加到菜单中。通过逐层组装,最终完成菜单设计。其中,菜单项可以显示文字、图标或者同时显示文字和图标。并且,菜单项还可以是单选框、复选框。为了对菜单项分组,允许在菜单中添加分隔条。

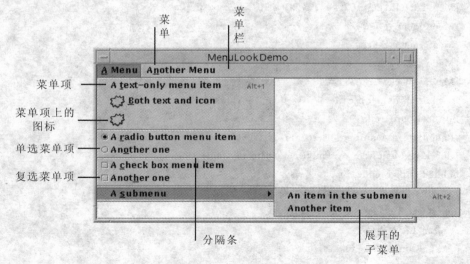

图 9.20　菜单实例图

在 Swing 中,菜单栏(JMenuBar)是菜单的容器。在构造菜单栏后,需要调用 JFrame、JDialog 等顶层容器的 setJMenuBar()方法,将菜单栏设置到顶层容器中。在创建菜单栏后,可以调用其 add(JMenu c)方法,向菜单栏中添加菜单。

菜单(JMenu)可以包含多个菜单项和子菜单。当单击菜单时,能够展开并显示其所包含的菜单项。菜单提供多个 add(…)方法,用于添加菜单项。并且提供 addSeparator()方法,添加分隔条。

菜单项(JMenuItem)是菜单所包含的一个 GUI 组件。JmenuItem 提供多个构造函数,能够分别构造文本菜单项、图标菜单项,以及同时包含图标和文本菜单项。菜单项(JmenuItem)提供 setEnabled(Boolean b)方法,设置是否将菜单项失效。

复选框菜单项(JCheckBoxMenuItem)是 JMenuItem 类的子类。类似于复选框,允许用户从一组相关复选框菜单项中,选择一项或者多项。在构造复选框菜单项时,缺省为未选中状态。通过 setState(boolean b)方法,能够设定其选定状态。

单选菜单项(JRadioButtonMenuItem)是 JMenuItem 类的子类。类似于单选按钮,在一组相关的单选菜单项中,同一时刻只能选择其中的一个。

示例 9.15 具体演示创建菜单,为其添加菜单项,然后将菜单添加到菜单栏,并将菜单栏设置在框架中。

示例 9.15 菜单组件的综合使用

```java
//引入所需软件包
importJava.awt.*;
import javax.swing.*;
//声明 SimpleMenu 类并继承自 JFrame 类
class SimpleMenu extends JFrame
{
        //声明相关引用
        Container c;
        JMenuBar mb;
        JMenu menu_File;
        JMenu menu_Edit;
        JMenu jRadioMenu;
        JMenu jCheckMenu;
        JMenuItem item_open,item_new,item_copy,item_p;
        ButtonGroup group;
        JRadioButtonMenuItem insertItem,overtypeItem;
        JCheckBoxMenuItem readonlyItem,writeonlyItem;
        public SimpleMenu(){
        //调用父类构造方法设置窗体标签
        super("编辑器");
        //得到内容面板
        c = getContentPane();
        //得到菜单栏实例
        mb = new JMenuBar();
        //生成文件菜单
        menu_File = new JMenu("文件");
        //生成编辑菜单
```

```java
menu_Edit = new JMenu("编辑");
//生成单选菜单
jRadioMenu = new JMenu("单选");
//生成多选菜单
jCheckMenu = new JMenu("多选");
//生成打开菜单项
item_open = new JMenuItem("打开...");
//生成新建菜单项
item_new = new JMenuItem("新建");
//生成复制菜单项
item_copy = new JMenuItem("复制");
//生成粘贴菜单项
item_p = new JMenuItem("粘贴");
//创建按钮组
group = new ButtonGroup();
//创建一个单选菜单项
insertItem = new JRadioButtonMenuItem("Insert");
//设置这个单选菜单项默认被选中
insertItem.setSelected(true);
//创建另一个单选菜单项
overtypeItem = new JRadioButtonMenuItem("Overtype");
//将单选菜单项添加到按钮组中
group.add(insertItem);
group.add(overtypeItem);
//创建一个多选菜单项
readonlyItem = new JCheckBoxMenuItem("Read-only");
//创建另一个多选菜单项
writeonlyItem = new JCheckBoxMenuItem("write-only");
//给菜单添加菜单项
menu_File.add(item_open);
menu_File.addSeparator();
menu_File.add(item_new);
menu_Edit.add(item_copy);
menu_Edit.addSeparator();
menu_Edit.add(item_p);
jRadioMenu.add(insertItem);
jRadioMenu.add(overtypeItem);
jCheckMenu.add(readonlyItem);
jCheckMenu.add(writeonlyItem);
//将菜单添加到菜单栏上
mb.add(menu_File);
mb.add(menu_Edit);
```

```
            mb.add(jRadioMenu);
            mb.add(jCheckMenu);
            //给当前窗口设置菜单栏
            this.setJMenuBar(mb);
            //设置窗口大小
            this.setBounds(200,200,300,300);
            //设置窗体可显示
            this.setVisible(true);
        //设置关闭动作
            this.setDefaultCloseOperation(JFrame.EXIT_ON_CLOSE);
        }
        public static void main(String []s){
            //实例化当前窗口
            SimpleMenu f = new SimpleMenu();
        }
}
```

运行结果如图 9.21 所示。

图 9.21 菜单创建示例

为方便使用,可以为菜单和菜单项创建快捷键和加速器。其中快捷键只能从当前打开菜单下,选择一个菜单项。而加速器可以在不打开菜单时,直接选择一个菜单项。

菜单 JMenu 具有 setMnemoics(int i)方法,用于设置菜单快捷键,默认设置为"Alt+指定字符"调用。

JMenuItem 则提供 setAccelerator(KeyStroke k)方法,设置菜单项加速器。其中参数 KeyStroke 类的对象,使用 KeyStroke 类的 getKeyStroke(int keycode,int modifiers)方法获得。

在示例 9.15 中,增加以下代码,可分别为"文件"菜单和"打开"菜单项添加快捷键和加速器。

```
menu_File.setMnemonic(KeyEvent.VK_F);
item_open.setAccelerator(KeyStroke.getKeyStroke(KeyEvent.VK_F,InputEvent.CTRL_MASK));
```

9.3 布局管理器

9.3.1 布局管理器基础

Java 使用布局管理器对容器内的组件进行布局管理，决定组件在容器可用区域的位置和尺寸，维护组件之间的位置关系。Java 语言既支持手工布局，也支持自动布局。通过布局管理，能够帮助用户设计满意的图形界面。

如图 9.22 所示，Java 布局管理器均实现了 LayoutManager 的接口。通过实现该接口，用户可自定义新的布局管理器。

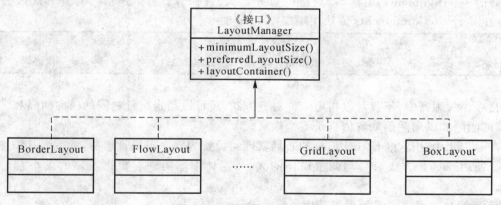

图 9.22　布局管理器关系图

每个容器都有默认的布局管理器，可以通过组件的 setlayout()方法修改组件的布局管理器。通常，用户程序无须直接访问布局管理器。当容器窗口尺寸变化时，容器会自动请求布局管理器重新计算和设定容器内各个组件位置和尺寸。

在复杂的图形用户界面设计中，为了易于管理布局，具有简洁的整体风格，包含多个组件的容器本身也可以作为一个组件加到另一个容器中去，容器中再添加容器，形成如图 9.23 所示的容器的嵌套。各个容器可以分别选择合适的布局管理器。

9.3.2 顺序布局管理器

顺序布局管理器(FlowLayout)是指将组件从上到下、从左到右依次排列在窗体上，当排满一行时后续的组件将被安排到下一行，直到所有的组件安置完毕。顺序布局管理器是一种最基本的布局，是 JPanel 和 JApplet 的默认布局方式。

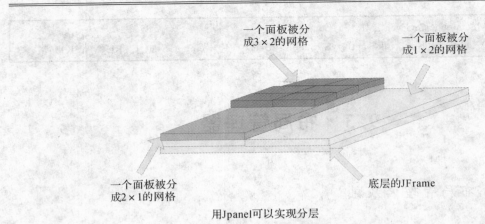

图 9.23 复杂容器布局设计图

顺序管理器(FlowLayout)支持5种组件对齐方式,即左对齐(FlowLayout.LEFT)、右对齐(FlowLayout.RIGHT)、居中对齐(FlowLayout.CENTER)、首部对齐(FlowLayout.LEADING)和尾部对齐(FlowLayout.TRAILING)。默认对齐方式为左对齐,可以通过顺序管理器的setAlignment()方法,指定组件对齐方式。例如,要将上述组件对齐方式改为右对齐,则在其createComponents方法中增加如下语句:

```
//设置右对齐
((FlowLayout)pane.getLayout()).setAlignment(FlowLayout.RIGHT);
```

在顺序管理器中,不仅可以指定组件对齐方式,还可以指定组件之间的横向间隔和纵向间隔,横向间隔和纵向间隔缺省值都是5个像素。

在示例9.16中,将JPanel面板的布局管理器设置为顺序布局管理器,然后为其添加6个按钮。使用pack()方法可自动调整窗体的大小,窗体中的组件将根据窗体的大小自动顺序排列。

示例9.16 顺序布局管理器使用

```
//引入相关软件包
import javax.swing.*;
importJava.awt.*;
public class TestFlowLayout
{
    public Component createComponents()
    {
        //创建一个面板并设定其布局管理器为FlowLayout
        JPanel pane = new JPanel(new FlowLayout());
        //向面板顺序加入按钮
        pane.add(new JButton("按钮 1"));
        pane.add(new JButton("按钮 2"));
        pane.add(new JButton("按钮 3"));
        pane.add(new JButton("按钮 4"));
```

```
            pane.add(new JButton("按钮5"));
            pane.add(new JButton("按钮6"));
//返回当前面板
            return pane;
        }
    public static void main(String[] args)
    {
//创建窗体
        JFrame frame = new JFrame("顺序布局管理器演示");
//创建 TestFlowLayout 对象
        TestFlowLayout testFlowLayout = new TestFlowLayout();
//将生成的面板加入到窗体中
        frame.getContentPane().add(testFlowLayout.createComponents());
//设置窗体默认关闭操作
        frame.setDefaultCloseOperation( JFrame.EXIT_ON_CLOSE );
//自动调整窗口大小
        frame.pack();
//显示窗口
        frame.setVisible(true);
    }
}
```

运行结果如图 9.24 所示。

图 9.24 顺序布局管理器样式

在调整框架窗口大小后,窗口内的按钮将自动重新排列,如图 9.25 所示。

图 9.25 调整窗口大小后的结果

9.3.3 边界布局管理器

边界布局管理器(BorderLayout)将容器分为如图 9.26 所示的 5 个区:顶部(NORTH,北区)、底部(SOUTH,南区)、右端(EAST,东区)、左端(WEST,西区)和中央区(CENTER,中央区)。在边界布局管理器中,组件被布局在这5个区域中,最多只能有5个组件。如果未指定组件布局方位,则默认为中央区。如果某个区域没有布局组件,则其他区域组件可以延伸到空区域。

在为容器添加组件时,可以通过 add(Component comp, Object constraints)方法的第二个参数,设置组件摆放区域,第二个参数的取值如下:

- BorderLayout.NORTH:置于顶端;
- BorderLayout.SOUTH:置于底部;
- BorderLayout.WEST:置于右侧;
- BorderLayout.EAST:置于左侧;
- BorderLayout.CENTER:填满中央区域,与四周组件相接,可延展至边缘。

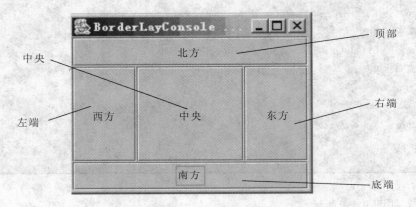

图 9.26 边界布局管理器

示例 9.17 边界布局管理器使用

```
//引入相关软件包
import javax.swing.*;
importJava.awt.*;
public class TestBorderLayout
{
        public Component createComponents()
        {
//生成一个面板
        JPanel pan = new JPanel();
//设置面板布局管理器为 BorderLayout
        pan.setLayout(new BorderLayout());
//将一个按钮放置在面板北部(顶部)
        pan.add(new JButton("北方"),BorderLayout.NORTH);
//将一个按钮放置在面板南部(底部)
        pan.add(new JButton("南方"),BorderLayout.SOUTH);
```

```
//将一个按钮放置在面板东部(右部)
        pan.add(new JButton("东方"),BorderLayout.EAST);
//将一个按钮放置在面板西部(左部)
        pan.add(new JButton("西方"),BorderLayout.WEST);
//将一个按钮放置在面板中间位置
        pan.add(new JButton("中央"),BorderLayout.CENTER);
        return pan;
    }
    public static void main(String[] args)
    {
//创建窗体
        JFrame frame = new JFrame("边界布局管理演示窗口");
//创建 TestBorderLayout 对象
        TestBorderLayout app = new TestBorderLayout();
//取布局演示组件容器
        Component contents = app.createComponents();
//将组件容器加入到窗体中
        frame.getContentPane().add(contents);
//设置窗体默认关闭操作
        frame.setDefaultCloseOperation( JFrame.EXIT_ON_CLOSE );
//自动调整窗体大小
        frame.pack() ;
//设置窗口可显示
        frame.setVisible(true );
    }
}
```

运行结果如图 9.27 所示。

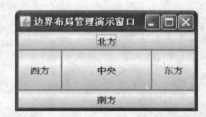

图 9.27　BorderLayout 布局管理器效果图

9.3.4　网格布局管理器

网格布局管理器(GridLayout)构建一个放置组件的网格,按照从左到右、从上到下顺序布局组件。在构造网格布局管理器时,需要指定网格行数和列数。容器中的组件将忽略自身尺寸，统一按照网格宽度和高度布局。并且在构造网格布局管理器时，还可以指定组件之间的间距。

示例 9.18 网格布局管理器使用

```java
//引入相关软件包
import javax.swing.*;
import java.awt.*;
public class TestGridLayout
{
        public Component createComponents()
        {
//创建一个面板并设定其布局管理器为 GridLayout
            JPanel pane = new JPanel(new GridLayout(3,3));
            //向面板顺序加入按钮
            pane.add(new JButton("1"));
            pane.add(new JButton("2"));
            pane.add(new JButton("3"));
            pane.add(new JButton("4"));
            pane.add(new JButton("5"));
            pane.add(new JButton("6"));
            pane.add(new JButton("7"));
            pane.add(new JButton("8"));
            pane.add(new JButton("9"));
            return pane;
        }
        public static void main(String[] args)
        {
//创建窗体
            JFrame frame = new JFrame("网格布局管理器演示");
            //创建 TestGridLayout 对象
            TestGridLayout testGridLayout = new TestGridLayout();
            //将生成的组件面板加入到窗体中
            frame.getContentPane().add(testGridLayout.createComponents());
            //设置窗体默认关闭操作
            frame.setDefaultCloseOperation(JFrame.EXIT_ON_CLOSE);
//自动调整窗体大小
            frame.pack();
//设置窗口可显示
            frame.setVisible(true);
        }
}
```

运行结果如图 9.28 所示。

图 9.28　网格布局管理器实例

在网格布局管理器中，当组件数量超过所设定的网格总数时，GridLayout 将自动增加列数。例如，如果给示例 9.18 中加入 10 个按钮，其窗体布局将自动由 3 行 3 列变成 3 行 4 列，如图 9.29 所示。

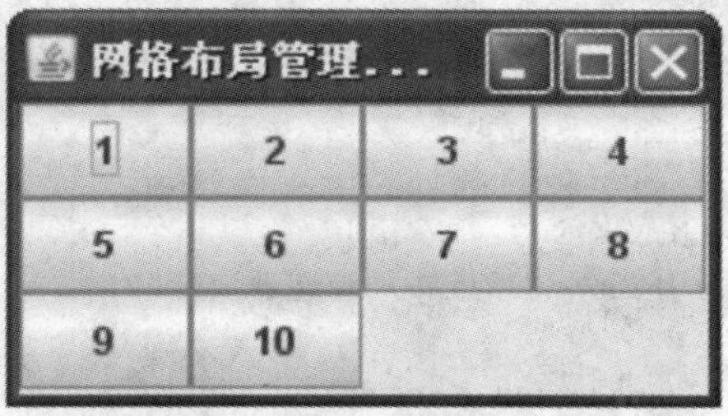

图 9.29　网格布局管理器实例

9.3.5　手工布局

在 Java 中，既可以使用布局管理器来实现窗体界面的自动布局管理，也可直接指定组件的位置，即进行手工布局。在手工布局时，需要指出组件的位置和尺寸，包括以下两个步骤：

1) 使用 setLayout(null) 方法把容器的布局管理设置为空；
2) 为每个组件调用 setBounds(int x, int y, int width, int height)，其中用 x 和 y 指定组件所在位置，而用 width 和 height 指定组件的尺寸。

示例 9.19　手工布局使用

```
//引入相关软件包
import javax.swing.*;
importJava.awt.*;
public class TestBlankLayout
    {
        public Component createComponents()
        {
//创建一个面板
        JPanel pane = new JPanel();
```

```java
        //创建3个按钮
        JButton button1 = new JButton("按钮 1");
        JButton button2 = new JButton("按钮 2");
        JButton button3 = new JButton("按钮 3");
        //将布局管理器设置为空
        pane.setLayout(null);
//将3个按钮加入面板
        pane.add(button1);
        pane.add(button2);
        pane.add(button3);
        //在坐标为(10,10)的位置上显示一个宽和高均是60的按钮
        button1.setBounds(10,10,80,20);
//在坐标为(100,100)的位置上显示一个宽为80,高为30的按钮
        button2.setBounds(100,100,80,30);
//在坐标为(60,60)的位置上显示一个宽为80,高为40的按钮
        button3.setBounds(60,60,80,40);
        return pane;
    }
    public static void main(String[] args)
    {
        //创建TestFlowLayout对象
        JFrame frame = new JFrame("手工布局管理器演示");
//生成TestBlankLayout对象
        TestBlankLayout testBlankLayout = new TestBlankLayout();
//将生成的组件面板加入到窗体中
        frame.getContentPane().add(testBlankLayout.createComponents());
//设置窗体默认关闭操作
        frame.setDefaultCloseOperation(JFrame.EXIT_ON_CLOSE);
//设置窗体的大小为200×200像素
        frame.setSize(200,200);
//设置窗体可显示
        frame.setVisible(true);
    }
}
```

运行结果如图9.30所示。

图9.30 手工布局演示

9.4 事件处理机制

9.4.1 事件处理基础

在 Java 语言中,当用户与 GUI 组件交互时,GUI 组件能够激发一个相应事件。例如,用户按动按钮、滚动文本、移动鼠标或按下按键等,都将产生一个相应的事件。Java 提供完善的事件处理机制,能够监听事件,识别事件源,并完成事件处理。如图 9.31 所示,Java 事件处理机制主要包括事件源、事件对象和事件监听器。

事件源(Event Source)是事件产生者。如单击按钮,则按钮为该事件的事件源。

事件对象(Event Object)封装了该事件相关信息,主要包括事件源、事件属性等。事件监听器根据这些信息处理事件。

事件监听器(Event Listener)负责监听和处理事件。事件激发后,事件监听器能够获得该事件,并对事件进行响应和处理。

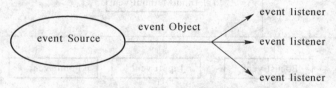

图 9.31 事件源、事件对象和事件监听器

JDK1.1 以后版本,Java 语言采用委托事件模型,事件传递由事件监听器负责管理。任何事件处理程序首先向事件监听器注册。系统监听事件发生后,将该事件委托给所关联的事件监听器管理。事件监听器对事件属性进行分析,将事件交付已注册事件处理程序进行处理。基于委托机制,能够将事件处理程序与事件源组件相互分离,简化事件处理编程复杂度,避免事件的意外处理。

例如,在图 9.32 中,当点击图中 Button 按钮时,则自动触发一个 Action event 事件,该事件的监听器为 ActionListener 对象,实现了 Listener 接口。由其 actionPerformed()方法负责对 Button 的单击事件进行处理。

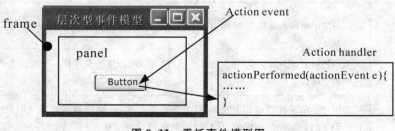

图 9.32 委托事件模型图

9.4.2 Java事件类型

Java应用事件(Event)记录用户与GUI组件之间的交互信息,其事件类均包含在Java.awt.event和Java.swing.event包中。其中,AWTEvent类是一个抽象类,是所有事件类的基类,其余事件类都直接或者间接继承该类。事件类的层次结构如图9.33所示。

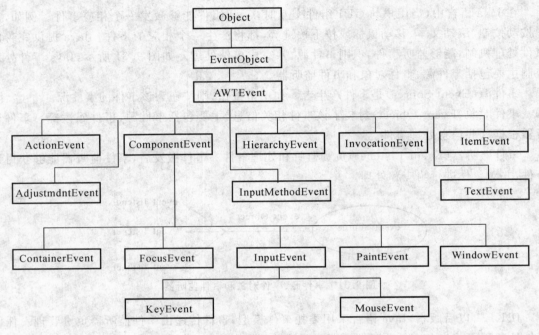

图9.33 事件结构图

在Java语言中,常用事件类主要包括行为事件(ActionEvent)、焦点事件(FocusEvent)、项目事件(ItemEvent)、击键事件(KeyEvent)、鼠标事件(MouseEvent)、文本事件(TextEvent)和窗口事件(WindowEvent)等。表9.16介绍了主要事件类。

表9.16 主要事件介绍

事件名称	事件介绍
行为事件 ActionEvent	当特定于组件的动作发生时,由组件生成此高级别事件。例如,按钮被按下时
焦点事件 FocusEvent	当组件得到或失去焦点时,发生焦点事件。例如,当输入焦点移入一个文本框时,文本框产生一个焦点事件
项目事件 ItemEvent	当用户选定或者撤销选定复选框、复选框菜单项、选择列表或列表项时,会产生项目事件。ItemEvent提供getStateChange()方法,获得项目选定状态;提供getSelectedItems()获取所选项目

续表

事件名称	事件介绍
击键事件 KeyEvent	当用户按下或者释放按键时,发生击键事件。击键事件分为三类:键按下、键释放和键输入。通过 getKeyCode()方法,可获得键码;而通过 getKeyChar()方法,可获得按键对应的 Unicode 字符
鼠标事件 MouseEvent	当按下、释放鼠标或移动鼠标时,发生鼠标事件。鼠标事件包括鼠标单击、鼠标拖动、鼠标进入、鼠标离开、鼠标移动、鼠标按下、鼠标释放和鼠标滚轮等。并且提供方法,可获得鼠标位置坐标
文本事件 TextEvent	当文本框内容发生改变时,发生文本事件。例如调用文本框 setText()方法后,将激发文本事件
窗口事件 WindowEvent	当打开、关闭、激活、停用、图标化或取消图标化 Window 对象时,或者焦点转移到 Window 内或移出 Window 时,由 Window 对象生成此事件

9.4.3 事件监听器

在 Java 中,组件在接受用户操作时,能够自动触发相应的事件。为了对该事件进行处理,必须创建相应事件监听器,并在事件源将该监听器进行注册。当用户和组件交互时,相应事件发生,事件源通知已注册的该事件监听器,调用其事件处理方法。

Java 语言中,每个事件类都有对应的一个事件监听接口。例如,ActionEvent 事件的监听器接口为 ActionListener。监听器接口中,定义了该事件的处理函数。任何希望监听该事件的类,都必须实现相应的事件监听接口。例如:

```
//创建 TestActionListener 类,并使之实现 ActionListener 接口
public class TestActionListener implements ActionListener
{
    //实现事件处理函数
    public void actionPerformed(ActionEvent e)
    {
e.getActionCommand();
    }
}
```

在创建事件监听器后,还需在发生该事件的组件(事件源)上注册该事件监听器。这样,当事件发生时,组件将自动通知所有注册的事件监听器,对事件进行处理。组件对所能处理的事件 XXXEvent,均提供了对应的事件注册方法 addXXXListener(…)。通过该方法,将事件监听器注册到事件源。例如(该例为按钮组件注册监听器):

```
JButton buttonOne = new JButton("Enable Text Edit");
buttonFour.addActionListener(TestActionListener);
```

通过实现事件监听器接口 XXXListener,能够创建监听器。但有些接口中方法很多,采用实现接口方式,必须实现接口中所有定义的方法,非常复杂。因此,Java 为每种事件接口提供相应的适配器类。适配器类已经实现了接口中所有定义的方法。通过继承适配器类,覆写所需的方法,能够创建所需的事件监听器。例如:

```java
class MyWindowAdapter extends WindowAdapter {
    public void windowClosing(WindowEvent e) {
        System.exit(0);
    }
}
```

通常情况下,每个事件监听器注册在一个事件源上,但也可以将同一事件监听器注册在多个事件源上。在接收到事件后,通过调用事件的 getSource() 方法,可以判断触发事件的事件源。例如:

```java
public void actionPerformed(ActionEvent e){
    if (e.getSource() == plusButton) {
        answerLabel.setText("plus");
    } else {
        answerLabel.setText("minus");
    }
}
```

在示例 9.20 中,创建事件监听器 ListenerOne,同时注册在按钮 plusButton、minusButton 上。根据事件源不同,分别执行加法和减法计算。并且为程序主窗口创建和注册了适配器 WindowListenerOne,并重写其 windowClosing() 方法。

示例 9.20 监听器使用

```java
//Calculator.java
import java.awt.*;
import javax.swing.*;
import java.awt.event.*;

public class Calculator extends JPanel {
    //Components are treated as attributes, so that
    //they will be visible to all of the methods of the class.
    //use description names for components where possible;
    //it makes your job easier later on !
    private JPanel leftPanel;
    private JPanel centerPanel;
    private JPanel buttonPanel;
    private JTextField input1TextField;
    private JTextField input2TextField;
```

```java
    private JLabel answerLabel;
    private JButton plusButton;
    private JButton minusButton;

    public static void main(String[] args) {

        JFrame frame = new JFrame("Simple Calculator");
        class WindowListenerOne extends WindowAdapter {
            public void windowClosing(WindowEvent e) {
                System.exit(0);
            }
        }
        WindowListenerOne w = new WindowListenerOne();
        frame.addWindowListener(w);
        frame.setContentPane(new Calculator());
        frame.setSize(600,200);
        frame.setVisible(true);
    }
    //Constructor.
    public Calculator(){
        setLayout(new BorderLayout());
        Font font = new Font("Serif", Font.BOLD, 30);
        leftPanel = new JPanel();
        leftPanel.setLayout(new GridLayout(3,1));
        JLabel inputOne = new JLabel("Input 1:  ");
        JLabel inputTwo = new JLabel("Input 2:  ");
        JLabel Answer = new JLabel("Answer:  ");
        inputOne.setFont(font);
        inputTwo.setFont(font);
        Answer.setFont(font);
        leftPanel.add(inputOne);
        leftPanel.add(inputTwo);
        leftPanel.add(Answer);
        add(leftPanel,BorderLayout.WEST);
        centerPanel = new JPanel();
        centerPanel.setLayout(new GridLayout(3,1));
        input1TextField = new JTextField(10);
        input2TextField = new JTextField(10);
        answerLabel = new JLabel();
        input1TextField.setFont(font);
        input2TextField.setFont(font);
        answerLabel.setFont(font);
```

```java
            centerPanel.add(input1TextField);
            centerPanel.add(input2TextField);
            centerPanel.add(answerLabel);
            add(centerPanel,BorderLayout.CENTER);
            buttonPanel = new JPanel();
            buttonPanel.setLayout(new GridLayout(2,1));
            plusButton = new JButton("+");
            minusButton = new JButton("-");
            plusButton.setFont(font);
            minusButton.setFont(font);
            buttonPanel.add(plusButton);
            buttonPanel.add(minusButton);
            add(buttonPanel,BorderLayout.EAST);
            //add behaviors!
            ListenerOne listner = new ListenerOne();
            plusButton.addActionListener(listner);
            minusButton.addActionListener(listner);
    }

    class ListenerOne implements ActionListener {
        public void actionPerformed(ActionEvent e){
            try{
                double d1 = new Double(input1TextField.getText()).doubleValue();
                double d2 = new Double(input2TextField.getText()).doubleValue();

                if (e.getSource() == plusButton) {
                    answerLabel.setText(""+(d1+d2));
                } else {
                    answerLabel.setText(""+(d1-d2));
                }
            } catch (NumberFormatException nfe){
                answerLabel.setText(nfe.getMessage());
            }
        }
    }
}
```

9.5 设计类图相关的界面编程实现

根据本章所学的知识，对于雇员信息系统，可以为图 2.17 所示类图增加雇员目录类 EmployeeCatalog，用于管理雇员的集合，增加界面类 EmployeeManagerGUI，用于显示雇员列表，并允许用户从雇员列表中选择一个雇员，界面为用户显示所选择雇员的信息。

读者可以模仿雇员信息管理系统界面的实现，对公共交通信息查询系统开发类似界面，用于显示存储公共交通线路和公共交通站点的信息；对于接口自动机系统，也可以开发类似界面，用于显示接口自动机的状态、步骤等信息。

示例 9.21 EmployeeCatalog.java

```java
import java.util.*;

/**
 * 类 EmployeeCatalog 维护员工信息目录，
 * 获得包含类{@link Employee}的对象集合。
 *
 * @author author
 * @version 1.1.0
 * @see Employee
 */
public class EmployeeCatalog implements Iterable<Employee> {
    //创建一个 ArrayList 存放 Employee 对象
    private ArrayList<Employee> employees;

    /**
     * 构造一个空的 ArrayList
     */
    public EmployeeCatalog() {
        this.employees = new ArrayList<Employee>();
    }
    /**
     * 添加一个新的对象到 employees 中
     *
     * @param employee
     *           Employee 对象
     */
    public void addEmployee(Employee employee) {
        this.employees.add(employee);
    }
    /**
```

```java
 * 返回 employees 对象的游标类
 *
 * @return an {@link Iterator} of {@link Employee}
 */
public Iterator<Employee> iterator() {
    return this.employees.iterator();
}
/** * 返回具有给定 Id 号的员工信息
 *
 * @param id
 *       员工的编号 Id
 * @return employee
 *    具有给定编号的雇员对象
 *    如果给定的员工编号没有找到,则返回空
 */
public Employee getEmployee(String id) {
    for(Employee employee : this.employees) {
        if(employee.getId().equals(id)) {
            return employee;
        }
    }return null;
}
/**
 * 返回 ArrayList 中存放的 Employee 对象个数
 *
 * @return ArrayList 中存放的 Employee 对象个数
 */public int getNumberOfEmployees() {
    return this.employees.size();
}
/**
 * 返回一个包含该目录中所有员工的 Id 号的数组
 *
 * @return arrayOfIds
 *    一个包含该目录中所有员工的 Id 号的数组
 */
public String[] getIds() {
    // 构造 String 数组,存放所有员工的 Id 号
    String[] arrayOfIds = new String[getNumberOfEmployees()];
    int i = 0;

    for(Employee employee : this.employees) {
```

```
            arrayOfIds[(i++)] = employee.getId();
        }

        return arrayOfIds;
    }
}
```

示例 9.22　EmployeeManagerGUI.java

```java
import java.io.*;
import java.awt.*;
import java.text.*;
import java.util.*;
import javax.swing.*;
    import javax.swing.event.*;

/**
 * 类 EmployeeManagerGUI 构建图形界面,
 * 使用图形界面的方式显示员工的基本信息
 *
 * @author author
 * @version 1.1.0
 * @see Employee
 * @see EmployeeCatalog
 * @see EmployeeLoader
 * @see FileEmployeeLoader
 * @see DataFormatException
 * @see DataField
 */
public class EmployeeManagerGUI extends JPanel {

    /*标准错误输出流 */
    static private PrintWriter stdErr = new PrintWriter(System.err, true);

    /*窗口的宽度以像素为单位 */
    static private int WIDTH = 400;

    /*窗口的高度以像素为单位 */
    static private int HEIGHT = 240;

    /*列表单元的像素宽度 */
    static private int CELL_SIZE = 60;
    /*列表中可见的行数 */
    static private int LIST_ROWS = 6;
    /*状态文本区域的行数 */
```

```java
        static private int STATUS_ROWS = 4;

        /* 状态文本区域的列数 */
        static private int STATUS_COLS = 40;

        /* 显示员工列表 */
        private JList employeeList;
        /* 显示员工 Id 列表 */
        private JPanel employeeIdPanel;
        /* 显示员工基本信息 */
        private JPanel employeePanel;
        /* 显示状态信息 */
        private JTextArea statusTextArea;
        /* 存放员工目录 */
        private EmployeeCatalog employeeCatalog;

        /**
         * 启动图形界面显示主程序,设定图形窗口的基本信息
         *
         * @param args
         *      字符串参数,未用到
         * @throws IOException
         *      读入数据出现问题,抛出该异常
         * @throws ParseException
         *      雇员生日数据格式转换出现问题,抛出该异常
         */
        public static void main(String[] args) throws IOException, ParseException {

                // 存放雇员基本信息文件的文件名
                String filename = "";

                // 从运行参数中获得存放雇员基本信息文件的文件名
                if (args.length != 1) {
                        filename = "Employee.dat";
                } else {
                        filename = args[0];
                }
                try {
                        // 从文件名为 filename 的文件中读入员工信息
                        EmployeeCatalog employeeCatalog = (new FileEmployeeLoader())
                                .loadCatalog(filename);
                        // 设定窗口的标题
                        JFrame frame = new JFrame("雇员管理系统");
                        // 设定图形窗口的显示内容
                        frame.setContentPane(new EmployeeManagerGUI(employeeCatalog));
                        // 设定默认关闭操作
```

```java
            frame.setDefaultCloseOperation(JFrame.EXIT_ON_CLOSE);
            // 设定图形窗口的大小
            frame.setSize(WIDTH, HEIGHT);

            // 得到图形窗口的大小
            Dimension frameSize = frame.getSize();
            // 得到屏幕的尺寸
            Dimension screenSize = Toolkit.getDefaultToolkit().getScreenSize();

            int centerX = screenSize.width / 2;
            int centerY = screenSize.height / 2;
            int halfWidth = frameSize.width / 2;
            int halfHeight = frameSize.height / 2;
            // 将图形界面定位到屏幕中央
            frame.setLocation(centerX - halfWidth, centerY - halfHeight);

            // 设定图形窗口的大小可变
            frame.setResizable(true);
            // 图形窗口可见
          frame.setVisible(true);
        } catch (FileNotFoundException fnfe) {
           stdErr.println("文件不存在");
           System.exit(1);
        } catch (DataFormatException dfe) {
           stdErr.println("文件中包含错误格式信息: " + dfe.getMessage());
           System.exit(1);
        }
    }
    /**
     * 实例化图形界面的部件和窗口.
     *
     * @param iCatalog
     *              a employee catalog.
     */
    public EmployeeManagerGUI(EmployeeCatalog iCatalog) {

        employeeCatalog = iCatalog;

        // 新建 JList 存放员工目录
        employeeList = new JList(employeeCatalog.getIds());
        // 设定 JList 的选择模式为单选
        employeeList.setSelectionMode(ListSelectionModel.SINGLE_SELECTION);
        // 设定 JList 的可见列表索引个数
        employeeList.setVisibleRowCount(LIST_ROWS);
        employeeList.setFixedCellWidth(CELL_SIZE);
        // statusTextArea 显示提示信息
```

```java
        statusTextArea = new JTextArea(STATUS_ROWS, STATUS_COLS);
        // 设定 statusTextArea 不可编辑
        statusTextArea.setEditable(false);

        // 创建显示员工基本信息面板
        employeePanel = new JPanel();
        // 设定 employeePanel 的标题
        employeePanel.setBorder(BorderFactory.createTitledBorder("员工基本信息"));

        // employeeIdPanel 存放员工 Id 列表
        employeeIdPanel = new JPanel();
        // 设定 employeeIdPanel 的标题
        employeeIdPanel.setBorder(BorderFactory.createTitledBorder("员工号"));
        // 将存放员工 Id 好的 JList 添加到 employeeIdPanel 中
        employeeIdPanel.add(new JScrollPane(employeeList));

        // 设定布局管理器
        setLayout(new BorderLayout());
        // 将部件添加到窗口中
        add(employeeIdPanel, BorderLayout.WEST);
        add(employeePanel, BorderLayout.CENTER);
        add(statusTextArea, BorderLayout.SOUTH);

        // 为 JList 添加事件监听器
        employeeList.addListSelectionListener(new EmployeeListListener());
    }

    /**
     * 类 EmployeeListListener
     * 监听 JList 的选择并处理 List 选择事件.
     */
    class EmployeeListListener implements ListSelectionListener {

        /**
         * 显示选择的员工的基本信息.
         *
         * @param event
         *              事件对象.
         */
        public void valueChanged(ListSelectionEvent event) {

            // 获得被选择员工的员工号
            String id = (String) employeeList.getSelectedValue();
            // 获得被选择员工的基本信息
            Employee employee = employeeCatalog.getEmployee(id);
            // 清空员工基本信息面板
```

```java
        employeePanel.removeAll();
        employeePanel.setVisible(false);
        // 显示被选择员工的基本信息
        employeePanel.add(getDataFieldsPanel(employee.getDataFields()));
        employeePanel.setVisible(true);

        // 在状态区显示基本信息面板的当前状态
        statusTextArea.setText("Employee " + id
                + "'s information list as above.");
    }
}

/**
 * 获取包含员工基本信息的 JPanel 对象
 *
 * @param dataFields
 *        包含员工基本信息的 ArrayList.
 * @return employeeInfo
 *        包含员工基本信息的 JPanel 对象.
 */
private JPanel getDataFieldsPanel(ArrayList<DataField> dataFields) {

    // 创建一个 JPanel 对象存放员工基本信息
    JPanel employeeInfo = new JPanel();
    // 设定 JPanel 的布局管理器
    employeeInfo.setLayout(new BorderLayout());

    // 新建两个 JPanel 对象,left 显示信息类型,right 显示员工信息
    JPanel left = new JPanel();
    JPanel right = new JPanel();

    // 设定 left 和 right 的大小
    left.setPreferredSize(new Dimension(80, 220));
    right.setPreferredSize(new Dimension(200, 220));

    left.setLayout(new GridLayout(11, 0));
    right.setLayout(new GridLayout(11, 0));

    // 使用 Iterator 遍历 dataFields 取得员工信息
    for (DataField employee : dataFields) {
        // JLabel 显示信息类型
        JLabel eInfoName = new JLabel();
```

```
        // JTextField 显示对应类型的信息
        JTextField eInfo = new JTextField();
        eInfo.setEditable(false);

        // 设定 JLabel 和 JTextField 的内容
        eInfoName.setText(employee.getName() + ":");
        eInfo.setText(employee.getValue());

        // 将 JLabel 和 JTextField 添加到 JPanel 容器中
        left.add(eInfoName);
        right.add(eInfo);
    }
    // 将 left 和 right 添加到 employeeInfo 中
    employeeInfo.add(left, BorderLayout.WEST);
    employeeInfo.add(right, BorderLayout.EAST);
    // 返回包含员工信息的 JPanel
    return employeeInfo;
}
```

在完成上述编码后,系统运行结果如图 9.34 所示。

图 9.34 雇员管理系统 GUI 界面

第三单元
C++面向对象编程机制与 Java 的比较

第10章 C++面向对象编程机制

本章从面向对象的设计方案——类图的实现和面向对象编程的角度,介绍 C++的面向对象的编程特性和机制,并与 Java 的面向对象编程机制进行对比分析,提升读者用面向对象编程语言进行编程的能力。在面向对象的封装性、继承性、多态性、一对多关联关系、标准输入/输出和文件的读/写等实现方面,大部分面向对象编程语言都具备这些共性,但在具体的语法细节和实现上,有一些区别,本章围绕 C++在面向对象的封装性、继承性、多态性、一对多关联关系、标准输入/输出和文件读/写的实现,在与 Java 进行比较的基础上,使读者轻松掌握 C++面向对象编程基础。

10.1 封 装 性

10.1.1 类和类的成员函数

与 Java 类定义的方法不同,C++不仅可以使用 Class 关键字,也可以使用 Struct 关键字来定义类,而且类没有访问权限(Java 的类有两种访问权限:public 和默认的 friendly)。

C++类成员的访问权限有 3 种:public(公用的),protected(保护的)和 private(私有的)。私有的数据成员或成员函数只能被本类中的其他成员函数所调用,而不能被该类之外的函数调用;用 protected 声明的成员称为受保护的成员,它不能被该类之外的函数访问(这点与私有成员相同),但是可以被派生类的成员函数访问;公用的数据成员或成员函数没有访问限制。我们可以看出 C++类成员访问权限限制与 Java 类成员的访问权限限制相比,缺少一个缺省访问权限(即 friendly),而且 protected 的限制含义略有不同。在 C++中,关键字 private, public 和 protected 作为类成员的访问限定符出现,可以分别出现多次,它们的每次出现都表示一个有效范围(而在 Java 中,每个分号之前的成员声明前都必须有访问限定符),每个部分的有效范围到出现另一个访问限定符或类体的结束为止。类 Point2D 的定义见示例 10.1,与 Java 相同,C++类体也用作用域"{ }"封装在一起,但不同的是在 C++中类体的结尾处需有分号。

示例 10.1 类 Point2D 的定义

```
//文件 point2D.h,类的声明一般放在指定的头文件中
Class Point2D {
        private:
            float x;
            float y;
        public:
            float getX();
```

```
        float getY();
};
```

如果使用 Class 关键字定义类,定义在第一个访问限定符前的任何成员都隐式指定为 private;如果使用 Struct 关键字定义类,那么第一个访问限定符前的任何成员都隐式指定为 public。这两种不同形式的类定义,仅默认的成员初始访问级别不同。

示例 10.1 定义的类 Point2D 中,声明了两个私有变量和两个公用的函数,通常在类的内部对成员函数作声明(例如:示例 10.1 中的函数 getX()和 getY()的声明),而在类体外定义成员函数。成员函数声明一般放在一个.h 文件中(见示例 10.1),而成员函数的定义一般放在一个.cpp 文件中,例如示例 10.2 是类 Point2D 的函数实现,其中"Point2D::"表示 getX()和 getY()所属的类。

示例 10.2 类 Point2D 的函数实现

```
//文件 point2D.cpp
    #include "point2D.h"
    float Point2D::getX(){
        return x;
    }
    float Point2D::getY(){
        return y;
    }
```

在头文件(.h)中声明构造函数、类中的成员函数或全局普通函数时,形参名可以省略。例如,示例 10.3 中的 Point2D(float initialX, float initialY)可以替换为 Point2D(float, float),但在源程序(一般指.cpp)定义函数时形参名不能省略。C++类的非静态数据成员以及非静态成员函数的含义与 Java 相同,静态数据成员和静态成员函数的含义也与 Java 相同,这里不再赘述。

10.1.2 变量的引用类型

在 C++中,有一种复合类型通过在变量名前添加"&"符号来定义,称为引用类型。例如,表 10.1 中,refVal 是整型引用类型的。复合类型是指用其他类型定义的类型。不能定义引用类型的引用,但可以定义任何其他类型的引用。引用就是它绑定对象的另一名字,作用在引用上的所有操作事实上都是作用在该引用绑定的对象上。例如表 10.1 中,refVal 是绑定在 ival 上的引用,作用在引用 refVal 上的所有操作事实上都是作用在该引用绑定的对象 ival 上。引用 refVal 在声明时必须用与该引用同类型的对象变量初始化,引用初始化后,只要该引用存在,它就保持绑定到初始化时指向的对象,不可以将引用绑定到另一个对象。表 10.1 总结了引用类型的各种用法。在 C++中,引用主要用作函数的形式参数,引用变量绑定到实际参数,成为实际参数的别名,在函数体中,可以通过改变引用来改变它绑定的实参的值,如表 10.1 中的用法 2、用法 3 和用法 4(详见 10.1.6 小节的案例分析)。引用也可作为函数的返回类型,表示函数没有复制返回值,而返回的是变量或对象本身,见表 10.1 中的用法 5。

表 10.1 引用类型

用法举例	形式	含义

用法 1	int ival = 1024;
	int &refVal = ival; //正确
	int &refVal2; //错误,没初始化
	int &refVal3 = 10; //错误,用常量初始化
	refVal += 2;
		引用 refVal 必须用与该引用同类型的对象变量初始化(不能用右值,如字面常量初始化),它是绑定的对象 ival 的另一名字,作用在引用 refVal 上的所有操作事实上都是作用在该引用绑定的对象 ival 上,只要引用 refVal 存在,它就保持绑定到 ival,不可能将它绑定到另一个对象变量,引用 refVal 可以修改与其关联的对象的值

用法 2	void swap(int &v1, int &v2)	引用用作函数的形式参数,v1 和 v2 是绑定到实际参数(整型)的别名,可以改变实参的值
用法 3	void swap(int * &v1, int * &v2)	引用用作函数的形式参数,v1 和 v2 是绑定到实际参数(整型指针)的别名,可以改变实参指针值以及实参指针指向的值
用法 4	void printValues (int (&arr) [10])	数组形参可声明为数组的引用,编译器将传递数组的引用本身,实参组的大小必须是 10,例如: int k[10] = {0,1,2,3,4,5,6,7,8,9}; printValues(k);
用法 5	Point2D & getFirstPoint()	引用作为函数的返回类型时,没有复制返回值,返回的是对象本身

10.1.3 const 型数据

const 关键字表示"常量"的含义,类似于 Java 中的 final,但用法细节有不同之处。const 可以修饰类、类的成员变量和成员方法,但具有不同的作用。const 型数据的形式及含义见表 10.2。const 数据成员的初始化只能在类的构造函数的初始化表中进行(见用法 1)。const 也可以与引用联合使用(见用法 2 和用法 3);const 修饰类的成员函数时,该成员函数可以访问但不能修改该类中的数据成员(见用法 5);也可以通过 const 定义常对象(见用法 6)或定义指向常对象的指针(见用法 7)或常指针(见用法 8);如果一个对象被声明为常对象,则不能调用这个对象的非 const 型的成员函数,但是常指针则可以调用任意成员函数。C++程序员必须掌握表 10.2 中所列举的 const 含义。

表 10.2 const 型数据

用法举例	形式	含义
用法 1	const int bufSize = 512;	const 对象必须要初始化,且其值不能被修改

用法 2	const int ival = 1024;
	int jval;
	const int &refVal = ival; //ok
	cons tint&refVal =jval;
	const int &r = 42;// ok
	int &ref2 = ival; // error
		const 引用是指向 const 对象的引用,它可以绑定到 const 对象(如 ival)、非 const 对象(如 jval)或右值的引用(如 42);
		const 引用不能改变与其相关联的对象值;
		将普通的引用绑定到 const 对象是不合法的

用法 3	const Point2D &t=t1;	t 是 Point2D 类对象 t1 的常引用,只能通过 t 调用类 Point2D 中常成员函数,不能通过 t 改变对象属性的值

续 表

用法举例	形式	含义
用法4	Point2D * const p;	p是常指针,p的值不能改变,但是可以通过(*p)改变对象属性的值
用法5	Void Point2D::getX() const;	getX()是Point2D类的常成员函数,可以引用但不能修改类Point2D中的数据成员
用法6	Point2D const t1;	t1是常对象,只能通过t1调用类Point2D中常成员函数,不能通过t1改变对象属性的值
用法7	const Point2D * p = new const Point2D(10,10);	p是指向常对象的指针,(*p)是常对象,不能通过(*p)改变对象属性的值
用法8	const Point2D * const p;	p是指向常对象的常指针

10.1.4 变量的定义和声明

在 C++ 语言中,变量必须且仅能定义一次,而且在使用变量之前必须定义或声明变量。变量的定义也是变量的声明,变量的定义用于向程序表明变量的类型和名字,为变量分配存储空间,还可以为变量指定初始值。

可以通过使用 extern 关键字声明变量名而不定义它。不定义变量的声明包括变量名或对象名、变量类型或对象类型和关键字 extern,例如:

extern int i; //声明 i,不是定义 i

int i; //声明和定义 i

extern 声明不分配存储空间。它只是说明变量将定义在程序的其他地方。程序中变量可以声明多次,但只能定义一次。只有当声明也是定义时,声明才可以有初始化式,因为只有定义才分配存储空间。如果声明有初始化式,即使声明标记为 extern,那么它也被当作是定义,例如:

extern double pi = 3.1416; //声明和定义 pi

虽然使用了 extern,但是这条语句还是定义了 pi,分配并初始化了存储空间;但是,只有当 extern 声明位于函数外部时,才可以含有初始化式。因为已初始化的 extern 声明被当作是定义,所以该变量任何随后的定义都是错误的,例如:

extern double pi = 3.1416; //声明和定义 pi

double pi; //错误,pi 的重定义

在全局作用域里定义非 const 变量时,它在整个程序中都可以访问。我们可以把一个非 const 变量定义在一个文件中,就可以在另外的文件中使用这个变量。例如,在文件 file_1.cpp 中定义变量 counter,可以在文件 file_2.cpp 中使用 file_1.cpp 中定义变量 counter。

// file_1.cpp

int counter;

// file_2.cpp

extern int counter;

但是,与其他变量不同,在全局作用域声明的 const 变量是定义该对象的文件的局部变

量,此变量只存在于那个文件中,不能被其他文件访问;但是,如果通过指定 const 变更为 extern,就可以在整个程序中访问 const 对象。例如:在 file_1.cpp 中定义和初始化一个在其他文件中也可以使用的常量 bufSize:

// file_1.cpp
extern const int bufSize = fcn();
// file_2.cpp
extern const int bufSize; //使用文件 file_1 中的常量 bufSize
for (int index = 0; index ! = bufSize; ++index)
// ...

因此,非 const 变量默认为 extern。要使 const 变量能够在其他的文件中访问,必须指定它为 extern。

当设计头文件时,记住定义和声明的区别是很重要的。同一个程序中有两个以上文件含有同一个定义都会导致多重定义链接错误。因为头文件包含在多个源文件中,所以不应该含有变量或函数的定义,唯一的例外是:头文件可以定义类、值在编译时就已知道的 const 对象和 inline 函数,这些实体可在多个源文件中定义,只要每个源文件中的定义是相同的。

定义只可以出现一次,而声明则可以出现多次。下面两个语句是定义,所以不应该放在头文件里:

extern int ival = 10;
double fica_rate;

虽然 ival 声明为 extern,但是它有初始化式,代表这条语句是一个定义。类似地,fica_rate 的声明虽然没有初始化式,但也是一个定义,因为没有关键字 extern。

10.1.5 类的构造函数和析构函数

1. 构造函数

与 Java 类的构造函数定义相同,C++类中构造函数的名字必须与类名相同,且没有返回值,构造函数的函数体内可以通过赋值语句对数据成员实现初始化。例如,在示例 10.1 和示例 10.2 中分别补充构造函数的声明和定义,见示例 10.3 中的代码。

示例 10.3 类 Point2D 构造函数的定义

```
//在文件 point2D.h 中补充下述程序代码
    Point2D(float initial X, float initialY);
    //在 point2D.cpp 中补充下述程序代码
    Point2D::Point2D(float initialX, float initialY){
    x = initialX;
    y = initialY;
}
```

C++类的构造函数有多种形式的写法,示例 10.3 的写法与 Java 类中构造函数编写的风格类似,即构造函数的函数体内通过赋值语句对数据成员实现初始化。除此之外,C++类的构造函数还有下面1)和2)两种形式。

1)使用参数初始化表的构造函数。这种构造函数在类的头文件(例如,point2D.h)中声明格式如下:

Point2D(float initialX, float initialY):x(initialX),y(initialY){

};

这种方法不在函数体内对数据成员初始化,而是在函数首部实现,形式更加方便、简练,当需要初始化的数据成员较多时更显其优越性。与此同时,在源程序中(例如:point2D.cpp)也不用写该构造函数。

2)使用默认参数的构造函数。这种形式的构造函数在头文件(例如:point2D.h)中声明格式如下:

Point2D(float initialX=100, float initialY=100);

相应的构造函数体可以在 point2D.cpp 源程序中进行声明:

Point2D::Point2D(float initialX, float initialY){

    x = initialX;

    y = initialY;

}

构造函数中参数的值可以指定为某些默认值,如果用户不指定实参值,编译系统就使用默认形参值。一般情况下,应该在声明构造函数时指定默认值,如果构造函数的全部参数都指定了默认值,则在定义对象时可以给一个或几个实参,也可以不给出实参。在 C++ 的普通函数中也可以使用有默认值的参数,格式与使用默认参数的构造函数的格式相同。

2. 析构函数

析构函数(destructor)的作用与构造函数相反,当对象的生命周期结束时,会自动执行析构函数。虽然一个类可以定义多个构造函数,但只能提供一个析构函数,该析构函数应用于类的所有对象。

析构函数的名字是在类名的前面加一个"~"符号,同样没有返回值,而且没有形式参数。例如,示例 10.4 是 Point2D 类析构函数的定义。

示例 10.4 类 Point2D 析构函数的定义

```
~Point2D()
{
    ...
}
```

在 C++ 中,许多类不需要编写显式的析构函数,编译器总是会默认合成一个析构函数。合成的析构函数会按对象创建时的逆序撤销每个非 static 成员,因此,它按成员在类中声明次序的逆序撤销成员。

构造函数在对象创建时执行,析构函数的执行分为以下几种情况:

1)如果在一个函数中定义了一个对象(即自动局部对象),当这个函数被调用结束时,对象应该释放,在对象释放前自动执行析构函数。

2)局部 static 对象在函数调用结束时对象并不释放,只有在 main 函数结束或调用 exit 函数结束程序时,才调用局部 static 对象的析构函数。

3) 如果定义了一个全局对象,则在程序的流程离开其作用域(如 main 函数结束或调用 exit 函数)时,执行该全局对象的析构函数。

4) 如果用 new 运算符动态地建立了一个对象,当用 delete 运算符释放该对象时,先调用该对象的析构函数。

编译器总是会默认合成一个析构函数,那么程序员什么时候需要为一个类编写析构函数呢?例如,在一个类中声明了一个方法,而这个方法中使用了 new,malloc 等动态分配内存的函数,那么默认的合成析构函数是不会调用 delete,free 等函数来释放程序员在方法中分配的内存的,所以需要程序员自己编写析构函数,来释放这些内存。示例 10.5 是编写析构函数的例子,对于对象 A 和 B 的指针 str 指向的内存通过析构函数进行释放,如果没有编写析构函数,它们的指针指向的内存空间在程序执行完毕后将不会被释放。

示例 10.5 析构函数示例

```
#include <iostream>
    #include <string>
    using namespace std;
    class Copy{
    public:
        Copy(int b, string * cstr)
        {
            a=b;
        str = cstr;
        }
         Copy()
        {
            a=0;
        str = new string;
        }
        void show(){
            cout<< str<<endl;
            cout<<  * str <<endl;
        }
        ~Copy(){
            delete str;
            cout<<"delete is called"<<endl;
        }
        private:
        int a;
        string *  str;
    };
    int main()
```

```
{
    Copy A(10,new string("Hello")),B;
    return 0;
}
```

10.1.6 方法的形式参数和实际参数的传递方式

对于函数的实际参数和形式参数的结合方式,C++要比Java复杂,下面分为值传递和引用传递两种情况进行讨论。

1. 值传递

如果形参具有非引用类型,则形参复制实参的值,形参与实参的结合方式是值传递(Java中所有形参和实参的结合方式都是此种类型,形参复制相应实参的值,详见3.1.3节的举例说明),在这种情况下,函数并没有访问调用所传递的实参本身,因此不会修改实参本身的值。例如,示例10.6为非引用类型的整型参数的值传递,无论形参的值如何发生变化,实参的值都会不会改变。图10.1是示例10.6的值传递示意图,函数体内对形参v1和v2的交换并没有影响实参x和y的值。

示例10.6 非引用类型的整型参数的值传递

```
#include <iostream>
using namespace std;
void swap(int v1, int v2){
    int tmp = v2;
    v2 = v1;
    v1 = tmp;
}
int main(){
    int x=0;
    int y=10;
    swap(x,y);
    cout<<"x:"<<x<<endl;
    cout<<"y:"<<y<<endl;
    return 0;
}
程序的输出结果为:x:0
                  y:10
```

图10.1 非引用类型的整型参数的值传递过程示意图

如果函数的形参是指针,此时形参将复制实参指针,无论在函数中对形参的指针值如何改变,主调函数使用的实参指针的值都不会改变,但是,如果函数形参是非 const 类型的指针,则函数可通过指针修改指针所指向对象的值,即如果在函数中对形参所指向的内容进行修改,那么相应实参所指向的内容也会修改。示例 10.7 和示例 10.8 为非引用类型的指针型参数的值传递,图 10.2 是示例 10.7 的值传递示意图,函数体内对形参指针 v1 和 v2 的交换并没有影响指针 x 和 y 的值;图 10.3 和图 10.4 是示例 10.8 的值传递示意图,函数体内对形参指针 v1 和 v2 指向内容的交换也实现了 x 和 y 指针指向内容的交换。

示例 10.7　非引用类型的指针型参数的值传递

```cpp
#include <iostream>
using namespace std;
void swap(int * v1, int * v2) {
    int * tmp = v2;
    v2 = v1;
    v1 = tmp;
}
int main(){
    int x0 = 0;
    int y0 = 10;
    int * x = &x0;
    int * y = &y0;
    cout<<"pre x:"<<x<<endl;
    cout<<"pre y:"<<y<<endl;
    cout<<"pre x:"<< * x<<endl;
    cout<<"pre y:"<< * y<<endl;
    swap(x,y);
    cout<<"x:"<<x<<endl;
    cout<<"y:"<<y<<endl;
    cout<<"x:"<< * x<<endl;
    cout<<"y:"<< * y<<endl;
    return 0;
}
```

程序的输出结果为:pre x:0012FF44
　　　　　　　　 pre y:0012FF40
　　　　　　　　 pre x:0
　　　　　　　　 pre y:10
　　　　　　　　 x:0012FF44
　　　　　　　　 y:0012FF40
　　　　　　　　 x:0
　　　　　　　　 y:10

图 10.2 非引用类型的指针型参数的值传递过程示意图 1

示例 10.8 非引用类型的指针型参数的值传递

```cpp
#include <iostream>
using namespace std;
void swap(int * v1, int * v2) {
    int tmp = *v2;
    *v2 = *v1;
    *v1 = tmp;
}
int main(){
    int x0 = 0;
    int y0 = 10;
    int * x=&x0;
    int * y=&y0;
    cout<<"pre x:"<<x<<endl;
    cout<<"pre y:"<<y<<endl;
    cout<<"pre x:"<< * x<<endl;
    cout<<"pre y:"<< * y<<endl;
    swap(x,y);
    cout<<"x:"<<x<<endl;
    cout<<"y:"<<y<<endl;
    cout<<"x:"<< * x<<endl;
    cout<<"y:"<< * y<<endl;
    return 0;
}
```

程序的输出结果为:pre x:0x23ff34
　　　　　　　　pre y:0x23ff30
　　　　　　　　pre x:0
　　　　　　　　pre y:10
　　　　　　　　x:0x23ff34
　　　　　　　　y:0x23ff30
　　　　　　　　x:10
　　　　　　　　y:0

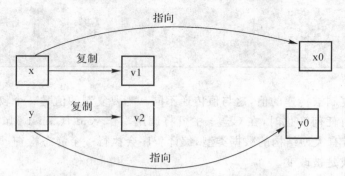

图 10.3　非引用类型的指针型参数的值传递过程示意图 2

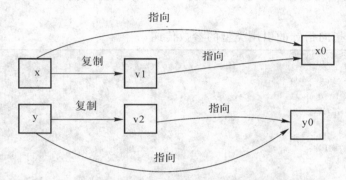

图 10.4　非引用类型的指针型参数的值传递过程示意图 3

2．引用传递

如果函数的形参为引用类型，则它只是实参的别名，引用形参就会直接关联到其所绑定的对象。示例 10.9 为引用类型的参数传递示例程序和程序的执行结果，形参 v1 和 v2 的值交换，实现了实参 x 和 y 值的交换。

示例 10.9　引用类型的参数传递

```cpp
#include <iostream>
    using namespace std;
    void swap(int &v1, int &v2) {
        int tmp = v2;
        v2 = v1;
        v1 = tmp;
    }
    int main(){
        int x=0;
        int y=10;
        swap(x, y);
        cout<<"x:"<<x<<endl;
        cout<<"y:"<<y<<endl;
        return 0;
```

}
程序的输出结果为:x:10
y:0

引用传递不复制被传递的值,这与值传递不同。当要复制的值是一个较大的结构,并且禁止实参变量的值有任何变化时,在C++中可将调用写作 void f(const MuchData &x);其中的 MuchData 是带有大型结构的数据类型,编译程序会执行一个静态检查,即 x 不允许出现在一个赋值的左边或是被改变。

另外,C++也允许指向指针的引用。例如,示例 10.10 为指向指针的引用类型参数传递示例程序和程序的执行结果,该程序既实现了 x 和 y 值的交换,也实现了 x 和 y 指向内容的交换。

示例 10.10　指向指针的引用类型的参数传递

```cpp
#include <iostream>
using namespace std;
void swap(int * &v1, int * &v2) {
    int * tmp = v2;
    v2 = v1;
    v1 = tmp;
}
int main(){
    int x0 = 0;
    int y0 = 10;
    int * x=&x0;
    int * y=&y0;
    cout<<"pre x:"<<x<<endl;
    cout<<"pre y:"<<y<<endl;
    cout<<"pre x:"<< * x<<endl;
    cout<<"pre y:"<< * y<<endl;
    swap(x,y);
    cout<<"x:"<<x<<endl;
    cout<<"y:"<<y<<endl;
    cout<<"x:"<< * x<<endl;
    cout<<"y:"<< * y<<endl;
    return 0;
}
```

程序的输出结果为:pre x:0012FF44
　　　　　　　　pre y:0012FF40
　　　　　　　　pre x:0
　　　　　　　　pre y:10
　　　　　　　　x:0012FF40
　　　　　　　　y:0012FF44
　　　　　　　　x:10
　　　　　　　　y:0

10.1.7 #include 介绍

预处理命令#include 接受以下两种形式的头文件作为参数:
#include <standard_header>
#include "my_file.h"

预处理器用指定的头文件的内容替代每个#include。系统的头文件可用特定于编译器的更高效的格式保存,无论头文件以何种格式保存,一般都含有支持分别编译所需的类定义及变量和函数的声明。如果头文件名括在尖括号(< >)里,那么认为该头文件是标准头文件,编译器将会在预定义的位置查找该头文件,这些预定义的位置可以通过设置查找路径环境变量或者通过命令行选项来修改,使用的查找方法因编译器的不同而差别迥异。如果头文件名括在一对引号里,那么认为它是非系统头文件,非系统头文件的查找通常开始于源文件所在的路径。

多次包含一个头文件,会导致编译错误,采用预处理命令#define 和#ifndef 可以预防这种错误,#define 指示接受一个名字并定义该名字为预处理器变量,#ifndef 指示检测指定的预处理器变量是否未定义,如果预处理器变量未定义,那么跟在其后的所有指示都被处理,直到出现#endif,否则,跟在其后的所有指示直到出现#endif,这些指示都不被处理。

#ifndef SALESITEM_H
#define SALESITEM_H
// Definition of Sales_itemclass and related functions goes here
#endif

10.1.8 命名空间

每个命名空间是一个作用域,类似于 Java 的包 package。例如,文件 ll.h 和文件 rr.h 定义在命名为 l 的命名空间中,见示例 10.11 和示例 10.12,文件 printValue.cpp 使用 ll.h 和 rr.h 中的定义时,要引用命名空间,即 using namespace l,见示例 10.13;或者不引用命名空间,但必须在引用的定义前增加"命名空间名::",例如访问命名空间 l 中的类 A,如果没有引用命名空间(即 using namespace l),通过类 A 声明变量 a,则可以编写语句"l::A a;"。

示例 10.11 文件 ll.h

```
#include <iostream>
   using namespace std;
namespace l{
   void printValues(int (&arr)[10]) {
        for (int i=0; i<10;i++){
        cout << *(arr+i)<<endl;
        }
   }
}
```

示例 10.12　文件 rr.h

```
namespace l{
    class A{
    };
}
```

示例 10.13　文件 printValue.cpp

```
#include "ll.h"
#include "rr.h"
using namespace l;
    int main()
    {   int i = 0,
            j[2] = {0, 1};
        int k[10] = {0,1,2,3,4,5,6,7,8,9};
        A a;
        printValues(k);
        return 0;
}
```

10.1.9　对象的定义(或创建)和使用

1. 对象的定义(或创建)

在 C++中,任意变量的定义用于向程序表明变量的类型和名字,为变量分配存储空间,还可以为变量指定初始值,因此,C++中对象变量的定义类似于 Java 中对象的创建和赋值,C++对象变量的定义(或创建)有以下 3 种方法。

1)先声明类类型,然后再定义对象。

如果 Point2D 的构造函数没有默认参数,则对象 pointOne 的定义方法如下:

Class point2D pointOne(30,30);

或　point2D　pointOne(30,30);

上述方法创建的 pointOne 对象的属性 x 为 30,属性 y 为 30。

如果 Point2D 的构造函数有默认参数,则对象的定义方法如下:

Classpoint2D pointOne;

或　point2D　pointOne;

上述方法创建的 pointOne 对象的属性 x 和 y 的取值为构造函数中指定的默认值。

2)在声明类的同时定义对象。例如:

Class Point2D {

……

} pointOne, pointTwo(20,20);

上述方式定义了 pointOne 和 pointTwo 两个对象，pointOne 的属性值为默认值，pointTwo 的属性值分别为 20 和 20。

3) 不出现类名，直接定义对象 pointOne, pointTwo，其中 pointOne 的属性值为默认值，pointTwo 的属性值分别为 40 和 40。例如：

Class　{　　　　　　　　　　　//无类名
　private：　　　　　　　　　　//声明以下部分为私有的
　……
　public：　　　　　　　　　　 //声明以下部分为公用的
　……
} pointOne,　pointTwo(40,40)；　//定义了两个无类名的类对象

上述3种方法在定义对象时，编译系统会自动为这个对象分配存储空间，以存放对象中的成员。对于C++的非指针类型的对象变量，若将它与Java的对象变量声明和创建对象时内存的管理方式比较，图 10.5 所示的比较示意图可以清楚地展示出它们的区别所在。对于Java中类 Point2D 的变量 pointOne，操作系统在堆中为新创建的对象分配一个内存空间，并将该内存空间的首地址存入变量 pointOne，pointOne 是操作系统在栈中分配的存储对象地址的内存空间；对于C++非指针类型的对象变量 pointOne，对象内存本身在栈中分配，pointOne 就代表对象本身，C++中这种类型对象的属性访问或方法调用的格式与Java相同，即通过"."运算符。

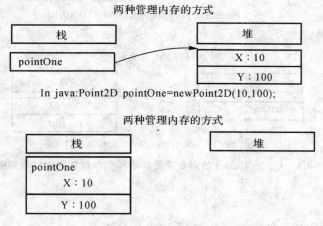

图 10.5　C++与 Java 的对象变量声明和创建对象的比较示意图 1

在C++中，上述3种定义对象的方法也可以用来定义指向对象的指针，用 new 运算符动态分配内存后，将返回一个所分配内存空间的起始地址给指针变量，用户通过这个地址（即指针变量）来访问这个对象。

C++定义指向对象指针的方法示例如下：
Point2D *　　pointOne(10,100)；//非法
Point2D *　　pointOne = new Point2D(10,100)；//合法
C++通过对象指针调用对象的方法如下：

float x5 = pointOne->getX();//通过指针 pointOne 调用方法 getX()

或 float x5 = (*pointOne).getX();//通过指针 pointOne 调用方法 getX()

如果不再需要使用由 new 建立的对象时,可以用 delete 运算符释放对象占用的内存空间,例如:

delete pointOne;   //释放 pointOne 指向的内存空间

对于 C++指针形式的对象变量声明与对象的创建,也可以与 Java 对象变量声明和创建的内存管理方式进行比较,图 10.6 所示的内存分配方式可以清楚地展示出它们的相同点所在。对于 Java 中类 Point2D 的变量 pointOne 和 C++中类 Point2D 的指针变量 pointOne,操作系统都会在堆中为新创建的对象分配一个内存空间,并将该内存空间的首地址赋给 pointOne,pointOne 是操作系统在栈中分配的存储对象地址的内存空间。因此,C++指针形式的对象变量声明、对象的创建与 Java 中对象变量和对象的创建类似,但 Java 中没有指针的概念,称对象变量为引用,虽然 Java 的引用也是指针,但是仅能通过该指针访问对象,不能对地址内存进行加减等操作,C++中既可以通过指针访问对象,也允许操作指针地址,在其上进行加减运算等。

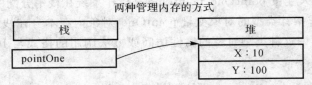

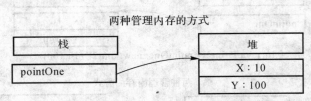

图 10.6 C++与 Java 的对象变量声明和创建对象的比较示意图 2

2. 成员的访问

C++中访问对象成员的方法有 3 种,下面进行总结。

1)通过对象名和成员运算符"."访问对象中的成员,例如:

float x1 = pointOne.getX();

2)通过指向对象的指针访问对象中的成员,例如:

Point2D *pointTwo = &pointOne;

float x2 = pointTwo->getX()

3)通过对象的引用变量访问对象中的成员,引用变量访问成员的格式与其绑定变量访问成员的格式相同。例如:

Point2D pointOne(10,100);

Point2D *pointTwo = new Point2D(10,100);

```
Point2D  &pointThree = pointOne;
Point2D *&pointFour = pointTwo;
float x3 = pointThree.getX();
float x4 = pointFour->getX();
```

3. 对象的赋值和复制

C++中指针变量之间的赋值与Java变量之间的赋值类似。例如：

```
Point2D *pointOne = new Point2D(30,30);
Point2D *pointTwo = new Point2D;
pointTwo = pointOne;//指针赋值
```

C++中非指针对象变量之间的赋值存在类成员复制的问题，情况较为复杂。

(1) 对象的赋值

如果一个类定义了两个或多个对象，则一个对象的值可以赋给另一个同类的对象，对象的值是指对象中所有数据成员的值。赋值运算符"="只能用来对单个变量赋值，在C++中被扩展为两个同类对象之间的赋值，这个过程是通过成员复制来完成的。示例10.14为两个对象赋值的代码演示。

示例10.14 演示两个对象的赋值

```
//main.cpp
    #include <iostream>
    using namespace std;
    int main(){
    Point2D pointOne(30,30), pointTwo;
        cout<<"x and y of pointOne are "<<pointOne.getX()
<<" and "<<pointOne.getY() <<endl;
        cout<<"x and y of pointTwo are "<<pointTwo.getX()
<<" and "<<pointTwo.getY() <<endl;
        pointTwo = pointOne;//赋值
        cout<<"x and y of pointTwo are "<<pointTwo.getX()
<<"and"<<pointTwo.getY()<<endl;
        return 0;
}
```

对象的赋值是对一个已经存在的对象赋值，因此必须先定义被赋值的对象，才能进行赋值。对象的赋值仅对其中的数据成员赋值，而不对成员函数赋值。在赋值时，类的数据成员中不能包括动态分配的数据，否则出现严重问题。示例10.15为类的数据成员中包括动态分配数据的情况，在该示例程序中，main方法(C++的main方法与C语言相同)的第三行将A赋值给B(即B=A)，会导致A和B的指针变量str指向同一内存空间，当程序执行结束，执行析构函数时，会先释放A中指针变量str指向的内存空间，然后释放B中指针变量str指向的内存空间，当释放B中指针变量str指向的内存空间时，程序就会出现执行异常，无法正常终止程序的执行，只有采用复制构造函数(见后续内容)才可以解决这个问题。

示例 10.15 类的数据成员中包括动态分配的数据

```
//Copy.cpp
    class Copy{
    public:
        Copy(int b, string * cstr){
            a=b;
            str = cstr;
        }
        Copy(){
            a=0;
            str = new string();
        }
        void show(){
            cout<< str<<endl;
            cout<< * str <<endl;
        }
        ~Copy(){
            delete str;
            cout<<"delete is called"<<endl;
        }
        private:
            int a;
            string * str;
    };
    int main(){
        string * t = new string("Hello");
        Copy A(10,t),B;
        B = A;
        return 0;
    }
```

(2) 对象的复制

对象的复制与对象的赋值不同,它是从无到有建立一个新对象,并使它与一个已有的对象完全相同(包括对象的结构和成员的值),对象的复制调用对象的复制构造函数。复制构造函数只有一个参数,这个参数是本类的对象,而且采用对象引用的形式(一般加 const 声明,使参数值不能改变,以免在调用此函数时因不慎而使对象值被修改)。例如,下述代码分别是 Point2D 和示例 10.15 中的 Copy 提供的复制构造函数。

```
Point2D::Point2D(const Point2D& p) {
    x = p.x;
    y = p.y;
}
```

```
Copy(const Copy& C) {
    a = C.a;
    str = new string( * (C.str));
}
```
复制构造函数在用已有对象复制一个新对象时会被编译系统自动调用,分为3种情况:
第一种情况:
Point2D pointOne(30,30);
Point2D pointThree(pointOne);//该语句执行时会自动调用复制构造函数
Point2D pointFour = pointOne;//该语句执行时会自动调用复制构造函数
第二种情况:
当函数的参数为类的对象时,系统通过调用复制构造函数来保证形参具有和实参完全相同的值。例如,在三角形类的一个 Triangle.cpp 文件中,构造函数 Triangle 需要传递 3 个二维点 Point2D 的对象,构造 Triangle 对象的实参如果传递对象 p1 和 p2,将会自动激活上述 Point2D 的复制构造函数。

Point2D p1(1,1);
Point2D p2(2,2);
Triangle triangle = Triangle(p1,p2,Point2D(3,3));//该语句执行时会自动调用复制构造函数
第三种情况:
函数的返回值是类的对象,在函数执行完毕将返回值带回函数调用处时,会自动执行该类的复制构造函数。示例 10.16 为函数的返回值为类的对象的情况。

示例 10.16 函数的返回值为类的对象

```
//Triangle.cpp
    Triangle::Triangle(Point2D initialPointOne,
    Point2D initialPointTwo,
    Point2D initialPointThree) {
        pointOne = initialPointOne;
        pointTwo = initialPointTwo;
        pointThree = initialPointThree;
    }
    Point2D Triangle::getFirstPoint() {
        return pointOne;
    }
    int main(){
        Point2D pointOne;
        pointOne = triangle.getFirstPoint();//该语句执行时自动调用复制构造函数
        return 0;
    }
```

以上几种调用复制构造函数都是由编译系统自动实现的,不必由用户去调用。如果用户

未定义复制构造函数,则编译系统会自动提供一个默认的复制构造函数,其作用是简单地复制类中每个数据成员。如果类的数据成员中有动态分配的数据,则需要用户自己撰写复制构造函数。

10.1.10 违背封装性的友元

在一个类中可以有公用的成员和私有的成员。在类外可以访问公用成员,只有本类中的函数可以访问本类的私有成员。C++中的友元函数和友元类可以访问与其有好友关系的类中的私有成员。

1. 友元函数

如果在类 A 外的其他地方定义了一个函数 f(这个函数可以是不属于任何类的非成员函数,也可以是其他类的成员函数),在类 A 中用 friend 对 f 进行声明,f 就成为 A 的友元函数。友元函数 f 可以访问类 A 的私有成员。示例 10.17 为友元函数的举例。

示例 10.17 友元函数的举例

```
//Time.cpp
Class Time {
public:
    Time(int,int,int);
    void display(Date &);
    private:
     int hour;
    int minute;
    int sec;
};
Class Date {
public:
    Date(int,int,int);
    friend void Time::display(Date &);  //声明 Time 中的 display
                                        //函数为友元成员函数
    private:
      int month;
     int day;
     int year;
};
```

一个函数(包括普通函数和成员函数)可以被多个类声明为"朋友",这样就可以引用多个类中的私有数据,这违背了面向对象的封装性,但在一定程度上带来了方便。

2. 友元类

一个类(例如类 B)声明为另一个类(例如类 A)的友元类,则友元类 B 中的所有函数都是类 A 的友元函数,可以访问类 A 中的所有成员。例如,示例 10.18 为在类 Date 中声明类 Time 为其友元类。

示例 10.18 友元类的声明

```
Class Time {
    public:
        Time(int,int,int);
        void display(Date &);
    private:
        int hour;
        int minute;
        int sec;
};
Class Date {
    public:
        Date(int,int,int);
        friend Class Time;//声明 Time 为其友元类
    private:
        int month;
        int day;
        int year;
};
```

友元的关系是单向的而不是双向的。友元的关系不能传递。在实际工作中,除非确有必要,一般并不把整个类声明为友元类,而只将确实有需要的成员函数声明为友元函数,这样更安全一些。

面向对象程序设计的一个基本原则是封装性和信息隐蔽,而友元却可以访问其他类中的私有成员,这是对封装原则的一个小破坏,但是它有助于数据共享,能提高程序的效率。在使用友元时,要注意到它的副作用,不要过多地使用友元,只有在使用它能使程序精练,并能大大提高程序的效率时才用友元。

10.2 继承性和多态性

继承性和多态性是所有面向对象编程语言的共同特征,也是与面向过程编程语言的重要区别所在。本节关注 C++ 中有关继承和多态的含义。

10.2.1 子类的继承方式

C++ 中声明类与类之间继承关系的一般形式如下:
class 子类名:[继承方式]基类名
{

子类新增加的成员
    };

其中，可选的继承方式包括 public(公用的)，private(私有的)和 protected(受保护的)，如果此项缺省，则默认为子类是 private(私有的)的继承方式。与 Java 不同，C++允许类选择继承方式，还允许类的多继承，基类名位置可以放置多个基类，基类之间用","分隔。例如，类 Hero 分别通过 public 的继承方式，同时继承 Action 类和 CanFly 类，子类 Hero 的声明方式如下：
class Hero:public Action ， public CanFly{

    };

无论何种继承方式，基类的私有成员在子类中都不能被子类的成员函数直接引用，只有基类的成员函数可以引用它，因此子类可以通过从基类继承的公用成员函数访问基类的私有成员，这一点与 Java 相同。C++继承方式的不同，会影响子类继承成员的访问权限。

1)对于公用继承(public)，基类的公用成员和保护成员在子类中仍然保持其公用成员和保护成员的属性(Java 子类的继承方式单一，等同于 C++中 public 的继承方式，但是 public 关键字并不出现)；

2)对于私有继承(private)，基类的公用成员和保护成员在子类中的访问属性相当于子类中的私有成员，即子类的成员函数能访问它们，而在子类外不能访问它们；

3)对于保护继承(protected)，基类的公用成员和保护成员在子类中都成了保护成员，即子类的成员函数能访问它们，而在子类外除了继承该类的子类，其他类都不能访问它们。

10.2.2 子类的构造函数和析构函数

构造函数用来对对象的数据成员初始化，在设计子类的构造函数时，不仅要考虑子类所增加的数据成员的初始化，还应当考虑基类的数据成员初始化，这与 Java 相同。在 Java 中，子类构造函数的第一条语句必须是通过 super 关键字调用父类的构造函数，而在 C++中写法略有不同，C++中子类构造函数的首行写法如下：

子类构造函数名(总参数表列)：基类构造函数名(参数表列)

例如，对于图 10.7 所示的软件学院教职工信息管理系统示意类图，类 FacultyMember 与类 Teacher、类 Official 和类 Experimenter 之间的继承关系，以基类 FacultyMember 和子类 Teacher 为例，在 FacultyMember.cpp 和 Teacher.cpp 中，相应构造函数的写法如下：

FacultyMember：：FacultyMember（string& initialId，string& initialName，string& initialTele）:identification(initialId),name(initialName),contactTelephone(initialTele) {
    }

Teacher：：Teacher(string& initialId, string& initialName, string& initialTele, string& initialTitle):FacultyMember(initialId,initialName,initialTele),title(initialTitle)
    {
    }

在子类 Teacher 的构造函数中，将形参 initialId,initialName 和 initialTele 的值分别传给

父类 FacultyMember 的构造函数,首先对从父类继承的相关数据成员进行初始化,然后对 Teacher 自身特有的数据成员 title 进行初始化。

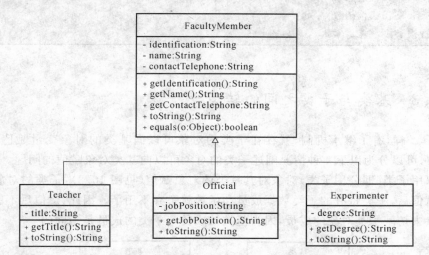

图 10.7　软件学院教职工信息管理系统示意类图

建立一个子类的对象时,子类构造函数先调用基类的构造函数,再执行子类构造函数本身(即子类构造函数的函数体)。在子类的对象释放时,先执行子类的析构函数,再执行其基类的析构函数。示例 10.19 给出了示例程序和运行结果,从程序的运行结果可以看出,在创建一个子类 Circle 对象 c 时,父类 Point 的构造函数先执行,子类 Circle 的构造函数后执行,而 Circle 的析构函数先执行,Point 的析构函数后执行。

示例 10.19　继承关系中构造函数和析构函数执行顺序的示例演示

```
#include <iostream>
using namespace std;
class Point {
public:
    Point(){ cout<<"执行 Point 构造函数"<<endl;}
    ~Point(){cout<<"执行 Point 析构函数"<<endl;}
};
class Circle:public Point {
public:
    Circle(){ cout<<"执行 Circle 构造函数"<<endl;}
    ~Circle(){cout<<"执行 Circle 析构函数"<<endl;}
private:
    int radius;
};
int main(){
    Circle c;
    return 0;
}
程序的执行结果如下:
```

执行 Point 构造函数
执行 Circle 构造函数
执行 Circle 析构函数
执行 Point 析构函数

10.2.3　基类与子类之间的转型

　　像 Java 一样,有了继承机制,就存在子类的对象可以向基类的对象变量赋值的合法性。在 C++中,可以分为以下 4 种情况阐述子类的对象可以向基类对象赋值的问题。

　　1)可以用子类(即公用子类)对象对其基类的对象赋值(见图 10.8),子类的对象为基类的对象变量赋值后,子类特有的子类数据成员和函数就舍弃不用了。因此,赋值后不能通过基类的对象变量去访问子类对象的成员,因为基类的成员与子类的成员是不同的。

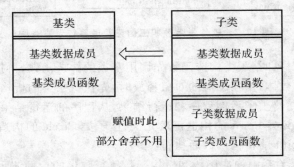

图 10.8　子类对象对其基类对象赋值的示意图

　　例如:对于基类 FacultyMember 类型的变量 m,可以进行如下的赋值操作:
FacultyMember m = Official("a001","xiao","13000099822","Service for teachers");

　　2)子类对象可以替代基类对象向基类对象的引用进行赋值或初始化。例如,下述 3 条语句就是该种情况的演示示例,其中引用变量 mem 是 official 的别名,mem 和 official 共享同一段存储单元。

FacultyMember & mem;
Official official("a001","xiao","13000099822","Service ");
Mem = official;

　　3)如果函数的参数是基类对象或基类对象的引用,相应的实参可以用子类对象,同1)和 2)。

　　4)子类对象的地址可以赋给指向基类对象的指针变量。用指向基类对象的指针变量指向子类对象是合法的、安全的,不会出现编译上的错误。例如,声明一个指向基类 FacultyMember 对象的指针 mem,可以把子类 Official 的对象地址赋值给 mem,例如:

FacultyMember * mem;
Official official("a001","xiao","13000099822","Service");
Mem = & official;

在C++中,对于FacultyMember mem,通过mem调用方法toString()时,执行的一定是基类的该方法,即使该变量赋值为子类对象,而且子类对象覆写了该方法,也不会调用子类中的该方法。如果像Java一样,实现多态,在C++中需要满足两个条件,详见10.2.4节中的虚函数和多态。

10.2.4 虚函数和多态

为了支持面向对象的多态性,在C++中有虚函数的概念,如果一个函数是虚函数,就在该函数声明的最左边增加一个关键字virtual,在类外定义虚函数时,不必再加virtual。例如,完整的基类FacultyMember的代码如示例10.20和示例10.21所示,其中toString()定义为虚函数。

示例10.20 FacultyMember.h 文件

```cpp
#ifndef FACULTYMEMBER_H_
#define FACULTYMEMBER_H_
#include <string>
using namespace std;
class FacultyMember{
private:
    string identification;
    string name;
    string contactTelephone;
public:
    FacultyMember(string& initialId, string& initialName, string& initialTele);
    FacultyMember();
    string getIdentification();
    string getName();
    string getContactTelephone();
    //虚函数 toString 声明
    virtual string toString();
    ~FacultyMember(){}
};
```

示例10.21 FacultyMember.cpp 文件

```cpp
#include "FacultyMember.h"
using namespace std;
FacultyMember::FacultyMember(string& iniId, string& iniName, string& iniTele):identification(iniId),name(iniName),contactTelephone(initialTele){}
string FacultyMember::getIdentification(){
            return identification;
}
string FacultyMember::getName(){
```

```
                return name;
}
string FacultyMember::getContactTelephone(){
                return contactTelephone;
}
    //虚函数 toString 的定义
string FacultyMember::toString(){
                return "FacultyMember---identification:"+identification+" name:"+name+"
                contactTelephone:"+contactTelephone;
}
```

虚函数允许在子类中重新定义与基类同名的函数,当一个成员函数被声明为虚函数时,其子类中的同名函数都自动成为虚函数,程序员可以通过基类指针或引用来访问子类中的同名虚函数,实现 C++ 中面向对象的多态性。例如,在已知 toString() 函数是虚函数的情况下,对于下述代码片段而言,t.toString(),f.toString(),g->toString() 分别执行的哪个类(即 FacultyMember 类或 Official 类)中的 toString() 方法?

Official o("a001","xiao","10000099822","Service for teachers");
FacultyMember t = o;
FacultyMember &f = o;
FacultyMember *g = &o;

通过执行程序,答案如下:
1) t.toString() 执行的是 FacultyMember 中的 toString() 方法;
2) f.toString() 执行的是 Official 中的 toString() 方法;
3) g->toString() 执行的是 Official 中的 toString() 方法。

f.toString() 和 g->toString() 体现了 C++ 面向对象的多态性,但是,t.toString() 的执行没有体现面向对象的多态性。在 C++ 中,继承机制导致的多态的方法调用必须满足以下两个条件:
1) 该方法在基类中必须是虚函数或纯虚函数(纯虚函数见 10.2.5 小节);
2) 该方法必须通过基类的引用或指针进行调用。

一般情况下,把基类的析构函数声明为虚函数,这将使所有子类的析构函数自动成为虚函数。这样,如果程序中显式地用了 delete 运算符准备删除一个对象时,并且 delete 运算符的操作对象采用了指向子类对象的基类指针,则系统会调用子类的析构函数,会恰当地释放内存。

10.2.5 纯虚函数和抽象类

类似于 Java 中的抽象方法,当一个方法仅是一个声明,没有方法体时,C++ 将该方法定义为纯虚函数,声明纯虚函数的一般形式如下:

virtual 函数类型 函数名(参数表列)=0;

其中,纯虚函数没有函数体,"=0"并不表示函数返回值为 0,它只起形式上的作用,告诉编译系统"这是纯虚函数"。这是一个声明语句,最后应有分号。

纯虚函数的作用是在基类中为其子类保留一个函数的名字,以便子类根据需要对它进行定义,实现多态。如果在一个类中声明了纯虚函数,而在其子类中没有对该函数定义,则该虚函数在子类中仍然为纯虚函数。

在面向对象程序设计中,有一些类,它们不被用来生成对象。定义这些类的唯一目的是用它作为基类去建立子类。它们作为一种基本类型提供给用户,用户在这个基础上根据自己的需要定义出功能各异的子类,用这些子类去建立对象,在 Java 中这样的基类有抽象类和接口,在 C++中,没有接口的概念,仅有抽象类的概念,凡是包含纯虚函数的类都是抽象类。因为纯虚函数是不能被调用的,所以包含纯虚函数的类是无法建立对象的。例如,示例 10.22、示例 10.23 和示例 10.24 中的 3 个文件是抽象类 Shape(Shape.h)和其子类 Circle(Circle.h,Circle.cpp)的代码。

示例 10.22 文件 Shape.h

```cpp
#ifndef SHAP_H_
#define SHAP_H_
#include <iostream>
using namespace std;
//声明抽象基类 Shape
class Shape {
public:
virtual float area() const {return 0.0;}//虚函数
virtual float volume() const {return 0.0;}//虚函数
virtual void shapeName() const =0;//纯虚函数

};
#endif
```

示例 10.23 文件 Circle.h

```cpp
#ifndef CIRCLE_H_
#define CIRCLE_H_
#include "Shape.h"
#include <iostream>
using namespace std;
class Circle: public Shape {
    public:
        Circle(float r=0);
        void setRadius(float);
        float getRadius() const;
        virtual float area() const;
        virtual void shapeName() const {cout<<"Circle:";}//对虚函数进行再定义
    protected:
float radius;
};
#endif
```

示例 10.24 文件 Circle.cpp

```cpp
#include "Circle.h"
using namespace std;
Circle::Circle(float r):radius(r){ }
void Circle::setRadius(float r){
    radius = r;
}
float Circle::getRadius() const {return radius;}
float Circle::area() const {return 3.14159 * radius * radius;}
```

类似于 Java 中的抽象类，C++抽象类也不能实例化。在 C++中，可以声明一个抽象类的指针和引用。通过指针或引用，指向并访问子类对象，进而访问子类的成员，这种访问具有多态特征。示例 10.25 是对示例 10.22～示例 10.24 的应用，调用 pt->shapeName() 体现了 C++中的多态性，该调用会激活 pt 指向的类型 Circle 的方法 shapeName()。

示例 10.25 shapMain.cpp

```cpp
#include "Circle.h"
#include "Cylinder.h"
#include "Shape.h"
int main(){
    Circle circle(5.6);
    Shape * pt; //定义基类指针
    pt=&circle; //指针指向 Circle 类对象
    pt->shapeName(); //动态关联,多态
    return 0;
}
```

10.2.6 多重继承和虚继承

在 C++中，如果一个子类有多个直接基类，而这些直接基类又有一个共同的基类，则在最终的子类中会保留该间接共同基类数据成员的多份同名成员，在引用这些同名的成员时，必须在子类对象名后增加直接基类名，以避免产生二义性，使其唯一地标识一个成员。例如，对于示例 10.26 所示文件 VirtualExtend.cpp，对于子类对象 d，在引用 print()时，应该在 d 后增加直接基类名 Mid1 或 Mid2。

示例 10.26 VirtualExtend.cpp

```cpp
#include <iostream>
using namespace std;
int count = 0;
class Base
{
```

```cpp
public:
        Base(){cout << "Base called : " << count++ << endl;}
        void print(){
        cout << "Base print" <<endl;}
};
class Mid1 : public Base
{
public:
        Mid1(){cout << "Mid1 called" << endl;}
private:
};
class Mid2 : public Base
{
public:
        Mid2(){cout << "Mid2 called" << endl;}
};
class Child:public Mid1, public Mid2
{
public:
        Child(){cout << "Child called" << endl;}
};
int main()
{
        Child d;
        d.Mid1::print();
        d.Mid2::print();
        return 0;
}
```

类通过虚继承可以指出它希望共享其虚基类的状态。在虚继承下，对给定虚基类，无论该类在派生层次中作为虚基类出现多少次，只继承一个共享的基类对象。共享的基类对象称为虚基类，声明虚基类的一般形式如下：

class 子类名：virtual 继承方式 基类名

例如，如果示例 10.26 中 Mid1 和 Mid2 的继承修改为如下所示的虚继承，那么 d.Mid1::print()和 d.Mid2::print()可以直接采用 d.print()进行调用。

```cpp
class Mid1 : virtual public Base
{
public:
    Mid1(){cout << "Mid1 called" << endl;}
private:
};
```

```
class Mid2：virtual public Base
{
public：
    Mid2(){cout << "Mid2 called" << endl;}
};
```

10.3 模板和关联关系的编程实现

实现设计方案——类图中一对多的关联关系,在 Java 中可以通过容器类进行实现,C++标准库中也有类似的容器 vector,list 和 deque 等,并且是通过模板类(与 Java 中的泛型类相同)实现的。本节以类 vector 为例,讲述设计类图中一对多关联关系的实现方法。由于 vector 是模板类,所以本节对比 Java 的泛型,首先对 C++模板进行介绍。

10.3.1 模板

1. 类模板

声明类模板时要在类声明前增加 template＜class 类型参数名＞,例如,下述代码片段是声明一个 Compare 的类模板,其中,numType 是模板类 Compare 的类型参数名,函数 max()和 min()的返回类型都是 numType 类型的,类 Compare 的两个私有变量也是 numType 类型的。

```
template<class numType>        //声明一个模板
class Compare       {          //类模板名为 Compare
public：
    Compare(numType a,numType b) {x=a;y=b;}
    numType max()   {return (x>y)? x:y;}
    numType min()   {return (x<y)? x:y;}
private：
    numtType x,y;
};
```

一般情况下,声明和使用类模板的步骤如下:
1)先写出一个实际的类。
2)将此类中准备改变的类型名(如 int 要改变为 float 或 char)改用一个自己指定的虚拟类型名(如上例中的 numType)。
3)在类声明前面加入一行,格式为 template＜class 虚拟类型参数＞。

类模板的类型参数可以有一个或多个,每个类型前面都必须加 class。例如,声明一个有两个参数的类模板 Pair,格式如下:

```
template<class T1, class T2>
class   Pair
```

{…};

通过类模板定义对象时,应该分别为类型参数代入实际的类型名。对于类模板 Pair,将实际的类型 int 和 doulbe 分别代入 T1 和 T2,格式如下:

Pair<int,double>　　obj;

除了代入实际的类型外,类模板定义对象与普通类定义对象的形式相同,下面列举了 3 种形式的对象定义格式。

1)类模板名<实际类型名> 对象名;

此种情况下,要求类提供无参构造函数或提供默认参数的构造函数。

2)类模板名<实际类型名> 对象名(实参表列);

例如,Compare<int> cmp1(3,7);

3)类模板名<实际类型名> * 指针名=new 类模板名<实际类型名>(实参表列)

例如,Compare<char> * cmp3 = new Compare<char>('a','A');

在类模板声明文件的外部定义成员函数时,函数头部的格式如下:

template<class 虚拟类型参数>函数类型 类模板名<虚拟类型参数>::成员函数名(函数形参表列)

{

}

示例 10.27 和示例 10.28 包含 Stack.h 和 Stack.cpp 两个文件,是一个模板类 Stack 及其应用的完整示例。其中,涉及两个模板类 Stack 和 Node,Stack 是栈数据结构,它通过节点 Node 的链接管理栈中的元素,允许实现如下操作:

1)构造函数 Stack()初始化一个空栈;

2)函数 stackEmpty()判断栈是否为空;

3)函数 push(T e)将元素 e 入栈;

4)函数 pop(T &e)将元素 e 出栈。

示例 10.27 文件 Stack.h

```
template <class T>
class Stack;
template <class T>
class Node
{
    T data;
    Node * next;
public:
    Node(){}
    Node(T d):data(d),next(NULL){};
    friend class Stack<T>;
};
template <class T>
class Stack
{
    Node<T> * top;
public:
```

```cpp
    Stack(){
        top=NULL;
    }
    bool stackEmpty();
    void push(T e);
    bool pop(T &e);
    ~Stack();
};
```

示例 10.28 文件 Stack.cpp

```cpp
#include <iostream>
#include <string>
#include "Stack.h"
using namespace std;
template <class T>
bool Stack<T>::stackEmpty()
{
    return top==NULL;
}
template <class T>
void Stack<T>::push(T e)
{
    Node<T> *p=new Node<T>(e);
    if(top!=NULL)
        p->next=top;
    top=p;
}
template <class T>
bool Stack<T>::pop(T &e)
{
    Node<T> *p;
    if(top==NULL){
        return false;
    }
    p=top;
    e=p->data;
    top=p->next;
    delete p;
    return true;
}
template <class T>
Stack<T>::~Stack()
```

```cpp
{
        if(top!=NULL)
        {
            Node<T> *p=top;
            Node<T> *q;
            while(p!=NULL)
            {
                q=p->next;
                delete p;
                p=q;
            }
            delete q;
        }
}
int main()
{
    Stack<string> stack;
    string s;
    cout<<"初始化栈 stack"<<endl;
    cout<<(stack.stackEmpty()?"栈空":"栈不空")<<endl;
    cout<<"进栈元素 I,am,very,happy"<<endl;
    stack.push("I");
    stack.push("am");
    stack.push("very");
    stack.push("happy");
    cout<<(stack.stackEmpty()?"栈空":"栈不空")<<endl;
    stack.pop(s);
    cout<<"栈顶元素:"<<s<<endl;
    cout<<"剩余内容出栈次序:";
    while(!stack.stackEmpty())
    {
        stack.pop(s);
        cout<<s<<endl;
    }
    cout<<endl<<"出栈完毕,并释放栈空间"<<endl;
    return 0;
}
```

2. 函数模板

C++还提供了函数模板。其函数类型和形参类型不具体指定,用一个虚拟的类型来代表,凡是函数体相同的函数都可以用这个模板来代替,不必定义多个函数,只需在模板中定义一次即可。函数模板声明格式如下:

template <typename T1,typename T2>。

下述程序片段是一个命名为 max 的模板函数,用 T 作虚拟类型名。

```
template<typename T>    //模板声明,其中 T 为类型参数
T max(T a,T b,T c) {
if(b>a) a=b;
if(c>a) a=c;
return a;
}
```

在调用函数模板时,系统会根据实参的类型来取代模板中的虚拟类型,从而实现不同函数的功能。例如,模板函数 max 的调用格式如下(T 分别被 int,double 和 long 等 3 种形式数据类型代替):

```
i=max(i1,i2,i3);    //T 被 int 取代
d=max(d1,d2,d3);    //T 被 double 取代
g=max(g1,g2,g3);    //T 被 long 取代
```

3. 模板形参

每个函数模板类型形参前面必须带上关键字 class 或 typename,与调用函数模板形成对比,使用类模板时,必须为类模板形参显式指定实参。使用关键字 typename 代替关键字 class 指定模板类型形参更为直观,因为可以使用内置类型(非类类型)作为实际的类型形参,而且,typename 更清楚地指明后面的名字是一个类型名。模板形参可以是类型形参,也可以是非类型形参。如果是类型形参,该形参表示未知类型。如果是非类型形参,它表示一个未知值。模板非类型形参是模板定义内部的常量值,在需要常量表达式的时候,可使用非类型形参指定数组的长度。例如,常用的数组引用形参示例代码如下(T 代表未知类型形参,N 代表一个未知值):

```
template <class T, size_t N>
void array_init(T (&parm)[N])//数组引用形参
{
    for (size_t i = 0; i != N; ++i) {
    ……
}
```

在调用函数时非类型形参将用值代替,值的类型在模板形参表中指定。例如,上述数组应用形参的调用形式如下:

```
int a[] = { 1, 2, 3, 4 };
array_init (a);
```

类型参数可以根据需要确定个数,用函数模板比函数重载更方便,程序更简洁;函数模板适用于函数的参数个数相同而类型不同,且函数体相同的情况;如果参数的个数不同或函数体不同,则不能用函数模板,应该用重载。

10.3.2 标准库 vector<T>

C++标准库定义了 3 种顺序容器类型:vector,list 和 deque。下面以 vector 为例,进行应用。

1. 定义 vector<T>类型的变量

vector 容器元素的初始化格式有以下 5 种：

1) vector<T> v;

创建名为 v 的空容器(T 是元素类型)。

2) vector<T> v(v2);

创建 vector 容器 v2 的副本 v,并存放相同类型的元素。

3) vector<T> v(b, e);

创建 v,其元素是迭代器 b 和 e 标示的范围内元素的副本。

4) vector<T> v(n,t);

用 n 个值为 t 的元素创建容器 v,值 t 是 Vector 容器元素类型的值,或者是可转换为该元素类型的值。

5) vector<T> v(n);

创建有 n 个值初始化(value-initialized)元素的容器 v,此时要求容器元素的数据类型必须提供默认构造函数。

下面应用 vector<T>定义 Point2D 对象和 Point2D 指针类型的容器,例如：

1) 定义一个存储 Point2D 对象的容器变量 vect:

vector<Point2D>　vect;

2) 定义一个存储 Point2D 对象指针的容器变量 vect1:

vector<Point2D*>　vect1;

3) 定义一个存储 Point2D 对象的容器指针变量 vect2:

vector<Point2D>　* vect2 = new　vector<Point2D>;

4) 定义一个存储 Point2D 对象指针的容器指针变量 vect3:

vector<<Point2D*>　* vect3 = new　vector<Point2D*>;

2. vector<T>操作的运用

设 v 和 v2 是 vector<T>的对象变量,表 10.3 列举了 vector 的常用操作和操作的含义。后续内容对表中的一些操作进行实际应用。

表 10.3　vector 操作

学习操作	含　义
v.empty()	如果 v 为空,则返回 true,否则返回 false
v.size()	返回 v 中元素的个数
v.push_back(t)	在 v 的末尾增加一个值为 t 的元素
v[n]	返回 v 中的位置为 n 的元素,此操作是 vector 的下标操作,下标操作符接受一个值,并返回 vector 中该对应位置的元素,vector 元素的位置从 0 开始,下标操作不添加元素,仅访问元素
v = v2	把 v 的元素替换为 v2 中的元素的副本
v == v2	如果 v 与 v2 相等,则返回 true
begin() end()	每种容器都定义了一对命名为 begin 和 end 的函数,用于返回遍历容器的迭代器,由 begin 返回的迭代器指向第一个元素,由 end 操作返回的迭代器指向 vector 的"末端元素的下一个",如果 vector 为空,begin 返回的迭代器与 end 返回的迭代器相同

实际编程应用中,对容器 vector<T> 操作的经典方式是遍历容器中的每个元素,在遍历过程中,可以对每个元素进行赋值,也可以访问每个元素的值而不修改,或访问元素的值并修改。

(1)通过成员函数 size()实现对 vector 的遍历

示例 10.29 定义了一个 vector 类型的变量 vec,通过 vec 调用 size()函数,实现对该容器 vec 的遍历,输出容器中元素的值。此种方法遍历容器,可以任意删除或添加容器元素。

示例 10.29　成员函数 size()遍历容器 vec 的示例程序

```
vector<int>    vec(10,-1);//存储 10 个元素,每个元素的值为-1
vector<int>::size_type    s = vec.size();
s.push_back(20);//向容器放入一个元素 20
for(vector<int>::size_type   i = 0;
  i!= vect.size(); ++i){
    cout<<vect[i]<<endl;//取出容器中每个元素的值进行打印
}
```

(2)通过成员函数 begin()和 end()实现对 vector 的遍历

除了使用下标访问 vector 对象的元素外,标准库还提供了另一种访问元素的方法:迭代器。迭代器是一种检查容器内元素并遍历元素的数据类型。每种容器类型都定义了自己的迭代器类型,如 vector<int>的迭代器类型为 vector<int>::iterator iter。迭代器定义了一些操作来获取迭代器所指向的元素,并允许程序员将迭代器从一个元素移动到另一个元素,其中,解引用操作符"*"来访问迭代器所指向的元素,迭代器使用自增操作符"++"向前移动迭代器指向容器中下一个元素。用迭代器遍历容器 vector,任何改变 vector 长度的操作都会使已存在的迭代器失效。例如,在调用 push_back 之后,就不能再信赖指向 vector 的迭代器的值了,通过迭代器仅可以进行访问和修改操作,但不能进行增加元素的操作。

示例 10.30 定义了一个 vector 类型的变量 vec,通过 vec 调用 begin()和 end()函数返回的迭代器,实现对该容器 vec 的遍历。在遍历的同时,也可以通过 *iter 实现对容器内容的修改。

示例 10.30　迭代器遍历容器 vec 的示例程序

```
vector<int>vec(10,100);//存储 10 个元素,每个元素的值 100
   vector<int>::iterator iter = vec.begin();
   for(vector<Point2D>::iterator   iter = vect1->begin();
       iter!= vect1->end(); ++iter)
   {
       cout<< *iter<<endl;//取出容器中每个元素的值进行打印
   }
}
```

关于迭代器的操作,除了一次移动迭代器的一个元素的增量操作符外,vector 迭代器也支持其他的算术操作,如果 iter1 和 iter2 是同一个容器对象的迭代器,iter + n,或 iter-n,或 iter1 - iter2 都是支持的迭代器操作;另外,"=="或"!="操作符用来比较两个迭代器,如果两个迭代器对象指向同一个元素,则它们相等,否则就不相等。由于 end 操作返回的迭代器不指向任何元素,因此不能对它进行解引用或自增操作。

10.4 标准输入/输出和文件的读/写

C++和 Java 设计者对输入/输出提出了一种方案,即输入/输出操作是一种基于字节流的操作,它们的标准类库中提供的输入/输出相关支持包括以下 3 个方面的内容:

1) 对系统指定的标准设备的输入和输出,即从键盘输入数据,输出到显示器屏幕,这种输入/输出称为标准的输入/输出,简称标准 I/O。

2) 以外存磁盘文件为对象进行输入和输出,即从磁盘文件输入数据,数据输出到磁盘文件。以外存文件为对象的输入/输出称为文件的输入/输出,简称文件 I/O。

3) 对内存中指定的空间进行输入和输出。通常指定一个字符数组作为存储空间(实际上可以利用该空间存储任何信息),这种输入和输出称为字符串输入/输出,简称串 I/O。

C++标准输入/输出流的相关类模型如图 10.9 所示。其中,istream(输入流)提供面向流输入的标准库类型,ostrem(输出流)提供面向流输出的标准库类型。iostream(输入/输出流)提供面向流输入和输出的标准库类型。ifstream(文件输入流)提供面向流文件输入的标准库类型,ofstrem(文件输出流)提供面向流文件输出的标准库类型。fstream(文件输入/输出流)提供面向流文件输入和输出的标准库类型。本节仅对使用频率较高的标准 I/O 和文件 I/O 进行讲解。

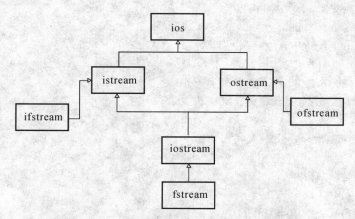

图 10.9 C++标准输入/输出流的相关类模型

10.4.1 标准输出流

标准输出流是流向标准输出设备(显示器)的数据。标准输出流对象 cout 以及标准错误流对象 cerr 和 clog 的数据类型都是 ostream。cerr 不经过缓冲区,直接向显示器输出有关信息,而 clog 中的信息存放在缓冲区中,缓冲区满后或遇 endl 时向显示器输出。cout 通常是传到显示器输出,但可以被重定向输出到文件,而 cerr 流中的信息只能在显示器输出。

cout 的使用格式如下:

cout<<基本数据类型;

cout 流在内存中开辟了一个缓冲区,用来存放流中的数据,当向 cout 流插入一个 endl 时,不论缓冲区是否已满,都立即输出流中所有数据,然后插入一个换行符,并刷新流(即清空缓冲区)。C++支持以下 3 种输出格式控制:

1)使用控制符控制输出格式。示例 10.31 给出了使用控制符输出格式的程序代码示例以及程序的运行结果,具体的输出格式在程序中有完整的注释。

示例 10.31 使用控制符控制输出格式

```cpp
/* outputFormat.1cpp
 */
#include <iostream>
#include <fstream>
#include <iomanip> //不要忘记包含此头文件
using namespace std;
int main() {
    int a;
    cout<<"input integer a:";
    cin>>a;
    //保存 cout 流缓冲区指针
    streambuf * coutBuf = cout.rdbuf();
    ofstream out("out.txt");
    //获取文件 out 的缓冲区指针
    streambuf * fileBuf = out.rdbuf();
    cout.rdbuf(fileBuf);
    //以十进制形式输出整数
    cout<<"dec:"<<dec<<a<<endl;
    //以十六进制形式输出整数 a
    cout<<"hex:"<<hex<<a<<endl;
    //以八进制形式输出整数 a
    cout<<"oct:"<<setbase(8)<<a<<endl;
    //pt 指向字符串"China"
    string pt("China");
    //指定域宽为 10,输出字符串
    cout<<setw(10)<<pt<<endl;
    //指定域宽 10,输出字符串,空白处以'*'填充
    cout<<setfill('*')<<setw(10)<<pt<<endl;
    //计算 pi 值
    double pi=22.0/7.0;
        //按指数形式输出,8 位小数
    cout<<"按指数形式输出,8 位小数:"<<setiosflags(ios::scientific)
        <<setprecision(8);
    //输出 pi 值
```

```
            cout<<"pi="<<pi<<endl;
            //改为4位小数
            cout<<"4位小数 pi="<<setprecision(4)<<pi<<endl;
            //改为小数形式输出
            cout<<"cout pi="<<setiosflags(ios::fixed)<<pi<<endl;
            return 0;
}

程序的输出结果为：input integer a:10
                   dec:10
                   hex:a
                   oct:12
                    * * * * China
                    * * * * China
                   按指数形式输出,8位小数：pi=3.1428571
                   4位小数 pi=3.143
                   cout pi=3.143
```

2）使用流对象的成员函数控制输出格式。示例10.32给出了用流对象成员函数控制输出格式的程序代码以及代码的运行结果，其中运用的流对象的成员函数有setf, unsetf, width, fill等，函数实现的详细功能在程序代码中有注释。

示例10.32 使用流对象成员函数控制输出格式

```cpp
/* outputFormat.cpp
    */
#include <iostream>
using namespace std;
int main(){
    int a=21;
    cout.setf(ios::showbase);        //显示基数符号(0x或0)
    cout<<"dec:"<<a<<endl;           //默认以十进制形式输出a
    cout.unsetf(ios::dec);           //终止十进制的格式设置
    cout.setf(ios::hex);             //设置以十六进制输出的状态
    cout<<"hex:"<<a<<endl;           //以十六进制形式输出a
    cout.unsetf(ios::hex);           //终止十六进制的格式设置
    cout.setf(ios::oct);             //设置以八进制输出的状态
    cout<<"oct:"<<a<<endl;           //以八进制形式输出a
    cout.unsetf(ios::oct);           //终止八进制的格式设置
    char *pt="China";                //pt指向字符串"China"
    cout.width(10);                  //指定域宽为10
    cout<<pt<<endl;                  //输出字符串
    cout.width(10);                  //指定域宽为10
```

```
        cout.fill('*');                    //指定空白处以'*'填充
        cout<<pt<<endl;                    //输出字符串
        double pi=22.0/7.0;                //输出 pi 值
        cout.setf(ios::scientific);        //指定用科学记数法输出
        cout<<"pi=";                       //输出"pi="
        cout.width(14);                    //指定域宽为 14
        cout<<pi<<endl;                    //输出 pi 值
        cout.unsetf(ios::scientific);      //终止科学记数法状态
        cout.setf(ios::fixed);             //指定用定点形式输出
        cout.width(12);                    //指定域宽为 12
        cout.setf(ios::showpos);           //正数输出"+"号
        cout.setf(ios::internal);          //数符出现在左侧
        cout.precision(6);                 //保留 6 位小数
        cout<<pi<<endl;                    //输出 pi,注意数符"+"的位置
        return 0;
    }
        程序的输出结果为:dec:21
                        hex:0x15
                        oct:025
                        China
                        * * * * China
                        pi= * 3.142857e+000
                        + * * * 3.142857
```

3) 使用流成员函数 put 输出字符。示例 10.33 给出了流成员函数 put 输出字符串的示例程序以及程序的运行结果。

示例 10.33 使用流成员函数 put 输出字符

```
/* outputFormat.cpp
 */
#include <iostream>
using namespace std;
int main( ){
    char *a="BASIC";              //字符指针指向'B'
    for(int i=4;i>=0;i--)
        cout.put(*(a+i));         //从最后一个字符开始输出
    cout.put('\n');
    string b("BASIC");
    for(int i=b.size()-1;i>=0;i--)
        cout.put(b[i]);           //从最后一个字符开始输出
    cout.put('\n');
    return 0;
}
```

程序的输出结果为：CISAB
CISAB

10.4.2 标准输入流

cin 是 istream 类的对象，它从标准输入设备（键盘）获取数据，程序中的变量通过流操作符"＞＞"从左操作数指定的输入流读入数据到右操作数。流操作符"＞＞"从流中提取数据时通常跳过输入流中的空格、tab 键、换行符等空白字符。仅在输入完数据再按回车键后，该行数据才被送入键盘缓冲区，形成输入流，运算符"＞＞"才能从中提取数据。示例 10.34 为标准输入流输入数据和字符串的举例，同时包含了程序的运行结果，程序代码中的 while 语句检测条件表达式返回的流，间接地检查了流的状态，如果成功输入，则条件检测为 true。

示例 10.34 标准输入流输入数据和字符串举例

```
//main.cpp
    #include <iostream>
    #include<cstdio>
    using namespace std;
    int main( ){
        float grade;
        string id, evaluation;
        cout<<"enter id, grade and evalution:";
        while(cin>>id>>grade>>evaluation){//能从 cin 流读取数据
        if(grade>=85) cout<<id<<" "<<grade<<" "<<evaluation<<endl;
        if(grade<60) cout<<id<<"-"<<grade<<"-"<<evaluation<<endl;
        cout<<"enter grade finish"<<endl;
        return 0;
    }
程序的输出结果为：enter id, grade and evalution:
              001 89 Great
              enter grade finish
              002 53 Bad
              002-53-Bad
              enter grade finish
              004 68 Good
              enter grade finish
```

在 C++中可以用成员函数 getline()读入一行字符，存入字符数组或字符指针指向的内存区域，格式如下：

cin.getline(字符数组(或字符指针),字符个数 n,终止标志字符);

例如，示例 10.35 为 getline()函数读入一行字符的程序代码示例。

示例 10.35 getline()函数读入一行字符举例

```cpp
//main.cpp
#include <iostream>
#include<cstdio>
using namespace std;
int main(){
    char ch[20];
    cin.getline(ch,20,'/');//读19个字符或遇'/'结束
    cout<<"The    first part is:"<<ch<<endl;
    cin.getline(ch,20);     //读19个字符或遇'/n'结束
    cout<<"The second part is:"<<ch<<endl;
    return 0;
}
```

C++中还可以用 get() 函数读入一个字符,与 C 语言中的 getchar() 函数功能相同,get()函数收到回车或空格或制表符就停止输入。get()函数有以下3种形式:

1)不带参数的 get()函数。
2)有1个参数的 get()函数。见示例10.36。
3)有3个参数的 get()函数。格式为 cin.get(字符指针,字符个数 n,终止字符)。其作用是从输入流中读取 n-1 个字符,赋给指定的字符数组(或其字符指针指向的数组),如果在读取 n-1 个字符之前遇到指定的终止字符,则提前结束读取。如果读取成功则函数返回非0值(真),如果失败(遇文件结束符)则函数返回0值(假)。get()函数中第3个参数可以省写,此时默认为'\\n'。示例10.37给出了有3个参数的get()函数的应用代码示例。

C++还支持 eof()成员函数,从输入流读取数据,如果到达末尾(遇结束符),eof()函数值为非零值(表示真),否则为0(假)。例如:

```cpp
while(! cin.eof( )) {
......
}
```

示例 10.36　带1个参数的 get()函数示例

```cpp
cout<<"enter a sentence:"<<endl;
    //读取一个字符赋给字符变量c,如果读取成功,cin.get(c)为真
    while(cin.get(c)){ //从输入流中读取一个字符,赋给字符变量 ch。
       cout.put(c);
    }
    cout<<"end"<<endl;
```

示例 10.37　带3个参数的 get()函数示例

```cpp
char ch[20];
    cout<<"enter a sentence:"<<endl;
    cin.get(ch,10,'\n');//指定换行符为终止字符
    cin.get(ch,10,'x');//终止字符也可以用其他字符。如 x
cout<<ch<<endl;
```

在 Java 中可以通过 BufferedReader 类的 readLine()方法从控制台读取一行字符串类型的对象,在 C++标准库中,全局函数 getline()也支持类似的操作,它可以实现从输入流读取一行内容(不包括换行符),存入字符串类 string 类型的变量 str,用户也可以指定分隔符,使该函数读取当前字符串行中分隔符之前的内容。函数的定义格式如下(示例 10.38 中展示了全局函数 getline()的用法):

stream& getline (istream& is, string& str, char delim);
istream& getline (istream& is, string& str);

示例 10.38 从控制台读取一行的代码片段

```
string str;
cout << "Please enter full name: ";
getline (cin,str);//库中全局函数
cout << "Hello " << str << ".\n";
cout<<"The end. "<<endl;
```

10.4.3 文件操作与文件流

在 C++中,文件流包括 ifstream,ofstream 和 fstream 三个类,ifstream 类是从 istream 类派生的,用来支持从磁盘文件的输入;ofstream 类是从 ostream 类派生的,用来支持向磁盘文件的输出;fstream 类是从 iostream 类派生的,用来支持对磁盘文件的输入/输出。

由于 cin,cout 已在标准头文件 iostream.h 中定义,所以程序员无须自己定义。但是对于文件流的对象,程序员必须自己定义。

1. 打开和关闭文件的操作

文件读/写之前需要打开文件,打开文件有两种方式。
(1)调用文件流的成员函数 open()
调用成员函数 open()的一般形式如下:
文件流对象.open(磁盘文件名,输入输出方式);
例如,下述程序片段建立了一个输出流对象,并与文件 copy.cpp 进行关联。
ofstream outfile;
outfile.open("copy.cpp",ios::out);
(2)在定义文件流的对象时指定参数
在声明文件流类时定义带参数的构造函数,同时包含打开磁盘文件的功能。例如:
ostream outfile("copy.cpp", ios::out);如果打开操作失败,open()函数的返回值为 0(假),如果是以调用构造函数的方式打开文件的,则流对象的值为 0。另外,在对已打开的磁盘文件的读写操作完成后,应关闭该文件。将输出文件流 outfile 所关联的磁盘文件关闭的语句格式为 outfile.close( );如果继续使用该输出流,还可以继续将文件流与其他磁盘文件建立关联,通过文件流对新的文件进行输入或输出,如格式为 outfile.open("f2.dat", ios::app)。

2. 类 ifstream 和类 ofstream 的成员经典应用举例

(1)类 ifstream 的成员函数 seekg()和 tellg()

1)istream& seekg（streampos pos）或 istream& seekg（streamoff off，ios_base::seekdir dir）

2)streampos tellg（ ）

上述1)和2)是函数 seekg()和 tellg()的定义格式,每个打开的读文件都会有一个文件指针。两个参数成员函数的 seekg()实现对输入文件定位的功能,参数 off 是偏移量,正表示向后移,负表示向前移,参数 dir 是偏移的基地址。一个参数成员函数 seekg()也实现对输入文件定位的功能,成员函数 tellg()返回当前输入文件流指针的位置。

(2)类 ofstream 的成员函数函数 seekp()和 tellp()

1)istream& seekp（streampos pos）或 istream& seekp（streamoff off，ios_base::seekdir dir）

2)streampos tellp( )

上述1)和2)是函数 seekp()和 tellp()的定义格式,每个打开的写文件都会有一个文件指针。两个参数成员函数的 seekp()实现输出文件定位的功能,参数 off 是偏移量,正表示向后移,负表示向前移,参数 dir 是偏移的基地址。一个参数成员函数 seekg()也实现对写入文件定位的功能,成员函数 tellp()返回当前文件输出流指针的位置。

文件操作与文件流的应用见示例10.39,该应用程序创建文件 b.txt,并读取文件 copy.cpp 的内容写进文件 b.txt 中;同时创建文件 test.txt,先在文件 text.txt 中写入字符串"This is an apple",获取写入后当前文件流的指针位置 pos,在文件指针位置"pos－7"处写入包含空字符的字符串" sam",请读者运行该程序查看执行结果,并分析程序。

示例 10.39 文件操作与文件流的应用

```
#include <fstream>
    #include <iostream>
    #include <stdlib.h>
    using namespace std;
    int main(){
        ifstream infile("copy.cpp",ios::in);    //打开文件 copy.cpp
        if(! infile) {                          //如果打开失败,outfile 返回0值
            cerr<<"open error!"<<endl;
            exit(1);
        }
    //写入文件 b.txt,如果没有该文件则自动创建
     ofstream outfile("b.txt",ios::out);   /
        if(! outfile){                          //如果打开失败,outfile 返回0值
            cerr<<"open error!"<<endl;
            exit(1);
        }
        streampos length;
        char * buffer;
    //将文件指针指向末尾,第一个参数是偏移量,第二个参数是基地址
        infile.seekg (0, ios::end);
        length = infile.tellg();
```

```
            infile.seekg (0, ios::beg);
            // allocate memory;
            buffer = new char [length];
            // read data as a block;
            infile.read (buffer,length);
            outfile.write (buffer,length);
            infile.close();
            outfile.close();
            delete[] buffer;
            // position of put pointer
            int  pos;
            outfile.open ("test.txt");              //打开 test.txt
            outfile.write ("This is an apple",16);   //向 test.txt 中写入"This is an apple"
            pos=outfile.tellp();
            outfile.seekp (pos-7);//更改文件指针的位置
            //用 sam 替代当前文件指针处的文本,最终显示为 This is a sample
            outfile.write (" sam",4);
            outfile.close();              //关闭文件流
        return 0;
}
```

10.5 运算符重载

运算符重载是C++中一个非常重要的内容,在Java中没有相应内容,但是从C++的运算符重载中,可以学习到设计方案中常用类方法的设计思路,并反思与运算符重载函数功能类似的函数在Java中的实现机制。例如,在C++类中经常重载运算符"==",而在Java类中与之相应的函数实现是equals()方法,对于C++的字符串类string,两个字符串对象内容的比较用运算符"==",而对于Java的字符串类String,两个字符串对象内容的比较用equals()方法,这也影响着程序员编写程序的习惯。

10.5.1 运算符重载

运算符重载是定义一个重载运算符的函数,在需要执行被重载的运算符时,系统就自动调用该运算符重载函数,以实现相应的运算。重载运算符的函数一般格式如下:
    类型 operator 运算符名称（形参表列）
其中,每个重载运算符名称的左边都有一个关键字 operator。例如,对于类 Sales_item,定义重载运算符"+"的格式如下:
    Sales_item operator+(const Sales_item& lhs, const Sales_item& rhs)
其中,Sales_item 是该重载运算符返回的对象类型,"operator+"相当于函数名,lhs 和 rhs 是该运算符"+"的两个运算数,分别是 Sales_item 类型的引用变量。

重载运算符函数的调用与一般的函数调用格式不同,例如,saleItem1 和 saleItem2 作为重载运算符函数"operator+"的两个实际参数,这两个实际参数将分别作为运算符"+"的左操作数和右操作数,调用格式如下:

Sales_item total1 = saleItem1 + saleItem2;

C++不允许用户自己定义新的运算符,仅能对已有的 C++运算符进行重载,但是,其中5个运算符(即成员访问运算符".",成员函数指针访问运算符".*",域运算符"::",长度运算符"sizeof"和条件运算符"?")不能被重载,其他的 C++运算符都可进行重载,而且运算符"="和"&"没必要进行重载,因为赋值运算符"="可以实现类对象之间相互赋值(详见10.1.9小节中对象的赋值与复制),地址运算符"&"可以返回类的对象在内存中的起始地址,没必要重载。一般重载运算符的原则如下:

1)重载不能改变运算符运算对象的个数、运算符的优先级别、运算符的结合性;

2)重载运算符的函数不能有默认的参数,否则就改变了运算符运算对象的个数;

3)重载的运算符的运算对象不能全部是 C++的标准类型,以防止用户修改用于标准类型数据的运算符的性质;

4)运算符重载函数可以是类的成员函数,也可以是类的友元函数,还可以是既非类的成员函数也不是友元函数的普通函数。一般情况下,将单目运算符重载为成员函数,将双目运算符重载为友元函数,10.5.2 小节和 10.5.3 小节将对单目运算符和双目运算符的重载分别进行讨论。

10.5.2 单目运算符重载

单目运算符是指仅有一个操作数的运算符,该类运算符的重载一般作为类的成员函数。下面以前置操作符"++"和后置操作符"++"为例对单目运算符的重载进行阐释。

在类 Sales_item 中,可对运算符"++"进行重载,示例 10.40 是对运算符"++"重载的定义,"operator++()"表示前置操作符"++"的重载函数,"operator++(int)"表示后置操作符"++"的重载函数(通过函数括号中的 int 区分前置和后置)。在这两个重载函数中(见后续示例 10.43 中的实现),this 指针指向的对象是操作符"++"的操作数。例如对于一个已经定义的对象 saleItem1,如果调用格式为++saleItem1;那么 this 指针指向 saleItem1 对象。后续的示例 10.42 和示例 10.43 有前置和后置重载运算符函数的完整实现。

示例 10.40 类 Sales_item 定义的代码片段

```cpp
class Sales_item {
public:
    Sales_item& operator++();
    Sales_item operator++(int);
    ……
};
```

单目运算符重载一般作为类的成员函数进行实现,它没有形参,将 this 指针指向的对象变量作为唯一的操作数,this 指向的对象变量就是调用运算符的对象变量。

10.5.3 双目运算符重载

双目运算符是指有两个操作数的运算符,双目运算符的重载一般作为类的友元函数实现,有的可以作为类的成员函数实现,以类的成员函数实现时,默认第一个运算数是 *this(即 this 指针指向的对象),下面分别就双目运算符的重载进行举例说明。

1. 双目运算符的重载作为类的成员函数实现

例如,对于类 Sales_item 中双目运算符"+="的重载,两个运算数都是 Sales_item 类型的对象,所以第一个运算数可以默认为"*this",双目运算符"+="的重载函数在 Sales_item 中可以定义如下:

Sales_item& operator+=(const Sales_item& s);

其中,Sales_item 重载函数的返回类型,"operator+="重载函数的名字,"*this"和形参"s"分别是两个运算对象。

下述三行代码是对"+="运算符重载函数的调用:

Sales_item saleItem1("A001",20,120.00);
Sales_item saleItem2("A001",10,50.00);
saleItem1+=saleItem2;

在上述函数调用中,saleItem1 和 saleItem2 分别是两个实际的运算对象,对函数的定义而言,this 指向 saleItem1 对象(见后续示例 10.43 中的实现),s 绑定到对象 saleItem2。

2. 双目运算符的重载作为友元函数实现

有的双目运算符重载不可以作为类的成员函数实现,因为第一个操作数不是 *this,例如重载运算符">>"(或"<<")函数的第一个参数和返回类型都必须是 istream& 类型(或 ostream& 类型),第二个参数是要进行输入(或输出)操作的类型,因此,如果要重载运算符">>"(或"<<")并访问类的私有属性,运算符">>"(或"<<")的重载函数必须作为类的友元函数实现。示例 10.41 是类 Sales_item 中运算符">>"和"<<"重载函数的示例。后续的示例 10.42 和示例 10.43 有这两个重载运算符函数的完整实现。

示例 10.41 类 Sales_item 中运算符">>"和"<<"重载函数示例

```
class Sales_item {
public:
Sales_item& operator++();
Sales_item operator++(int);
Sales_item& operator+=(const Sales_item&);
    friend  istream& operator>>(istream&, Sales_item&);
friend  ostream& operator<<(ostream&, const Sales_item&);
……};
```

示例 10.41 中两个运算符重载函数,第一个参数可以是控制台输入流,也可以是文件输入流。例如,第一个参数是控制台输入流的调用格式如下:

cin>>saleItem1;

cout<<"saleItem1: "<<saleItem1<<endl;

任何双目运算符都可以作为友元函数实现。例如,对于类 Sales_item 的重载运算"+",由于其第一个参数可以是"*this",所以它可以作为类 Sales_item 的成员函数实现,也可以像下述代码行一样作为友元函数实现。

Friend Sales_itemoperator+(const Sales_item&, const Sales_item&);

3. 作为全局函数实现

双目运算符的重载函数也可以作为普通的全局函数实现,但没有作为类的友元函数或成员函数实现时方便,因为作为全局函数实现,它不可以直接访问相应操作数所属类的私有属性,必须通过相应的 public 方法访问私有属性。例如,双目运算符"=="的重载作为游离于类之外的全局函数实现,类 Sales_item 的运算符"=="的重载在类 Sales_item.h 文件中的声明如下:

```
inline bool operator==(const Sales_item &lhs,
                       const Sales_item &rhs)
{
    return lhs.getUnits_sold() == rhs.getUnits_sold()
        &&lhs.getRevenue() == rhs.getRevenue()
            &&lhs.same_isbn(rhs);
}
```

为了理解本章的单目和双目运算符重载函数,以及调用它们的格式,示例 10.42、示例 10.43 和示例 10.44 分别给出了完整的 Sales_item 定义和使用方法,包括 Sales_item.h 文件、Sales_item.cpp 文件和 main.cpp 文件,读者可以通过执行 main.cpp 文件,进一步深入理解运算符重载函数。

示例 10.42 Sales_item.h 文件

```
//Sales_item.h 文件
    #ifndef SALESITEM_H
    #define SALESITEM_H
    #include <iostream>
    #include <string>
    using namespace std;
    class Sales_item {
        friend   Sales_item operator+(const Sales_item&, const Sales_item&);
        friend   istream& operator>>(istream&, Sales_item&);
        friend   ostream& operator<<(ostream&, const Sales_item&);
    public:
        //有参构造函数
        Sales_item(const string &book, int num, double rev):
                isbn(book), units_sold(num), revenue(rev) { }
        //无参构造函数
           Sales_item(): units_sold(0), revenue(0.0) { }
        //复制构造函数
        Sales_item(const Sales_item& s){
                isbn = s.isbn;
                units_sold = s.units_sold;
```

```cpp
            revenue = s.revenue;
        }
        //基于输入流的构造函数
        Sales_item(istream &is) { is >> *this; }
public:
    //两个单目运算符重载
    Sales_item& operator++();
    Sales_item operator++(int);
    //一个双目运算符重载
    Sales_item& operator+=(const Sales_item&);

public:
    double avg_price() const;
    bool same_isbn(const Sales_item &rhs) const
        { return isbn == rhs.isbn; }
    string getIsbn() const{
        return isbn;
    }
    unsigned getUnits_sold() const {
        return units_sold;
    }
    double getRevenue() const{
        return revenue;
    }
private:
    string isbn;
    unsigned units_sold;
    double revenue;
};
//双目运算符"=="的重载
inline bool operator==(const Sales_item &lhs,
                       const Sales_item &rhs)
{
    return lhs.getUnits_sold() == rhs.getUnits_sold()
        && lhs.getRevenue() == rhs.getRevenue()
        && lhs.same_isbn(rhs);
}
//双目运算符"!="的重载
inline bool operator!=(const Sales_item &lhs, const Sales_item &rhs)
{
    return !(lhs == rhs);
}
#endif
```

示例 10.43 Sales_item.cpp 文件

```cpp
// Sales_item.cpp
#include "Sales_item.h"
#include <iostream>
using std::istream;
using std::ostream;
//单目前置运算符"++"的重载函数
Sales_item& Sales_item::operator++(){
    ++this->units_sold;
    this->revenue += avg_price();
    return *this;
}
//单目后置运算符"++"的重载函数
Sales_item Sales_item::operator++(int){
    Sales_item s(*this);
    units_sold++;
    revenue += avg_price();
    return s;
}
//双目运算符"+="的重载函数
Sales_item& Sales_item::operator+=(const Sales_item& rhs)
{
    if(this->same_isbn(rhs)){
        units_sold += rhs.units_sold;
        revenue += rhs.revenue;
    }
    return *this;
}
//双目运算符"+"的重载函数
Sales_item operator+(const Sales_item& lhs, const Sales_item& rhs)
{
    if(lhs.same_isbn(rhs)){
        Sales_item ret(lhs);
        ret += rhs;
        return ret;
    } else {
        return lhs;
    }

}
//双目运算符">>"的重载函数
istream& operator>>(istream& in, Sales_item& s)
```

```cpp
{
    double price;
    in >> s.isbn >> s.units_sold >> price;
    // check that the inputs succeeded
    if (in)
        s.revenue = s.units_sold * price;
    else
        s = Sales_item();
    return in;
}
//双目运算符"<<"的重载函数
ostream& operator<<(ostream& out, const Sales_item& s)
{
    out << s.isbn << " " << s.units_sold << " "
    << s.revenue << " " <<  s.avg_price();
    return out;
}
double Sales_item::avg_price() const
{
    if (units_sold)
        return revenue/units_sold;
    else
        return 0;
}
```

示例 10.44　main.cpp 文件

```cpp
//main.cpp 文件
#include <iostream>
#include <fstream>
#include <string>
#include "sales_item.h"
#include <stdlib.h>
using namespace std;
int main(){
    Sales_item saleItem1("A001",20,120.00);
    Sales_item saleItem2("A001",10,50.00);
    //演示前置++和后置++的用法
    Sales_item total1 = saleItem1++;
    Sales_item total2 = ++saleItem2;
    cout<<"saleItem1: "<<saleItem1<<endl;
    cout<<"total1=saleItem1++, total1: "<<total1<<endl;
```

```cpp
    cout<<"saleItem2: "<<saleItem2<<endl;
    cout<<"total2 =++saleItem2,tota2: "<<total2<<endl;

    //演示重载运算符"+="的用法
    cout<<"saleItem1:         "<<saleItem1<<endl;
    cout<<"saleItem2:         "<<saleItem2<<endl;
    saleItem1 += saleItem2;
    cout<<"saleItem1+=saleItem2,saleItem1:"<<saleItem1<<endl;
    //演示控制台输入类 Sales_item 的对象
    Sales_item saleItem1;
    Sales_item saleItem2;
    cout<<"请输入第一个 saleItem:";
    cin>>saleItem1;
    cout<<"请输入第二个 saleItem:";
    cin>>saleItem2;
    cout<<"saleItem1: "<<saleItem1<<endl;
    cout<<"saleItem2: "<<saleItem2<<endl; */
    //演示文件输入类 Sales_item 的对象
    ifstream infile("data.txt", ios::in);
        if(! infile) {    //如果打开失败,outfile 返回 0 值
            cerr<<"open error!"<<endl;
            exit(1);
    }
    ofstream outfile("out.txt", ios::out);
    if(! outfile){       //如果打开失败,outfile 返回 0 值
            cerr<<"open error!"<<endl;
            exit(1);
        }
    Sales_item saleItem3;
    while(infile>>saleItem3){
            outfile<<saleItem3<<endl;
            cout<<saleItem3<<endl;
    }
    infile.close();
        outfile.close(); */
    //演示重载运算符"+"的用法
    Sales_item total = saleItem1 + saleItem2;
    cout<<"saleItem1:   "<<saleItem1<<endl;
    cout<<"saleItem2:   "<<saleItem2<<endl;
    cout<<"total:       "<<total<<endl;
    if (saleItem1 == saleItem2){
    cout<<"equal!"<<endl;
```

```
        }else {
    cout<<"not equal!"<<endl;
    }
    return 0;
}
```

10.6 综合应用——设计类图的编程实现

对于C++的面向对象编程实现,本书10.1节～10.5节从与Java对比的角度和设计类图的编程实现角度,以封装性的C++编程实现、继承和多态的C++编程实现、关联关系的C++编程实现、C++输入/输出编程为线索,对C++面向对象的编程机制进行了详细的探讨。现在给出一个应用软件的UML类图设计方案,用C++进行面向对象编程实现,并给出示例代码。

对于第2章中图2.14(新员工管理系统的设计方案图),根据C++的特点,稍作修改,如图10.10所示。

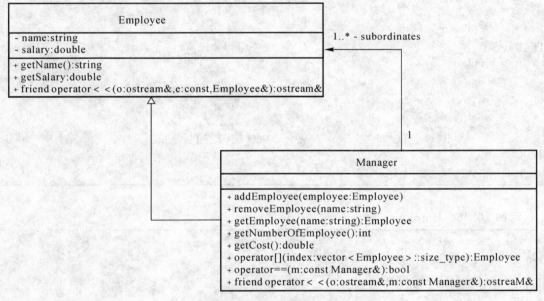

图 10.10 员工管理系统类图

示例10.45～示例10.49分别给出了类Employee和类Manager的示例代码,包括Employee.h、Employee.cpp、Manager.h、Manager.cpp和驱动类Test.cpp。类Employee和Manager分别提供无参构造函数和有参构造函数(初始化name和salary属性)。在类Employee中,重载运算符"<<",返回输出流,该输出流将Employee对象的属性值连接构成的字符串(各属性值之间用"_"分隔)输出。在类Manager中,getCost()方法用于返回所有下

属员工(在容器 subordinates 中)的薪资之和;重载运算符"<<",返回输出流,该输出流将 Manager 对象属性值以及容器 subordinates 中的 Employee 对象属性值连接构成的字符串(各属性值之间用"_"分隔)输出;重载运算符"==",比较两个 Manager 对象的 name 属性是否一致,若一致则返回 true,否则返回 false;重载运算符"[ ]",返回容器 subordinates 中指定索引处的 employee 对象。

本书第 3 章的 3.7 节详细介绍了集成开发环境 Eclipse 的用法,尽管 Eclipse 主要是一个 Java 开发环境,但其体系结构确保了对其他编程语言的支持。CDT 项目致力于为 Eclipse 平台提供功能完整的 C/C++ 集成开发环境(Integrated Development Environment,IDE),读者可以通过在 Eclipse 中安装 CDT 插件,以支持 C/C++ 应用程序的许多视图、向导、高级编辑和调试,开发环境的应用与 Java 类似,本书不再赘述。

示例 10.45　Employee.h

```cpp
#ifndef EMPLOYEE_H_INCLUDED
#define EMPLOYEE_H_INCLUDED
#include <iostream>
#include <string>
using namespace std;
class Employee {
protected:
        string name;
        double salary;
public:
        Employee();
        Employee(string, double);
        string getName();
        double getSalary();
        friend ostream& operator<<(ostream&, const Employee&);
};
#endif // EMPLOYEE_H_INCLUDED
```

示例 10.46　Employee.cpp

```cpp
#include "Employee.h"
Employee::Employee()
{
}
Employee::Employee(string name, double salary)
{
        this->name = name;
        this->salary = salary;
}
string Employee::getName()
{
```

```
        return name;
}
double Employee::getSalary()
{
        return salary;
}
ostream& operator<<(ostream& o, const Employee& e)
{
        string mid = "_";
o << e.name << mid << e.salary;
        return o;
}
```

示例 10.47 Manager.h

```
#ifndef MANAGER_H_INCLUDED
#define MANAGER_H_INCLUDED
#include <iostream>
#include <string>
#include <vector>
#include "Employee.h"
using namespace std;
class Manager : public Employee{
private:
        vector<Employee> subordinates;
public:
        Manager();
        Manager(string, double);
        void addEmployee(Employee employee);
        void removeEmployee(string name);
        Employee getEmployee(string);
        int getNumberOfEmployee();
        double getCost();
        Employee operator[](vector<Employee>::size_type);
        bool operator==(const Manager&);
        friend ostream& operator<<(ostream&, const Manager&);
};
#endif // MANAGER_H_INCLUDED
```

示例 10.48 Manager.cpp

```
#include "Manager.h"
Manager::Manager()
```

```cpp
{
}
Manager::Manager(string name, double salary)
{
    this->name = name;
    this->salary = salary;
}
void Manager::addEmployee(Employee employee)
{
    this->subordinates.push_back(employee);
}
void Manager::removeEmployee(string name)
{
    for(unsigned int i = 0; i < this->subordinates.size(); i++)
    {
        if(this->subordinates[i].getName() == name)
        {
            this->subordinates.erase(this->subordinates.begin()+i);
            continue;
        }
    }
}
Employee Manager::getEmployee(string name)
{
    int i;
    int length = this->subordinates.size();
    for(i = 0; i < length; i++)
    {
        if(this->subordinates[i].getName() == name)
        {
            return this->subordinates[i];
        }
    }
}
int Manager::getNumberOfEmployee()
{
    return this->subordinates.size();
}
double Manager::getCost()
{
    double totalCost = 0;
    int i;
```

```cpp
            int length = this->subordinates.size();
            for(i = 0; i < length; i++)
            {
                totalCost += this->subordinates[i].getSalary();
            }
            return totalCost;
}
Employee Manager::operator[](vector<Employee>::size_type index)
{
            return this->subordinates[index];
}
bool Manager::operator==(const Manager& m)
{
        if(this->name == m.name)
        {
                return true;
        }
        return false;
}
ostream& operator<<(ostream& o, const Manager& m)
{
            string mid = "_";
            o << m.name << mid << m.salary << mid;
            int i;
            int length = m.subordinates.size();
            for(i = 0; i < length - 1; i++)
            {
                o << m.subordinates[i] << mid;
            }
            o << m.subordinates[i];
            return o;
}
```

示例 10.49 Test.cpp

```cpp
#include <iostream>
#include <cstdio>
#include <sstream>
#include "Employee.h"
#include "Manager.h"
using namespace std;
static void assertTrue(string message, bool condition)
```

```cpp
{
    if(! condition)
    {
        cout << " * * Test failure " << message << endl;
    }
}
void TestEmployee()
{
    cout << "测试类 Employee..." << endl;
    string name = "machunyan";
    double salary = 100000;
    Employee employee(name, salary);
    //测试 get 方法
    assertTrue("1: testing method getName", employee.getName() == name);
    assertTrue("2: testing method getSalary", employee.getSalary() == salary);
    //测试方法 operator <<
    ostringstream doublestring;
    doublestring << salary;
    string result = name + "_" + doublestring.str();
    ostringstream oss;
    oss << employee;
    assertTrue("3: testing method operator <<", oss.str() == result);
}

void TestManager()
{
    cout << "测试类 Manager..." << endl;
    string managerName = "machunyan";
    double managerSalary = 10000;
    string name[] = {"liyong", "chenhongchu", "chenxuanwen", "changkunpeng", "hanyaoqing"};
    double salary[] = {8000, 8000, 5000, 1000, 1000};
    Employee employee0(name[0], salary[0]);
    Employee employee1(name[1], salary[1]);
    Employee employee2(name[2], salary[2]);
    Employee employee3(name[3], salary[3]);
    Employee employee4(name[4], salary[4]);
    Employee addEmployee[] = {employee0, employee1, employee2, employee3, employee4};
    Employee removeEmployee[] = {employee3, employee4};
    Employee notRemoveEmployee[] = {employee0, employee1, employee2};
```

```cpp
Manager manager(managerName, managerSalary);
//测试类的定义
Employee *e = new Employee();
Manager *m;
assertTrue("1: testing class definition", (m = static_cast<Manager *>(e)));
delete e;
// Test addEmployee and getNumberOfEmployee
assertTrue("2: testing method getNumberOfEmployee", manager.getNumberOfEmployee() == 0);
for(unsigned int i = 0; i < (sizeof(addEmployee)/sizeof(addEmployee[0])); i++)
{
    manager.addEmployee(addEmployee[i]);
}

assertTrue("3: testing methods addEmployee and getNumberOfEmployee", manager.getNumberOfEmployee() == (sizeof(addEmployee)/sizeof(addEmployee[0])));
// Test getEmployee
string getEmployee_name = "liyong";
assertTrue("4: testing method getEmployee", (manager.getEmployee(getEmployee_name).getName() == employee0.getName() && manager.getEmployee(getEmployee_name).getSalary() == employee0.getSalary()));
//测试 removeEmployee

for(unsigned int i = 0; i < (sizeof(removeEmployee)/sizeof(removeEmployee[0])); i++)
{
    manager.removeEmployee(removeEmployee[i].getName());
}
assertTrue("5: testing method removeEmployee", (manager.getNumberOfEmployee() == (sizeof(notRemoveEmployee)/sizeof(notRemoveEmployee[0]))));
for(int i = 0; i < manager.getNumberOfEmployee(); i++)
{
    assertTrue("6: testing method removeEmployee", (manager[i].getName() == notRemoveEmployee[i].getName() && manager[i].getSalary() == notRemoveEmployee[i].getSalary()));
}
for(unsigned int i = 0; i < (sizeof(notRemoveEmployee)/sizeof(notRemoveEmployee[0])); i++)
{
    manager.removeEmployee(notRemoveEmployee[i].getName());
}
for(unsigned int i = 0; i < (sizeof(addEmployee)/sizeof(addEmployee[i])); i++)
```

```cpp
{
    assertTrue("7: testing method remoceEmployee", manager.getNumberOfEmployee() == 0);
}
//测试 []
for(unsigned int i = 0; i < (sizeof(addEmployee)/sizeof(addEmployee[0])); i++)
{
    manager.addEmployee(addEmployee[i]);
}
for(unsigned int i = 0; i < (sizeof(addEmployee)/sizeof(addEmployee[0])); i++)
{
    assertTrue("8: testing method operator []", (manager[i].getName() == addEmployee[i].getName() && manager[i].getSalary() == addEmployee[i].getSalary()));

}
//测试 ==
string name_0 = "machunyan";
double salary_0 = 10000;
Manager manager_0(name_0, salary_0);
string name_1 = "machunyan";
double salary_1 = 8000;
Manager manager_1(name_1, salary_1);
string name_2 = "wanhaidong";
double salary_2 = 10000;
Manager manager_2(name_2, salary_2);
assertTrue("9: testing method operator ==", manager_0 == manager_1);
assertTrue("10: testing method operator ==", !(manager_0 == manager_2));
//测试<<
ostringstream doublestring;
doublestring << managerSalary;
string result = managerName + "_" + doublestring.str();
for(int i = 0; i < 5; i++)
{
    ostringstream ss;
    ss << salary[i];
    result = result + "_" + name[i] + "_" + ss.str();
}
ostringstream oss;
oss << manager;
assertTrue("11: testing method operator <<", oss.str() == result);
//测试 getCost
double sum = 0;
```

```cpp
            for(int i = 0; i < 5; i++)
            {
                sum += salary[i];
            }
            assertTrue("12: testing method getCost", manager.getCost() == sum);
}
int main()
{
        cout << "-- Test for your assignment of C++ Exam -- " << endl << endl;
        TestEmployee();
        TestManager();
        cout << endl << "Done! Please press enter to exit." << endl;
        int end;
        end = getchar();
        return 0;
}
```

第四单元
面向对象设计的进阶——设计模式

第11章 设 计 模 式

设计模式是面向对象设计者进阶的产物,在掌握了用 UML 类图进行面向对象设计的方法之后,在实践中运用设计模式提升面向对象设计的质量是"成熟面向对象开发者"的必然选择。

设计模式是面向对象设计中最有价值的经验总结,它提供了用面向对象的思想设计不同系统、不同应用时经常发生的问题的解决方案,一般采用简洁可复用的类图设计方案表达出来,为面向对象软件开发人员提供解决特定问题的可依据的方法蓝图,以指导设计人员高质量地解决常见问题。最早描述设计模式的书籍为《设计模式——可复用面向对象软件的基础》(参考文献[4]),它结合设计实例从面向对象的设计中精选出 23 个设计良好、表达清楚的设计模式。本书通过实际项目案例总结了 4 种使用频率比较高的设计模式以及相应的 Java 编程实现,这 4 种设计模式包括单一实例模式、策略模式、工厂模式和观察者模式。设计模式给出的面向对象的设计方案一般都遵循以下 3 个设计原则,在讨论这 4 种设计模式时,这些设计原则都会逐步体现,并激发我们对面向对象设计进行更深入的思考和理解。

1) 找出应用中可能需要变化之处,把它们从不需要变换的代码中独立出来;
2) 尽可能针对接口编程,使系统的扩展更有弹性;
3) 类应该对修改关闭,对扩展开放,允许系统在不修改代码的情况下,进行功能扩展。

11.1 单一实例模式

11.1.1 应用情景的引入

很多时候,在一个系统中,不希望某些特殊的对象存在多个。例如,公司只允许一个财务管理系统,Web 服务器只维护和管理一个数据库,操作系统只需要一个系统时钟等。有时,一个系统没有必要存在一个类的多个对象,例如,假设有一个类建模 NPU,该类存储西北工业大学新校区和老校区的地址、学校联系电话、学校邮编等信息,该类的对象存在一个即可,因为无论存在多少个 NPU 对象,其有关地址、联系电话、邮编的属性值都是相同的,所以 NPU 对象存在一个是最合适的。设计模式中最基础的模式之一——单一实例模式,被用于解决这类问题。该模式仅允许创建类的一个对象(或实例),通过对外提供一个公开的方法以使任意用户可以访问该唯一对象,从而保证类的所有使用者访问的都是同一个对象。

11.1.2 项目的设计方案

如果一个类命名为"Singleton",假设该类仅允许一个对象被创建和使用,用单一实例模

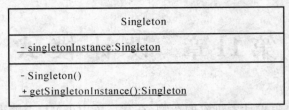

图 11.1　单一实例模式类图

式设计该类如图 11.1 所示。类 Singleton 可以包含除了属性 singletonInstance 之外的属性，也可以包含除了 getSingletonInstance( )之外的方法，但是该类须满足以下 3 个要素，才能保证其对象的唯一性和可用性：

1) 该类包含一个静态的私有属性（singletonInstance），并且该属性的数据类型是类自身（Singleton），在类图中该属性的下画线表示"静态的"。

2) 类的构造方法 Singleton( )被定义成私有，以防止用户使用 new 关键字构造实例。

3) 一个公共的静态方法 getSingletonInstance( )，该静态方法通过调用该类内的私有构造方法 Singleton( )返回该类的唯一对象。该静态方法的方法体会判断类对象是否已经存在，如果不存在，则构造一个，否则直接返回已存在的对象。

通过以上 3 点约束可以完全控制类 Singleton 对象的创建。由于用户无法调用类 Singleton 的私有构造函数，因此，无论该类何时被使用，其方法 getSingletonInstance( )返回的都是唯一生成的那个对象。

11.1.3　实现与讨论

现设想如下场景：一个公司需要管理员工工资的发放方式，员工可以选择通过现金支付、邮局汇款和银行转账 3 种不同的支付方式。其中，如果员工选择现金支付方式，则公司直接将员工的薪水以现金的方式支付；如果是邮局汇款，则公司会确认员工的邮政地址并将薪水邮寄给员工；银行转账方式在确认员工的银行账号之后将工资直接存入银行账号。

现在需要对该支付过程进行模拟，要求如下：员工选择现金支付方式时，控制台输出员工的姓名、年龄、薪水起始计算时间；员工选择邮局汇款方式时，控制台输出员工的姓名、年龄以及对应的邮政地址让员工确认；银行转账方式要求输出员工的姓名、年龄和员工的银行账号信息。

考虑如下实现方案：使用单一实例模式设计一个类可以模拟 3 种不同的薪水支付方式，传入一个 BasicInformation 类的实例（存储支付方式的信息）并且获取其中的内容从控制台输出，输出的格式由另一个传入参数 payMethod（表示薪水支付方式）决定。如果按照单一实例模式的设计方法，薪水支付类可通过示例 11.1 实现。类 Payment 仅允许一个对象被创建和使用，该对象通过激活方法 pay( )，可以实现对 3 种不同薪水支付方式的模拟。

示例 11.1　Payment.java

```
public class Payment {
    public static final int CASH = 0;
    public static final int REMITTANCE = 1;
```

```
        public static final int DEPOSIT = 3;
        //其他的实例变量声明
        ……
        //私有的静态属性,该类自身的一个实例
        private static Payment singletonInstance;

        //私有的构造方法
        private Payment() {}

        //对外的静态方法,提供单一实例
        public static Payment getSingletonInstance() {

          //判断是否需要初始化单一实例
          if (singletonInstance == null) {
            singletonInstance = new Payment();
          }
          return singletonInstance;
        }
        //执行方法,模拟薪水支付
        public void pay(BasicInformation information, int payMethod) {
          System.out.println("name:" + information.getName());
          System.out.println("age:" + information.getAge());
          //对现金支付方式进行处理
          if (CASH == payMethod) {
            System.out.println("start time:" + information.getStartTime());
          } else //对邮局汇款方式进行处理
          if (REMITTANCE == payMethod) {
             System.out.println("mail address:" + information.getMailAddress());
          } else //对银行转账方式进行处理
          if (DEPOSIT == payMethod) {
             System.out.println("bank account:" + information.getBankAccount());
          }
        }
}
```

在实际应用中,下列情况可以考虑使用单一实例模式:

1)需求描述:希望整个应用程序中只有一个某个重要类的实例。例如希望整个应用程序中只有一个连接数据库的 Connection 实例。

2)一个类有属性信息,其所有的属性值是唯一的,而且只能访问,不能修改,即通过该类无论创建多少个对象,其所有对象的属性值都是一致的。例如,存储西北工业大学软件学院联系方式的类 NWPUSoftCollInformation,它拥有如下属性:

- 名称(name);
- 地址(address);
- 邮编(postcode);
- 联系电话(telephone)。

3)一个类没有属性信息,仅有实现功能的操作。

在2)和3)的情况下,没有必要存在类的多个对象,使用单一实例模式可以节省内存。

对于上述单一实例模式的设计方案,很容易对其进行修改,以适应某些应用情景要求类的实例限制在一定数量的情况。一般,对单一实例类可以进行以下两处修改以满足要求:

1)增加私有静态变量,以统计由该类生成的对象的个数。

2)对返回唯一对象的公共静态方法体进行修改,使其可以返回类的若干对象,满足对象个数限制。例如,应用要求薪水支付类的对象个数限制为6个。

示例11.1修改后见示例11.2。

示例11.2 修改后的Payment.java

```java
public class Payment {
    public static final int CASH = 0;
    public static final int REMITTANCE = 1;
    public static final int DEPOSIT = 3;
    //其他的实例变量声明
    ……
    //私有的静态属性,该类自身的一个实例
    private static Payment singletonInstance;
    //增加的计数变量
        private static number = 0;
    //私有的构造方法。
    private Payment() {}


    //对外的静态方法,提供限制个数的实例
    public static Payment getSingletonInstance() {

        //判断创建的实例个数是否满足限制
        if (number < 6) {
            singletonInstance = new ICarnegieInfo();
            number++;
        }
        return singletonInstance;
    }
    //执行方法,模拟薪水支付
    public void pay(BasicInformation information, int payMethod) {
        System.out.println("name:" + information.getName());
        System.out.println("age:" + information.getAge());
        //对现金支付方式进行处理
```

```java
    if (CASH == payMethod) {
        System.out.println("start time:" + information.getStartTime());
    } else //对邮局汇款方式进行处理
    if (REMITTANCE == payMethod) {
        System.out.println("mail address:" + information.getMailAddress());
    } else //对银行转账方式进行处理。
    if (DEPOSIT == payMethod) {
        System.out.println("bank account:" + information.getBankAccount());
    }
}
```

11.2 策略设计模式的应用

11.2.1 应用情景的引入

对于雇员信息管理系统，考虑将雇员的基本信息显示到控制台上，假设用户可以选择 XML、HTML 或 TXT 三种格式中的任一种格式显示雇员基本信息，为了实现该功能，可以考虑用示例 11.3 所示的方式编写类 EmployeeManagerSystem。方法 formatEmployees() 返回用户指定格式的字符串，方法 run() 根据用户的选择调用方法 formatEmployees() 予以显示。

示例 11.3 EmployeeManagerSystem.java

```java
public class EmployeeManagerSystem{
    private static BufferedReader stdIn =
        new BufferedReader(new InputStreamReader(System.in));
    private static PrintWriter stdOut =
        new PrintWriter(System.out, true);
    private static PrintWriter stdErr =
        new PrintWriter(System.err, true);

    private ArrayList<Employee> employees;
    ……
    public static void main(String[] args) throws IOException {

        EmployeeManagerSystem app = new EmployeeManagerSystem();

        app.run();
    }
……
```

```java
public String formatEmployees (String strFormat) {
    String out;
    if (strFormat.equals("plain text")) {
        //txt 文本格式的雇员基本信息
        ……
    } else if (strFormat.equals("HTML")) {
        //html 格式的雇员基本信息
        ……
    } else if (strFormat.equals("XML")) {
        //xml 格式的雇员基本信息
        ……
    }
    return out;
}

private void run() throws IOException {
    int choice = getChoice();
    while (choice != 0) {
        if (choice == 1) {
            String out = app.formatEmployees("plain text", employees);
            ……
        } else if (choice == 2) {
            app.formatEmployees("HTML", employees);
            ……
        } else if (choice == 3) {
            app.formatEmployees("XML", employees);
            ……
        }
        ……
        choice = getChoice();
    }
}

/**
 * Displays a menu of options and verifies the user's choice.
 *
 * @return an integer in the range [0,3]
 */
private int getChoice() throws IOException {

    int input;
    do {
        try {
```

```
                stdErr.println();
                stdErr.print("[0]    Quit\n"
                    + "[1]    Display Plain Text\n"
                    + "[2]    Display HTML\n"
                    + "[3]    Display XML\n"
                    + "choice> ");
                stdErr.flush();
            input = Integer.parseInt(stdIn.readLine());
                stdErr.println();
                if (0 <= input && 3 >= input) {
                    break;
                } else {
                    stdErr.println("Invalid choice: " + input);
                }
            } catch (NumberFormatException nfe) {
                stdErr.println(nfe);
            }
        } while (true);
        return input;
    }
}
```

上述方式解决显示雇员基本信息的问题会有以下缺点：

1) 如果 3 种格式展示雇员基本信息的代码较复杂，会使得方法 formatEmployees() 的代码篇幅较长，相应的类 EmployeeManagerSystem 变得较庞大，导致类的维护较困难。

2) 类 EmployeeManagerSystem 包含了使用方法 formatEmployees() 的代码以及实现该方法体的代码，尤其是方法 formatEmployees() 较复杂，这与面向对象的原则"不要让一个类的负担过重"相违背。

3) 此种实现方案，如果增加新的算法或改变现有算法将十分困难，这是因为须要变化的代码和无须变化的代码混在一起，类 EmployeeManagerSystem 没有对修改关闭，这会导致修改的部分很容易干扰未修改的部分，导致之前可以正常工作的代码可能无法运行。

如果采用策略设计模式解决上述问题，则可以避免上述缺点。

11.2.2 项目的设计方案

在策略模式的设计中，3 种格式展示雇员基本信息的代码将会分别封装在不同的 3 个类（PlainTextEmployeesFormatter、HTMLEmployeesFormatter、XMLEmployeesFormatter）中，每个类实现自己版本的方法 formatEmployees()，如图 11.2 所示，3 个类中方法实现同样的功能，都是返回表示雇员基本信息的字符串，方法的声明特征是一样的，所不同的是方法体的实现，可以充分利用面向对象多态的机制的优势，进一步声明一个接口，作为这 3 个类的基类，接口中定义 3 个类共有的方法特征 formatEmployees()，如图 11.3 所示。该图的设计方案就是策略模式的运用，这种方案可以避免示例 11.3 所示方案的缺点，与此同时，它又具有以下两个优势：

1)为实现显示雇员基本信息的功能,所写的程序的大部分代码仅操作接口 EmployeesFormat 类型的变量即可。例如,图 11.3 所示的设计方案中,EmployeeManagerSystem 可以通过接口 EmployeesFormat 类型的变量 employeeFormat 实现功能。

2)可以轻易扩增新类(大部分程序代码都不会被影响),使设计便于阅读和维护。例如,用户要求用不同于上述 3 种方式的一种新方式显示雇员基本信息,程序员很容易编写一个新类,它实现接口 EmployeesFormat,封装显示雇员基本信息的新规则的代码,该设计方案对修改关闭,对扩展开放,允许系统在不修改代码的情况下,自由进行功能扩展。

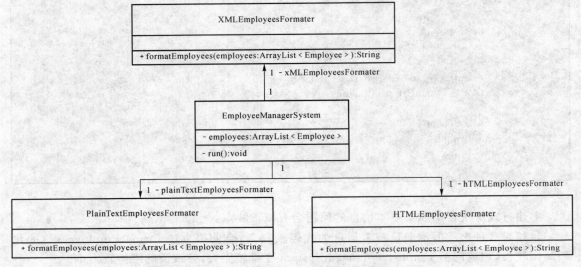

图 11.2　不同格式表示的代码分别进行封装

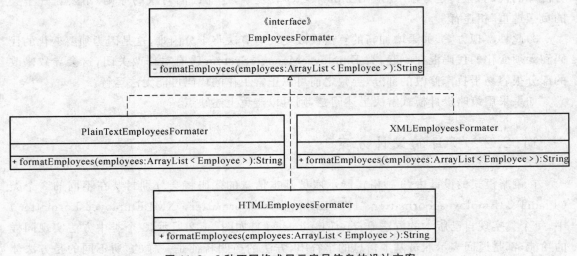

图 11.3　3 种不同格式显示雇员信息的设计方案

图 11.4 给出了雇员信息管理系统如何实现将雇员的基本信息按用户选择的格式显示到控制台上的设计方案,在类 EmployeeManagerSystem 中:

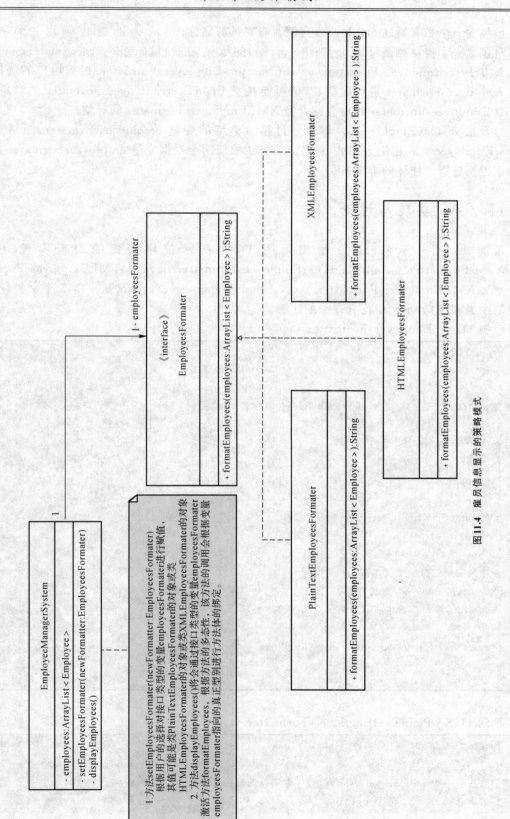

图11.4 雇员信息显示的策略模式

1)包含一个私有属性 employees 存储所有雇员的信息;

2)包含一个接口类型(EmployeesFormater)的私有关联变量 employeesFormater;

3)方法 setEmployeesFormater(newFormatter:EmployeesFormater)根据用户的选择对变量 employeesFormater 进行赋值,其值可能是类 PlainTextEmployeesFormater 的对象、类 HTMLEmployeesFormater 的对象或者类 XMLEmployeesFormater 的对象;

4)方法 displayEmployees()将会通过接口类型的变量 employeesFormater,激活方法 formatEmployees(),根据方法的多态性,该方法的调用会根据变量 employeesFormater 指向的真正型别进行方法体的绑定。

11.2.3 实现与讨论

示例 11.4～示例 11.9 给出了图 11.4 所示策略模式的编程实现,包括 EmployeesFormatter.java、PlainTextEmployeesFormatter.java、HTMLEmployeesFormatter.java、XMLEmployeesFormatter.java、EmployeeManagerSystem.java 等 5 个文件,分别实现图中类和接口,示例中均有详细的注解。

示例 11.4 EmployeesFormatter.java

```java
import java.util.*;

/**
 * 该接口定义一个返回雇员{@link Employee}信息字符串的方法
 *
 * @author author
 * @version1.0.0
 * @see Employee
 */
public interface EmployeesFormatter {

    /**
     * 获取雇员信息的字符串表示
     * @param employees 雇员容器
     * @return 雇员容器中所有雇员信息的字符串表示
     */
    String formatEmployees (ArrayList<Employee> employees);
}
```

示例 11.5 PlainTextEmployeesFormatter.java

```java
import java.util.*;
/**
 *该类实现了一个 formatEmployees 方法,该方法返回雇员基本信息的一个 txt 文本
 *格式的表示。
```

```java
 *
 * @author author
 * @version 1.0.0
 * @see Employee
 */
public class PlainTextEmployeesFormatter implements EmployeesFormatter {

    private final static String NEW_LINE = System.getProperty("line.separator");

    static private PlainTextEmployeesFormatter singletonInstance = null;

    /**
     * 获取类 PlainTextEmployeesFormatter 的单一实例
     * <code>PlainTextEmployeesFormatter</code>
     *
     * @return 类 PlainTextEmployeesFormatter 的单一实例
     * <code>PlainTextEmployeesFormatter</code>
     */
    static public PlainTextEmployeesFormatter getSingletonInstance(){

        if (singletonInstance == null) {
            singletonInstance = new PlainTextEmployeesFormatter();
        }

        return singletonInstance;
    }

    /*
     * 构造函数声明为私有,其他类就不能创建该类的实例
     *
     */
    private PlainTextEmployeesFormatter() {

    }

    /**
     * 该方法返回雇员基本信息的一个 txt 文本
     * 格式的表示
     *
     * @param employees 雇员列表.
```

```java
 * @return 所有雇员信息的 txt 文本表示
 */
public String formatEmployees (ArrayList<Employee> employees) {

    String out = "Borrower Database" + NEW_LINE;

    for (Employee employee : employees) {

        out += employee.getId() + "_" + employee.getName();

        out += NEW_LINE;

    }

    return out;
}
```

示例 11.6 HTMLEmployeesFormatter.java

```java
import java.util.*;

/**
 * 该类实现了一个 formatEmployees 方法,该方法返回雇员基本信息的一个 HTML
 * 格式的表示
 *
 * @author author
 * @version 1.0.0
 * @see Employee
 */
public class HTMLEmployeesFormatter implements EmployeesFormatter  {

    private final static String NEW_LINE = System.getProperty("line.separator");

    static private HTMLEmployeesFormatter singletonInstance = null;

    /**
     * 获取类 HTMLEmployeesFormatter 的单一实例
     * <code>HTMLEmployeesFormatter</code>
     *
     * @return 类 HTMLEmployeesFormatter 的单一实例
     * <code>HTMLEmployeesFormatter</code>
     */
```

```java
static public HTMLEmployeesFormatter getSingletonInstance() {

  if (singletonInstance == null) {
    singletonInstance = new HTMLEmployeesFormatter();
  }

  return singletonInstance;
}

/*
 * 构造函数声明为私有,其他类就不能创建该类的实例
 *
 */
private HTMLEmployeesFormatter() {

}

/**
 * 该方法返回雇员基本信息的一个 HTML 格式的表示
 *
 * @param employees 雇员列表.
 * @return 所有雇员信息的 HTML 表示
 */
public String formatEmployees (ArrayList<Employee> employees) {

    String out = "<html>"
          + NEW_LINE
          + "<body>"
          + NEW_LINE + ""
          + "<center><h2>the information of employees</h2></center>"
          + NEW_LINE;

    for (Employee employee : employees) {
    out += "<hr>"
          + NEW_LINE
          + "<h4>"
          + employee.getId()
          + " "
          + employee.getName()
          + " "
          + employee.getBirthday()
```

```
                   + " "
                   + employee.getMobileTel()
                   + "</h4>"
                   + NEW_LINE;

            out += "</blockquote>" + NEW_LINE;
        }
        out += "</body>" + NEW_LINE + "</html>";

        return out;
    }
}
```

示例 11.7　XMLEmployeesFormatter.java

```
import java.util.ArrayList;

/**
 * 该类实现了一个 formatEmployees 方法,该方法返回雇员基本信息的一个 XML
 * 格式的表示
 *
 * @author author
 * @version 1.0.0
 * @see Employee
 */
public class XMLEmployeesFormatter implements EmployeesFormatter {

    private final static String NEW_LINE = System.getProperty("line.separator");

    static private XMLEmployeesFormatter singletonInstance = null;

    /**
     * 获取类 XMLEmployeesFormatter 的单一实例
     * <code>XMLEmployeesFormatter</code>
     *
     * @return 类 XMLEmployeesFormatter 的单一实例
     * <code>XMLEmployeesFormatter</code>
     */
    static public XMLEmployeesFormatter getSingletonInstance() {

        if (singletonInstance == null) {
            singletonInstance = new XMLEmployeesFormatter();
        }
```

```java
        return singletonInstance;
    }

    /*
     * 构造函数声明为私有,其他类就不能创建该类的实例
     *
     */
    private XMLEmployeesFormatter() {

    }

    /**
     * 该方法返回雇员基本信息的一个 XML 格式的表示
     *
     * @param employees 雇员列表.
     * @return 所有雇员信息的 XML 表示
     */
    public String formatEmployees (ArrayList<Employee> employees) {

        String out = "<the information of employees>" + NEW_LINE;

        for (Employee employee : employees) {
            out += "    <Employee id=\""
                 + employee.getId()
                 + "\" name=\""
                 + employee.getName()
                 + "\" birthday=\""
                 + employee.getBirthday()
                 + "\" mobileTel=\""
                 + employee.getMobileTel()
                 + "\">"
                 + NEW_LINE;
        }
        out += "</the information of employees>";

        return out;
    }
}
```

示例 11.8 PlainTextEmployeesFormatter.java

```java
import java.util.*;

/**
 * 该类实现了一个 formatEmployees 方法,该方法返回雇员基本信息的一个 txt 文本
 * 格式的表示
 *
 * @author author
 * @version  1.0.0
 * @see Employee
 */
public class PlainTextEmployeesFormatter implements EmployeesFormatter {

    private final static String NEW_LINE = System.getProperty("line.separator");

    static private PlainTextEmployeesFormatter singletonInstance = null;

    /**
     * 获取类 PlainTextEmployeesFormatter 的单一实例
     * <code>PlainTextEmployeesFormatter</code>
     *
     * @return 类 PlainTextEmployeesFormatter 的单一实例
     *          <code>PlainTextEmployeesFormatter</code>
     */
    static public PlainTextEmployeesFormatter getSingletonInstance(){

        if (singletonInstance == null) {
            singletonInstance = new PlainTextEmployeesFormatter();
        }

        return singletonInstance;

    }

    /*
     * 构造函数声明为私有,其他类就不能创建该类的实例
     *
     */
    private PlainTextEmployeesFormatter() {

    }

    /**
```

* 该方法返回雇员基本信息的一个 txt 文本格式的表示
 *
 * @param employees 雇员列表.
 * @return 所有雇员信息的 txt 文本表示
 */
public String formatEmployees (ArrayList<Employee> employees) {

    String out = "Borrower Database" + NEW_LINE;

    for (Employee employee : employees) {

        out += employee.getId() + "_" + employee.getName();

        out += NEW_LINE;
    }

    return out;
}
```

**示例 11.9** EmployeeManagerSystem.java

```java
import java.io.*;
/**
 * 该类建模一个信息管理系统
 * @author author
 * @version 1.1.0
 *     * @see Employee
 * @see EmployeesFormatter
 * @see PlainTextEmployeesFormatter
 * @see HTMLEmployeesFormatter
 * @see XMLEmployeesFormatter
 */

public class EmployeeManagerSystem{

    private static BufferedReader stdIn =
        new BufferedReader(new InputStreamReader(System.in));
    private static PrintWriter stdOut =
        new PrintWriter(System.out, true);
    private static PrintWriter stdErr =
```
```

```java
        new PrintWriter(System.err, true);
    private ArrayList<Employee> employees;
    private EmployeesFormatter employeesFormatter;

    public static void main(String[] args) throws IOException {

        EmployeeManagerSystem app = new EmployeeManagerSystem();

        app.run();
    }

    ......
    private ArrayList<Employee> loadEmployee() {
        //填充雇员容器 employees,返回 employees
        ......
    }

    private void run() throws IOException {

        int choice = getChoice();

        while (choice != 0) {

            if (choice == 1) {
                setEmployeesFormatter(
                    PlainTextEmployeesFormatter.getSingletonInstance());
            } else if (choice == 2) {
                setEmployeesFormatter(
                    HTMLEmployeesFormatter.getSingletonInstance());
            } else if (choice == 3) {
                setEmployeesFormatter(
                    XMLEmployeesFormatter.getSingletonInstance());
            }
            displayEmployees();

            choice = getChoice();
        }
    }

    /**
     * 显示可选菜单,验证用户的选择
     *
```

* @return [0,3]之间的一个整数
 */
private int getChoice() throws IOException {

    int input;

    do {
        try {
            stdErr.println();
            stdErr.print("[0]   Quit\n"
                    + "[1]   Display Plain Text\n"
                    + "[2]   Display HTML\n"
                    + "[3]   Display XML\n"
                    + "choice> ");
            stdErr.flush();

            input = Integer.parseInt(stdIn.readLine());

            stdErr.println();

            if (0 <= input && 3 >= input) {
                break;
            } else {
                stdErr.println("Invalid choice: " + input);
            }
        } catch (NumberFormatException nfe) {
            stdErr.println(nfe);
        }
    } while (true);

    return input;
}

/**
 * 改变雇员信息显示的格式
 *
 * @param newFormatter 雇员信息显示的格式
 */
private void setEmployeesFormatter(EmployeesFormatter newFormatter) {

    employeesFormatter = newFormatter;
}
```
```

```
/**
 * Displaystheborrowersinthecurrentformat.
 */
private void displayEmployees() {

    stdOut. println(employeesFormatter. formatBorrowers(employees));
    }
}
```

策略模式的思想是,分别用单一模块(运用单一实例模式)封装各种策略并提供一个简单的接口,允许用户在不同策略之间灵活地选择。策略模式的设计类图如图 11.5 所示。类 ConcreteStrategyA,ConcreteStrategyB 和 ConcreteStrategyC 分别封装了具体的算法(即运算策略),Strategy 是它们公共的接口,类 Context 是应用环境,它包含了一个接口类型(Strategy)的引用变量 strategy,同时:

1) 类 Context 拥有一个方法 setStrategy( ),该方法允许客户端代码指定一种运算策略,即为变量 strategy 赋值为类 ConcreteStrategyA,ConcreteStrategyB 或 ConcreteStrategyC 的对象;

2) 类 Context 拥有一个方法 invokeStrategy( ),该方法允许客户端代码激活算法,即通过变量 strategy 和"."运算符调用方法 algorithm( ),实现方法的动态绑定。

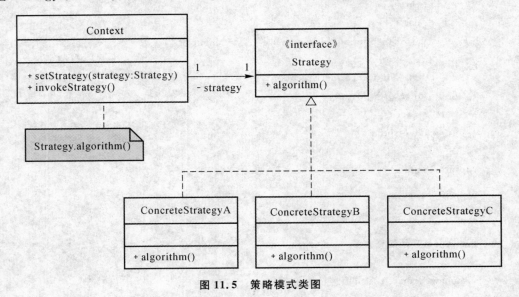

图 11.5 策略模式类图

综上所述,该设计方案体现了面向对象设计的原则之一:类对修改关闭,对扩展开放,允许系统在不修改代码的情况下,进行功能扩展。该设计方案也体现了面向对象设计的原则之二:面向接口编程。

为了实现一种功能,实现该功能的方式或算法有多种,此种情况下可以考虑使用策略模

式。例如,在以下的应用场合中,可以使用策略模式:
1)以不同的格式保存文件;
2)以不同的算法压缩文件;
3)以不同的压缩算法截获图像;
4)用不同的行分隔策略显示文本数据;
5)以不同的格式输出同样数据的图形化表示,比如曲线或框图等。

11.3 简单工厂设计模式的应用

11.3.1 应用情景的引入

假设有一个手机生产厂商,可以生产不同类型的手机,允许用户进行定制购买,而且随着时间的过去,生产的手机品种也在不断发生变化。我们可以编写示例 11.10 所示的代码来实现功能,其中"……"表示其他的代码细节被省略,方法 orderMobile 是负责创建不同类型手机(即,Apple,Samsung,HTC,Motorola 等)对象的方法,伴随着不同品种手机的升级、老品牌的消失,以及新品种的诞生,该方法一直处于不断的变化之中,为了"把变化的部分'封装'起来,让其他部分不受到影响,这样代码变化引起的不经意后果变少,系统变得更有弹性",简单工厂模式倾向于将类 Manufacturer 中改变的东西(即创建不同类型手机产品对象的代码)进行独立封装,如图 11.6 所示,把类 Manufacturer 由一个"创建和使用不同类型手机产品对象的客户端类"转变为一个"仅使用不同类型手机产品对象的客户端类"。

示例 11.10 Manufacturer.java

```
/**
*该类建模一个创建和使用不同类型手机产品对象的客户端类
*@authorauthor
*/
Public class Manufacturer{
/**
*该方法创建不同类型的手机产品对象
*@paramtype 该参数决定了哪款手机产品对象被创建
*/

    Mobile orderMobile(String type){
      Mobile mobile;
        if(type.equals("apple")){
          mobile = new Apple(…);
        }else if (type.equals("SAMSUNG")){
          mobile = new Samsung(……);
        }else if (type.equals("HTC")){
          mobile = new HTC(……);
```

```
}else if (type.equals("Motorola")){
    mobile = new Motorola(……);
}else if (type.equals("NOKIA")){
    mobile = new Nokia(……);
}else if (type.equals("ZTE")){
    mobile = new ZTE(……);
}else if (type.equals("HuaWei")){
    mobile = new HuaWei(……);
}else if (type.equals("K-touch")){
    mobile = new Ktouch(……);
}else if (type.equals("Lenovo")){
    mobile = new Lenovo(……);
}
mobile.assembleMainboard();
mobile.assembleSUBboard();
mobile.assembleKeypad();
mobile.assembleWholewidget();
mobile.BurnSD();
mobile.testing();
……
    }
}
```

```
public class Manufacturer {
    Mobile orderMobile(String type){
        Mobile mobile;                        ┐ 把创
                                               │ 建对
                                               │ 象的
        mobile.assembleMainboard();            │ 代码
        mobile.assembleSUBboard();             │ 抽离
        mobile.assembleKeypad();
        mobile.assembleWholewidget();
        mobile.BurnSD();
        mobile.testing();
    }
}
```

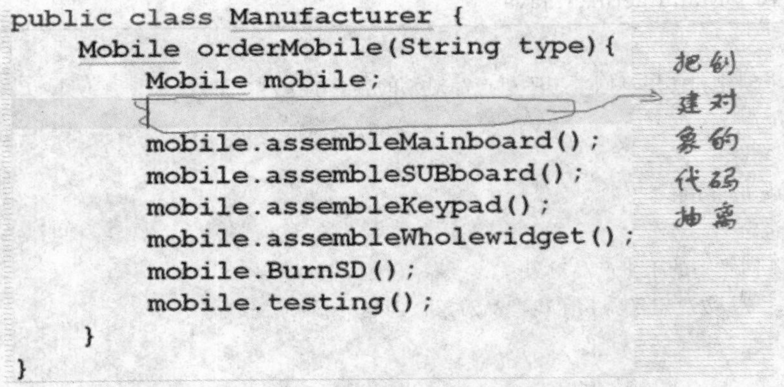

图 11.6　简单工厂模式应用背景的示例

11.3.2　项目的设计方案和实现

现将变化的代码封装在一个新类 SimpleMobileFactory.java 中,该类仅为客户创建各种手机对象,并包含必要的判断逻辑,可以决定在什么时候创建哪一个产品类的对象,使用产品类对象的客户端类 Manufacturer 可以免除直接创建产品对象的责任,而仅仅"消费"产品。示例 11.11 给出了类 SimpleMobileFactory 的代码示意,示例 11.12 给出了客户端类 Manufacturer 的代码示意。该简单工程类 SimpleMobileFactory 可以被很多类使用,它把经常发生改变的代码进行封装,使它们的改变不会干扰应用的其他部分。该应用的设计类图如图 11.7 所示,它是简单工程设计方案的一个案例,工厂类 SimpleMobileFactory 根据提供给它的参数,可以选择性地返回若干产品类对象中的一个产品类对象,通常情况下,所有产品类(即,Apple,Samsung,HTC,Motorola 等)都有一个通用的产品父类(Mobile)和通用的方法,不同的具体产品类继承该父类,以利用"多态性"完成不同的任务和功能。

对手机产品对象创建的案例进行抽象,简单工厂模式的通用设计方案如图 11.8 所示,其中 Factory 是创建产品对象的简单工厂类,类 Client 是使用简单工厂创建不同类型产品对象的客户端类,Client 通过传递参数告诉 Factory 想要创建的对象,Factory 根据参数的不同创建不同类型的产品对象,ConcreteProcduct1,ConcreteProduct2 等用来建模具体的不同类型的产品类,它们的基类为 AbstractProduct。

示例 11.11 简单工厂类 SimpleMobileFactory

```
/**
* 该类建模一个创建手机产品对象的简单工厂类
* @authorauthor
*/
public class SimpleMobileFactory {

/**
* 该方法创建不同类型的手机产品对象
* @paramtype 该参数决定了哪款手机产品对象被创建
*/
    public Static Mobile createMobile(String type){
        Mobile mobile = null;
        if(type.equals("apple")){
            mobile = new Apple();
        }else if (type.equals("SAMSUNG")){
            mobile = new Samsung();
        }else if (type.equals("HTC")){
            mobile = new HTC();
        }else if (type.equals("Motorola")){
            mobile = new Motorola();
        }else if (type.equals("NOKIA")){
            mobile = new Nokia();
        }else if (type.equals("ZTE")){
            mobile = new ZTE();
        }else if (type.equals("HuaWei")){
            mobile = new HuaWei();
        }else if (type.equals("K-touch")){
```

```
        mobile = new Ktouch();
    }else if (type.equals("Lenovo")){
        mobile = new Lenovo();
    }
    return mobile;
}
```

示例 11.12 使用简单工厂的客户端类 Manufacturer

```
/**
*该类建模一个使用简单工厂创建不同类型手机产品对象的客户端类
*@authorauthor
*/
public class Manufacturer {
    SimpleMobileFactory factory;
    public Manufacturer(SimpleMobileFactory factory){
        this.factory = factory;
    }
/**
*该方法调用简单工厂方法创建不同类型的手机产品对象,并根据获取的手机对象*完成更多功能
*@paramtype 该参数决定了哪款手机产品对象被创建
*/
    Mobile orderMobile(String type){
        Mobile mobile;
        mobile = factory.createMobile(type);
        mobile.assembleMainboard();
        mobile.assembleSUBboard();
        mobile.assembleKeypad();
        mobile.assembleWholewidget();
        mobile.testing();
    }
}
```

11.3.3 讨论

简单工厂设计模式可以很容易被扩展为更复杂的工厂设计模式,假设不同品牌的手机可能由不同的手机厂家生产,可以使用继承机制,把不同类型对象的创建委托给继承 Factory 的不同的子类,子类分别实现工厂方法来创建对象,这种扩展的设计可以应用于产品结构更复杂的场合。简单工厂模式的扩展:由一个工厂类负责具体产品类的实例化,变成由一群子类来负责不同品牌产品类实例化。这种由一群子类来负责不同品牌产品类的实例化的方法易于扩展

不同品牌加盟店，一个新的品牌加盟后，就扩展一个新的 Factory 的子类，创建新的品牌对象即可。

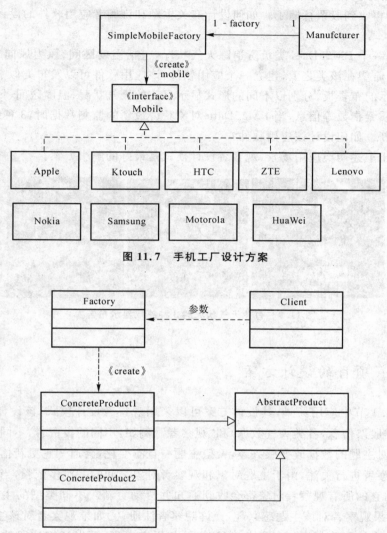

图 11.7 手机工厂设计方案

图 11.8 简单工厂模式设计方案

11.4 观察者设计模式的应用

11.4.1 应用情景的引入

一个投资者在中华股票公司注册账号后，可以订阅他关心的信息主题，并希望关心主题的变化，如果投资者关注的信息发生更新，他希望及时收到股票信息中心发来的有关主题的更新信息。投资者很多，每个投资者都可以订阅不同类型的主题，主题更新，他们会收到相应的更新信息，当然，如果投资者对某些主题不再感兴趣了，他们也可以删除订阅的相关主题，或者注销账号，就不会再收到股票行情了。如何设计有关主题和订阅者应用软件的设计方案，以满足用户需求？

再比如，有一个 PM25Data 类负责追踪天气状况，包括温度区间、风力风向、生活指数、空气质量指数等，希望在该类之上，建立一个应用软件，该应用软件可以发布类似于图 11.9 所示的 3 种终端显示的布告板，分别以不同的形式显示目前的天气状况、温度区间、风力风向、生活指数以及空气质量指数等信息，当 PM25Data 对象获得最新的监测数据时，3 种终端显示布告板必须实时更新。如何设计该应用软件？

对于类似于上述两类应用场景，观察者设计模式是最好的解决方案。

图 11.9　有关天气状况的 3 种终端显示布告板

11.4.2　项目的设计方案

针对 11.4.1 节中应用场景，其设计方案可以采用观察者设计模式，该设计方案涉及"主题"（例如：各类股票信息，各类天气数据）和"观察者"（例如：不同的投资者，不同的终端显示布告板），观察者对主题的数据改变感兴趣，希望主题一旦有变化，会通知它更新信息。一个主题可以由多个观察者进行关注，由于主题对象和观察者对象之间的一对多依赖，当主题对象的状态发生变化时，它的所有观察者对象都会收到通知并自动更新。不同类型的主题都需要实现 3 个功能：①如果观察者对该主题感兴趣，允许观察者注册；②如果观察者对该主题失去兴趣，不想继续关注，允许删除相应的观察者；③该主题如果有更新，可以通知注册的所有当前观察者。我们可以将不同类型主题的"共同的操作"独立出来，设计一个主题接口，便于主题的弹性扩展。如图 11.10 所示，该主题接口提供 3 个操作 registerObserver( )、removeObserver( )和 notifyObservers( )，它们分别实现上述 3 个功能，具体的主题类可以实现该接口，并提供自己"特有"的属性和行为。

由于观察者需要更新从主题接受的状态值，因此，所有的观察者都提供一个 update( )方法，用于接收相关主题更新的状态。为了建模观察者，这里设计一个 Observer 接口，该接口提供 update( )方法，update( )方法可以根据具体情况，设置形参列表，每个形参可以表示要更新的一个状态。每个具体观察者都继承 Observer，并提供自己"特有"的方法。观察者设计模式如图 11.11 所示，图中包含两个关联关系：

1) 图中主题和观察者之间是单向一对多的关联关系，表示每个具体的主题都维护一个关心该主题的观察者集合，该集合标示为 observers，作为具体主题类 ConcreteSubject 的私有关联属性，集合 observers 中的每个元素是接口 Observer 类型的，主题的 notifyObservers( )方法通过遍历集合 observers 中的所有观察者，激活各个观察者的 update( )方法，将更新的主题信息通知各个观察者，这样观察者的相应状态值就会更新；

2)图中观察者与主题是单向一对一的关联关系，表示每个具体的观察者维护一个它关心的具体的主题，关联属性标示为 subject，它作为具体观察者 ConcreteObserver 的私有属性，其数据类型是 ConcreteSubject 类型的，通过该属性可以激活 ConcreteSubject 的方法 registerObserver( )，将当前的观察者进行注册，表示该观察者对该主题 subject 感兴趣。

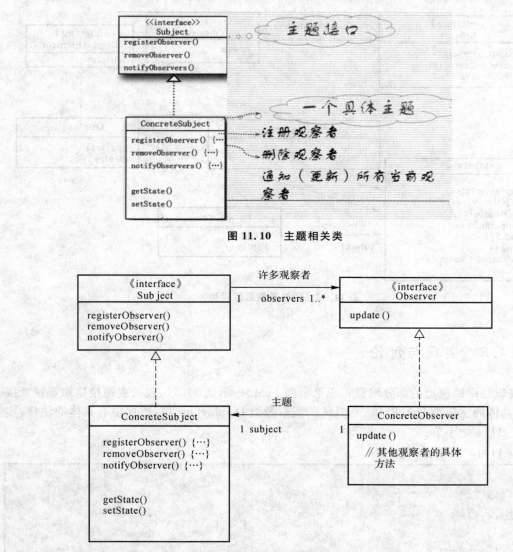

图 11.10 主题相关类

图 11.11 观察者设计模式

对于上述 3 种终端布告板显示天气状况和空气质量跟踪的案例，其采用观察者设计模式的设计方案如图 11.12 所示。类 PM25Data 的对象是主体，它继承 Subject 接口，维护一个

observers 集合,存储所有对该主题感兴趣的观者者,建立在维护的属性 observers 之上,为从接口中继承的方法 registerObserver( )、removeObserver( )和 notifyObservers( )分别提供方法体,同时,类 PM25Data 还提供了 getTemperature()、getPm25()、getWind()等方法用于获取天气状态,measurementsChanged()表示主题状态信息更新的事件。3 种显示方式(即类 DisplayOne、DisplayTwo 和 DisplayThree)对应的对象是 3 个不同的观察者,每个具体的观察者除了继承接口 Observer,还继承了用于显示的类 Display,每个观察者维护一个变量 subject,通过该变量激活 registerObserver( ),进行注册。只要主题 PM25Data 对象的天气状况和空气质量发生变化,就会及时通知各个观察者。

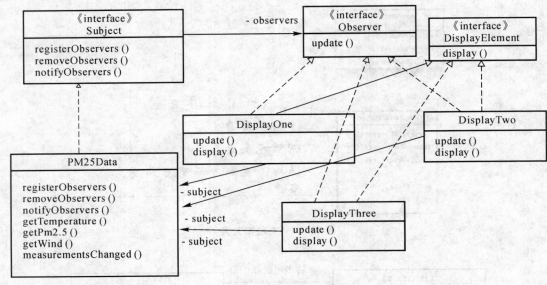

图 11.12 空气质量跟踪模型

11.4.3 实现与讨论

空气质量跟踪模型的部分编程实现见示例 11.13～示例 11.17,包括主题接口和观察者接口,以及具体的主题类 DataPM25 和具体的观察者类 DisplayOne 等,程序中有具体的注释,实现原理见 11.4.2 小节。

示例 11.13　Subject.java

```
/**
* 该接口建模主题
* @authorauthor
*/
public interface Subject {
        public void registerObserver (Observer o);
        public void removeObserver (Observer o);
        public void notifyObservers ( );
}
```

第11章 设计模式

示例 11.14 Observer.java

```java
/**
 *该接口建模观察者
 *@authorauthor
 */
public interface Observer {
        public void update (float temp, Stringpm2.5, String wind);
}
```

示例 11.15 DisplayElement.java

```java
/**
 *该接口建模显示模式
 *@authorauthor
 */
public interface DisplayElement {
        public void display ( );
}
```

示例 11.16 PM25Data.java

```java
/**
 *该类建模具体的主题"空气状况信息"
 *@authorauthor
 */
public class PM25Dataimplements Subject {
    private ArrayList observers;
    private float temperature;
    private String pm25;
    private String wind;
/**
    *构造函数初始化一个空的集合 observers
    */
    public PM25Data( ){
            observers = new ArrayList ( );      }
/**
    *注册一个观察者,将其存入集合 observers 中
        *@param o 注册的观察者
    */
public void registerObserver (Observer o) {
            observers.add(o);     }
/**
    *删除一个观察者,将其从集合 observers 中删除
```

```java
 * @param o 删除的观察者
 */
public void removeObserver (Observer o) {
            int j = observer.indexOf(o);
            if (j >= 0) {
            observers.remove(j);         } }
/**
 * 遍历集合 observers 中每个观察者,并激活各个观察者的 update()方法。
 */
public void notifyObservers ( ) {
        for (int j = 0; j < observers.size(); j++) {
        Observer observer = (Observer)observers.get(j);
        observer.update(temperature, pm25, wind);
            }}
/**
 * 表示主题状态更新事件,激活 notifyObservers( ),通知每个观察者
 */
public void measurementsChanged ( ) {
        notifyObservers ( ); }
}
public float getTemperature(){
        return temperature;
}
private String getPm25(){
        return pm25
    }
private String getWind(){
        return wind;
    }
}
```

示例 11.17 DisplayOne.java

```java
/**
 * 该类建模一个具体的观察者 DisplayOne
 * @authorauthor
 */
public class DisplayOne implements Observer, DisplayElement {
    private float temperatue;
    private float humidity;
    private Subject pm25Data;
/**
 * 构造函数初始化感兴趣的具体的主题,并注册
```

```
    * @param pm25Data    初始化感兴趣的具体的主题
    *
    */
    public DisplayOne (Subject pm25Data) {
            this.pm25Data=pm25Data；
    pm25Data.registerObserver (this)；
    }
/**
    *更新观察者所关心状态的值
    * @param temperature 温度
    * @param pm25 PM2.5 数据
    * @param wind 风力
    */
public void update (float temperature，float pm25，float wind) {
            this.temperature = temperature；
            this.pm25 = pm25；
            this.wind=wind；
                display ( )；
    }
/**
    *打印天气状况信息
    */

    public void display ( ){
            System.out.println(" Current conditions : " + temperature + pm25 + wind )；
    }
}
```

参 考 文 献

[1] Bruce E Wampler. Java 与 UML 面向对象程序设计. 王海鹏,等,译. 北京:人民邮电出版社,2002.

[2] Jacquie Barker. Beginning Java Objects:From Concepts to Code. 2nd ed. Berkley:Apress,2005.

[3] Dan Pilone, Neil Pitman. UML 2.0 in a Nutshell. Cambridge:O'Reilly Media,2005.

[4] Eric Freeman. 设计模式——可复用面向对象软件的基础. 李英军,等,译. 北京:机械工业出版社,2005.

[5] 王晓旭. 软件开发方法的新进展. 计算机应用研究,2001,18(8):5-7.

[6] Grady Booch. 面向对象的分析与设计. 冯博琴,冯岚,薛涛,等,译. 北京:机械工业出版社,2003.

[7] 徐帆. 面向对象开发方法综述. 渝州大学学报:自然科学版,2002,19(4):87-90.

[8] Bruce Eckel. Java 编程思想. 4 版. 陈昊鹏,译. 北京:机械工业出版社,2007.

[9] Joshua Bloch. Effective Java. 杨春花,俞黎敏,译. 北京:机械工业出版社,2009.

[10] Eric Freeman. Head First 设计模式:中文版. O'Reilly Taiwan 公司,译. 北京:中国电力出版社,2007.

[11] Robert Cecil Martin. UML for Java Programmers. Englewood Cliff:Prentice Hall,2003.

[12] Stanley B Lippman,等. C++ Primer:中文版. 李师贤,等,译. 北京:人民邮电出版社,2006.

[13] 郑莉. C++语言程序设计. 4 版. 北京:清华大学出版社,2010.